新工科人才培养·电气信息类应用型系列规划教材

自动控制理论

吴健珍◎主编
王娆芬◎参编

中国铁道出版社有限公司
CHINA RAILWAY PUBLISHING HOUSE CO., LTD.

内容简介

本书阐述了经典的自动控制基本理论分析和设计方法。全书共分6章，主要内容包括自动控制的基本概念、控制系统的数学模型、控制系统的时域分析、根轨迹法、控制系统的频域分析以及控制系统的校正与设计。

本书图文并茂，内容较为全面，理论阐述深入浅出，简化了理论推导，重在应用。各章附有丰富的例题和层次不一的课后习题，可满足不同层次读者的需求。

本书适合作为普通高等院校自动化及其相关专业（如电气工程及自动化、电子信息工程等专业）自动控制理论的本科生教材，也可作为自动化相关专业考研学生和从事控制工程的技术人员的参考书。

图书在版编目（CIP）数据

自动控制理论/吴健珍主编．—北京：中国铁道出版社有限公司，2021.2（2023.8重印）

新工科人才培养·电气信息类应用型系列规划教材

ISBN 978-7-113-27440-5

Ⅰ.①自… Ⅱ.①吴… Ⅲ.①自动控制理论-高等学校-教材 Ⅳ.①TP13

中国版本图书馆CIP数据核字（2020）第233338号

书　　名：自动控制理论

作　　者：吴健珍

策　　划：曹莉群　　　　**编辑部电话：**（010）63549508

责任编辑：陆慧萍　绳　超

封面设计：刘　莎

责任校对：焦桂荣

责任印制：樊启鹏

出版发行：中国铁道出版社有限公司（100054，北京市西城区右安门西街8号）

网　　址：http://www.tdpress.com/51eds/

印　　刷：国铁印务有限公司

版　　次：2021年2月第1版　2023年8月第3次印刷

开　　本：787 mm×1 092 mm　1/16　**印张：**10.5　**字数：**266千

书　　号：ISBN 978-7-113-27440-5

定　　价：32.00元

前 言

为推动新时代中国特色社会主义经济建设，党的二十大报告中提出“加快建设制造强国、质量强国、航天强国、交通强国、网络强国、数字中国”等一系列强国战略，中国式的现代化具有丰富的内涵，这对工程领域技术人员的素质和能力提出了更高的要求，对工程教育的改革和发展也提出了更高的期望。自动控制技术作为20世纪发展最快、21世纪最重要的高新技术之一，在过程控制、航天航空、导弹制导、人工智能及自动驾驶等高尖技术领域中的应用也越来越深入和广泛。在工业、经济、生物、管理、社会学等各种领域，自动控制理论也得到了广泛的应用。自动控制技术已成为现代化社会不可或缺的一个组成部分。

“自动控制理论”是自动化专业及相关电类专业重要的专业基础课程，随着自动控制技术在各行各业的广泛应用，“自动控制理论”已成为许多高校的学科基础平台课。“自动控制理论”课程的知识覆盖面广、内容多，理论性和应用性都很强，具有一定深度和复杂性，本课程也是自动化专业研究生入学考试的必考科目之一。本课程的教学直接关系到相关专业学生基本素质与能力的培养和发展。

本书是为了响应高校新工科建设，配合高等学校工程教育的自动化专业认证工作，培养“杰出工程人才”，优化教学体系，在课程课时缩减的背景下而写。本书在编写过程中参考了大量自动控制理论相关的教材，同时融合了编者10多年的教学经验和课程改革成果。本书阐述了自动控制理论的基本概念、工作原理和分析方法，在阐述的过程中简化理论推导和证明，重视理论内容的应用，内容叙述力求通俗易懂、深入浅出，注重培养学生的工程意识。本书通过大量典型例题帮助读者理解抽象的理论概念。在习题的编排上，给出了基础题和提高题，提高题囊括了众多高校的研究生入学试题。难易程度不一的习题能够满足不同层次读者的需求。本书每章开头都给出了学习目标，便于读者了解该章的知识重点，在学习的时候做到有的放矢。每章结束都给出了小结，对本章的重点知识再次重申归纳，以加深读者的印象。

本书按应用型本科院校自动化专业的自动控制理论教学大纲(64学时)编写，在知识储备上默认读者具备了高等数学、电路、模拟电子技术、数字电子技术、复变函数与积分变换等相关的基础知识，例如，高等数学中的微分方程理论、复变函数中的拉普拉斯变换方法、普通物理中的力学定律、电路中的基本定律及电路分析方法以及运算放大器的理论。本书仅对这些必备基础知识在相关章节进行简单的回顾介绍。

本书共分6章，主要阐述线性定常系统的分析和设计方法，按照建模—分析—设计的思路展开，主要内容包括自动控制系统的基本概念(建议2学时)、控制系统的数学模型(建议13学时)、控制系统的时域分析(建议16学时)、根轨迹法(建议11学时)、控制系统的频域分析(建议13学时)以及控制系统的校正与设计(建议9学时)。全书围绕自动控制系统的三个要求，即“稳”“快”“准”这条主线展开，在建立控制系统的数学模型后，采用时域分析、根轨迹分析和频域分析来分析系统的稳定性、稳态性能和动态性能。在分析系统性能后，若系统未能满足要求，可通过基于频率法的串联校正器的设计使系统满足期望的性能指标。

本书理论体系较为完善，适合作为普通高等院校自动化及其相关专业（如电气工程及自动化、电子信息工程等专业）自动控制理论的本科生教材，也可作为自动化相关专业考研学生和从事控制工程的技术人员的参考书。

本书由吴健珍主编，王娆芬参与编写。其中，第1章和第6章由王娆芬编写，第2章～第5章由吴健珍编写。在本书的编写过程中，得到了陈剑雪、李毓媛等老师热情的支持和帮助，在此一并表示诚挚的感谢。

由于编者水平有限，加之编写时间仓促，书中不妥之处在所难免，恳请读者提出宝贵意见，以便本书进一步修订和完善。

编　者
2023年8月

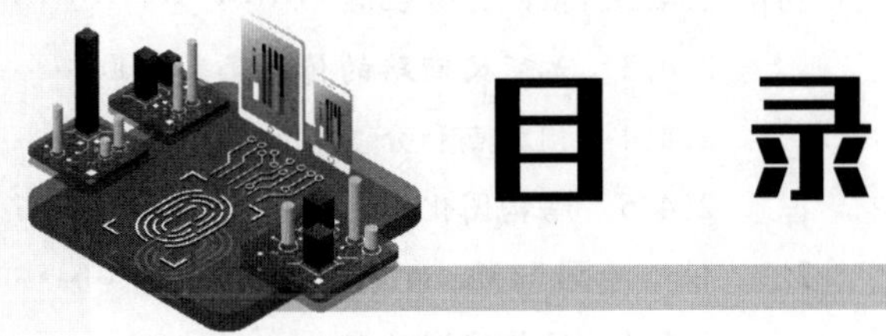

目 录

第1章 自动控制系统的基本概念

引 言

随着计算机技术的发展和应用，自动控制理论和技术在过程控制、航天航空、机器人控制、导弹制导及核动力等高新技术领域中的应用也越来越深入和广泛。不仅如此，自动控制技术的应用范围已扩展到生物、医学、环境、经济管理和其他社会生活领域中，成为现代社会生活中不可缺少的一部分。随着时代的进步和人们生活水平的提高，在人类探知未来、认识和改造自然、建设高度文明和发达社会的活动中，自动控制理论和技术必将进一步发挥更加重要的作用。

自动控制理论包括经典控制理论、现代控制理论和智能控制理论。经典控制理论又称古典控制理论，它产生于20世纪40～60年代，研究的对象是单输入、单输出的自动控制系统，特别是线性定常系统。经典控制理论的特点是以输入/输出特性（主要是传递函数）为系统数学模型，采用时域响应法、根轨迹法、频率响应法等分析方法，分析系统的性能并设计控制装置。现代控制理论产生于20世纪60～70年代，是在经典控制理论的基础上发展起来的，它以状态空间法为基础，研究多输入、多输出、时变和非线性等控制系统的性能和设计。智能控制理论产生于20世纪70年代，是自动控制理论发展的高级阶段。它是具有智能信息处理、智能信息反馈和智能控制决策的控制方式，主要用于解决那些用传统方法难以解决的复杂系统的控制问题。智能控制研究对象的主要特点是具有不确定性的数学模型、高度非线性和复杂的任务要求。若要了解现代控制理论和智能控制理论，经典控制理论是必备的基础。

本章主要介绍经典控制理论中与自动控制系统有关的一些基本概念。

内容结构

自动控制系统的基本概念
- 自动控制的定义
- 自动控制系统的控制方式
  - 开环控制
  - 闭环控制
- 自动控制系统的分类
- 自动控制系统的性能指标

学习目标

（1）掌握自动控制的定义；

（2）掌握开环控制和闭环控制的特点及其区别；

(3)了解闭环控制系统的组成和基本环节；

(4)掌握自动控制系统性能的基本要求；

(5)能够分析自动控制系统实例。

1.1 自动控制和自动控制系统

1.1.1 自动控制的定义

自动控制是指在无人直接干预的情况下,利用控制装置操纵被控对象,使被控量保持恒定或按一定规律变化的过程。其本质特征是:

(1)不需要人直接干预(间接的人为干预,比如要给出设定值或者按下开关按钮。但对于设计合理的系统,在运行过程中,自动控制环节内不需要人为干预);

(2)被控量保持恒定,或按预定规律变化。

为实现某一控制目标所需要的所有物理部件的有机组合体称为自动控制系统。在自动控制系统中,系统要进行控制的被控设备或过程称为被控对象。被控对象要实现的量称为被控量,通常是表征对象特征的关键参数。为实现控制目标,需要使用控制器、检测(反馈)元件、执行器等元器件,称为控制装置。

1.1.2 自动控制系统的控制方式及基本结构

自动控制系统的基本控制方式按有无反馈,即按结构可分为开环控制和闭环控制。两种基本控制方式可以组合成复合控制方式。

1. 开环控制

开环控制是一种最简单的控制方式,在控制器与被控对象之间只有正向作用而无反向联系,即系统的输出量对控制量没有影响,这样的控制方式称为开环控制。下面以图 1-1 所示电加热炉温度控制系统为例,介绍开环控制系统的结构特点和工作原理。

在图 1-1 中,电加热炉中电阻丝两端存在电压时,电阻丝发热,电加热炉中温度上升到一定温度时保持恒定。通过调整自耦变压器滑动端的位置,可以改变施加在电阻两端的电压 u_c,与此对应,电加热炉中的温度 t_c 也随之改变。若期望电加热炉中的温度达到某一个固定的值 t_b,只需要将自耦变压器滑动端调整为与温度对应的 u_c 即可。图 1-2 为图 1-1 对应的开环控制系统的结构框图。

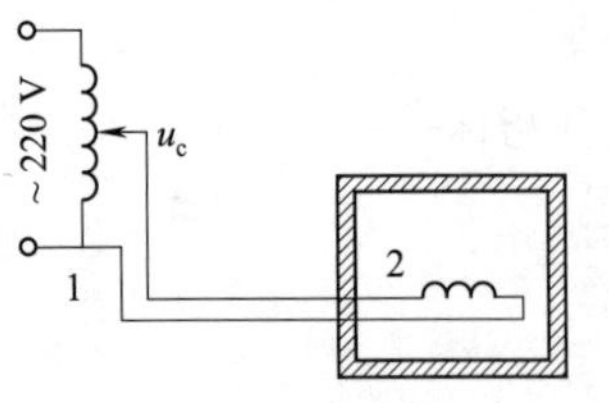

图 1-1　电加热炉温度控制系统

1—控制器;2—被控对象

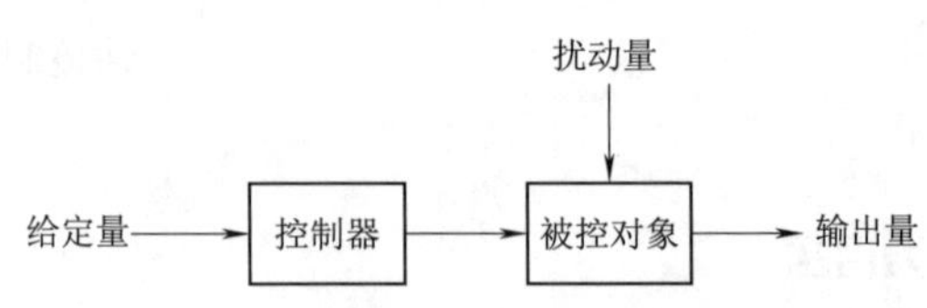

图 1-2　开环控制系统的结构框图

由此可以看出，在这种开环控制中，只存在输入量对输出量的正向控制作用，即利用 u_c 控制 t_c，而输出量没有参与到系统的控制中。当电加热炉中存在外部扰动（炉门开、关或电源电压波动）时，t_c 将偏离 u_c 所对应的温度值，与期望的炉内温度 t_b 存在一定偏差，无法达到期望的控制要求。即当干扰存在时，开环控制的电加热炉温度控制系统无法达到温度恒定的控制目标。

图 1-3 为典型的开环控制系统结构图。开环控制的特点是：

（1）输入控制输出（信号单向传递）；

（2）输出不参与控制；

（3）系统没有抗干扰能力。

开环控制系统结构和控制过程简单，稳定性好；但无抗干扰能力，控制精度较低。一般适用于对控制精度要求不高的场合，如打印机、复印机、简单生产线、自动洗衣机、自动售货机、自动打包机等。

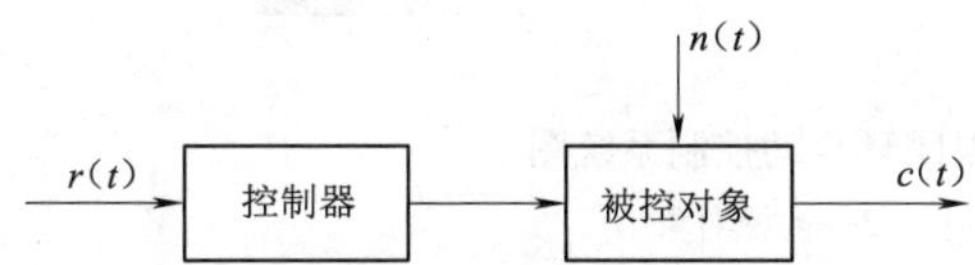

图 1-3　典型的开环控制系统结构图

2. 闭环控制

对于图 1-1 所示的系统，若系统存在扰动，则无法保证炉内温度恒定。此时，可引入人工干预（见图 1-4），操作人员定时测量炉内实际温度 t_c，与期望的炉内温度 t_b 进行比较，计算出二者之间的偏差（误差）。根据误差计算自耦变压器输出电压的调整量 Δu_c，再依此调整自耦变压器滑动端的位置，从而减小乃至完全消除偏差。操作人员的关键性作用是将系统输出引入控制环节中，根据系统的输出实时调整控制量，从而保证输出量达到期望要求。人工温度闭环控制系统的结构图如图 1-5 所示。

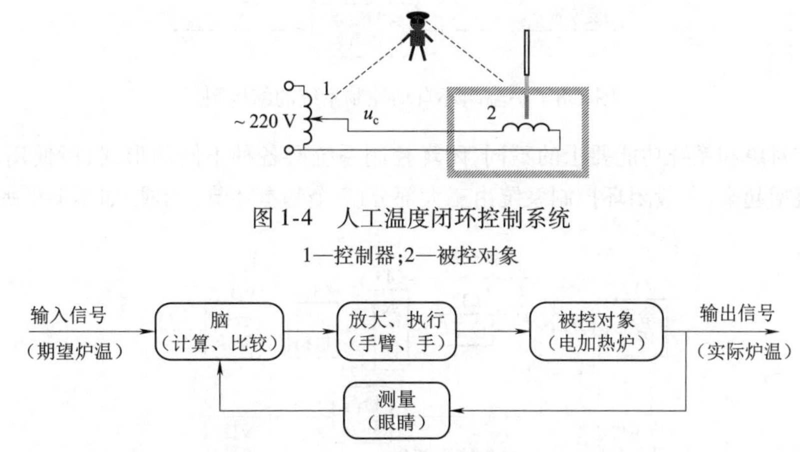

图 1-4　人工温度闭环控制系统

1—控制器；2—被控对象

图 1-5　人工温度闭环控制系统的结构图

为了实现系统的自动控制，需要将操作人员的人工干预功能用一系列的物理装置来实现。图 1-6所示为炉温闭环自动控制系统图。在图 1-6 中，炉温的期望值 t_b 由电位器滑动端位置所对应的电压值 U_g 给出，炉温的实际值通过热电偶检测出来，并转换成电压 U_f。比较器比较给定电压

U_g 和实际电压 U_f，得出两者之间的偏差，偏差放大后驱动伺服电动机 M，带动自耦变压器滑动端，改变施加在电阻两端的电压，从而使得电加热炉内温度改变保持给定值。假设炉内实际温度 t_c 下降，必定引起实际电压 U_f 减小，使得 $\Delta U = U_g - U_f$ 变大，则 u_c 变大，最终 t_c 上升，实现实际温度上升的控制目标，其温度控制过程如图 1-7 所示。

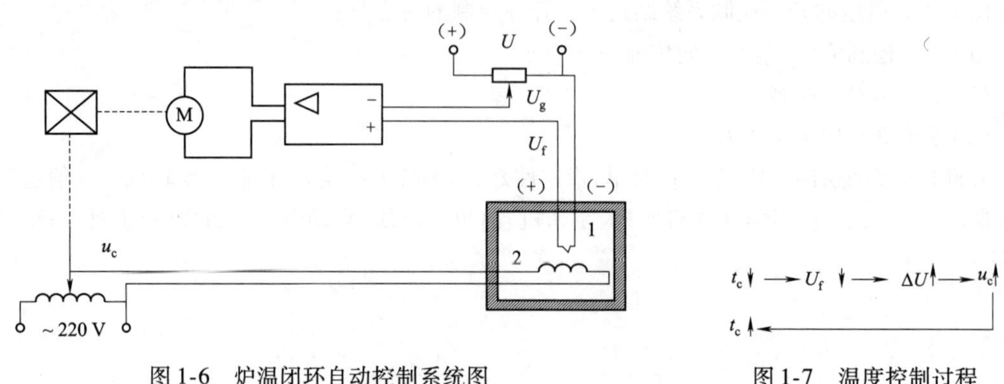

图 1-6 炉温闭环自动控制系统图

1—控制器;2—被控对象

图 1-7 温度控制过程

图 1-8 所示为炉温闭环自动控制系统的结构图，从图中可以看出，输出量直接(间接)反馈到输入端形成闭环，使得输出量参与系统的控制，所以称此类系统为闭环控制系统。闭环控制系统中，控制器与被控对象之间，不但有正向作用，而且还有反向联系，被控量对控制过程有影响。闭环控制系统的结构特点决定了它对干扰具有较强的抑制能力。

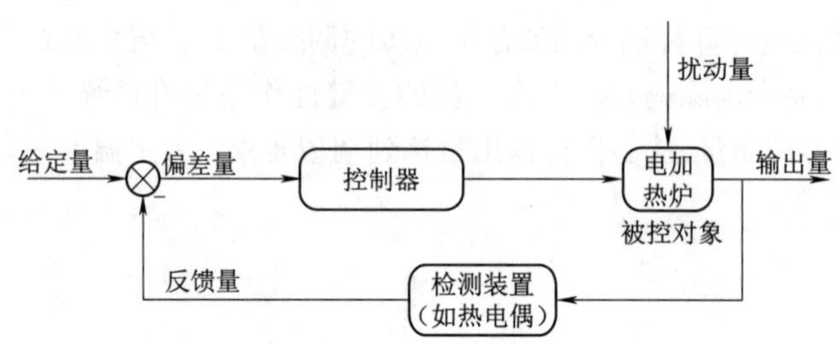

图 1-8 炉温闭环自动控制系统的结构图

根据被控对象和系统功能要求的不同，闭环控制系统有各种不同的形式，所使用的元件会有差异。但是概括起来，一般闭环控制系统由三大部分(7 个基本环节)构成，如图 1-9 所示。

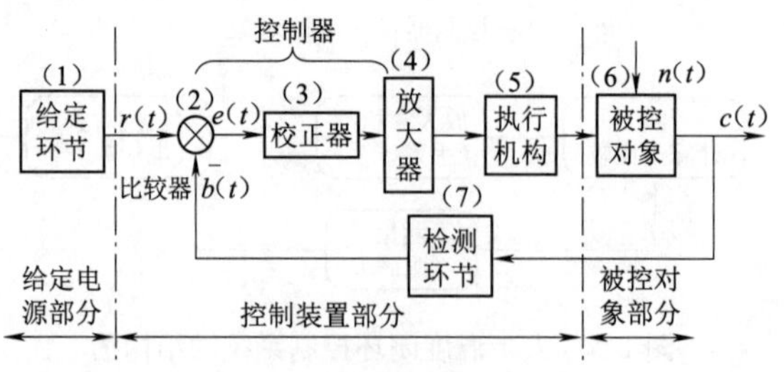

图 1-9 闭环控制系统结构框图

(1)给定环节。给定环节的作用是给出与理想输出值相对应的输入量(给定量)，是设置给定值的装置，如电位器。给定环节的精度对被控变量的控制精度有较大的影响，在控制精度要求高时，常采用数字给定装置。

(2)比较器(运算环节)。比较器将检测出来的被控变量与给定量进行比较，计算两者之间的偏差。

(3)校正器(校正环节)。其作用是按照某种规律对偏差信号进行运算，运算结果放大后用于控制执行机构。该环节可改善系统的稳态和暂态性能。

(4)放大器(放大环节)。对偏差信号进行放大，推动执行机构工作。

(5)执行机构：带动被控对象工作，使被控变量达到期望数值。一般为伺服电动机、液压马达等。

(6)被控对象：被控制的设备、仪器或生产过程，如前面例子中的电热炉。对应的，控制系统所控制的某个物理量，就是系统的被控变量或者输出量，如电加热炉的炉温。

(7)检测环节(反馈环节)：一般为传感器，如电位计、热电偶等。作用是检测输出量，并将输出量转换成与给定量同性质的信号，然后反馈到输入端进行比较。反馈指的是把检测的输出量反馈到输入端，并与给定量相比较产生偏差信号，进行偏差控制。反馈信号与给定信号极性相反为负反馈，反之为正反馈。

在控制系统中，常把比较器、校正器和放大器合在一起称为控制器。

图1-9中清晰地表明了各环节之间的关系和信号的传递方向。信号沿箭头方向从输入端到输出端的传输通道称为前向通道。系统输出量经检测装置反馈到输入端的传输通道称为反馈通道或反向通道。前向通道与主反馈通道构成主回路，它是闭合的，因此反馈控制又称闭环控制。

由以上分析可以看出，闭环控制的特点是：

(1)输入控制输出，输出与输入之间存在对应关系；

(2)信号传递是双方向的，输出参与了系统的控制；

(3)系统具有检测与纠正偏差的能力，也就是说，闭环控制系统具有抗干扰能力。

总之，闭环控制系统抗干扰能力强，控制精度较高，但系统结构和控制过程比较复杂，而且稳定性问题是系统分析和设计的一个核心问题。一般用于控制性能要求较高的大中型工业系统和精密的仪器、设备，如电冰箱、空调器、复杂的生产线、精密的自动化仪表等。

开环控制系统和闭环控制系统的优缺点比较如下：

(1)开环控制：结构简单，信号流向单向，稳定性好；不能补偿扰动对输出量的影响；当扰动量产生的偏差可以预先补偿或影响不大时可采纳。

(2)闭环控制：具有反馈环节，信号流向双向；抗扰动能力强，提高系统精度；系统稳定性变差。

3.5个重要的信号量

需要注意的是，闭环控制系统(见图1-10)中有5个重要的信号量，包括：

(1)给定量(控制量)：通常是被控量达到理想输出时，所需对应的输入量，又称期望值。

(2)被控量(输出量)：用来表征被控对象特征的关键参数，是一个具体的物理量，如电加热炉中的炉温、水箱中的液位等。

(3)扰动量(干扰量)：影响被控量变化的干扰因素。包括作用于被控对象的外部影响以及系统本身特性造成的对被控量的内部影响，如电加热炉开、关门的影响、电阻丝老化的影响等。

(4)反馈量：通过检测元件检测到的输出量的值。它与输出量可能性质不同，如电加热炉的输出量是炉温，而热电偶反馈的量为电压。但反馈量必须与给定量性质相同才可以进行比较。

(5)偏差量(误差量)：给定量与反馈量之间的偏差，又称误差。

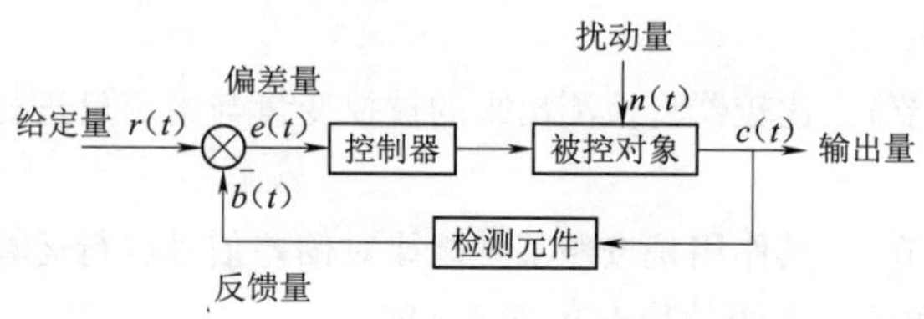

图 1-10 闭环控制系统示意图

1.2 自动控制系统的分类

1.2.1 线性系统与非线性系统

自动控制系统按系统输出和输入的关系,可分为线性系统与非线性系统。

1. 线性系统

若控制系统的所有环节或元件的状态(特性)都可以用线性微分方程(或线性差分方程)描述,则该系统为线性系统。其特点是满足齐次性和叠加性,即若输入为 $r_1(t)$ 时,对应的输出量为 $c_1(t)$;若输入为 $r_2(t)$ 时,对应的输出量为 $c_2(t)$,则当输入为 $r(t) = ar_1(t) + br_2(t)$ 时,输出量为 $c(t) = ac_1(t) + bc_2(t)$。

线性系统可分为以下两种:

(1)线性定常(时不变)系统:描述系统运动规律的微分(差分)方程的系数不随时间变化。

(2)线性时变系统:描述系统运动规律的微分(差分)方程的系数随时间变化。

线性系统的运动方程可由以下微分方程描述:

$$a_n \frac{\mathrm{d}^n c(t)}{\mathrm{d}t^n} + a_{n-1} \frac{\mathrm{d}^{n-1} c(t)}{\mathrm{d}t^{n-1}} + \cdots + a_0 c(t) = b_m \frac{\mathrm{d}^m r(t)}{\mathrm{d}t^m} + b_{m-1} \frac{\mathrm{d}^{m-1} r(t)}{\mathrm{d}t^{m-1}} + \cdots + b_0 r(t)$$

式中,$r(t)$ 为输入量;$c(t)$ 为输出量。

该方程中,输出量、输入量及各阶导数均为一次幂,且各系数均与输入量无关。线性微分方程的各项系数为常数的系统称为线性定常系统。各项系数是时间 t 的函数的系统称为线性时变系统。

2. 非线性系统

组成系统的环节或元件中至少一个具有非线性特性的系统称为非线性系统。从微分方程来看,微分方程中存在一个或以上的系数与输入量有关,则为非线性系统。非线性系统可分为以下两种:

(1)本质非线性:输出/输入曲线上存在间断点、折断点或非单值,否则为非本质非线性。本质非线性只能做近似的定性描述、数值计算。

(2)非本质非线性:可在一定信号范围内线性化。

因非线性系统的系数与输入量有关,所以其暂态特性与初始条件有关。系统偏差的初始值很小时,若系统的暂态过程为稳定的,则当偏差初始值较大时,系统有可能变为不稳定的。初始条件直接影响系统的稳定性,而线性系统的暂态过程与初始条件无关。

1.2.2　连续系统与离散系统

按照传输信号与时间的关系，自动控制系统可分为连续系统和离散系统。

若系统各环节的输入、输出信号都是时间的连续函数，则系统为连续系统。在连续系统中，各部分的信号都是连续的模拟量。

若系统各环节中至少有一处信号是不连续的，则系统为离散系统。离散系统可分为两种：

(1)脉冲控制系统：离散信号为脉冲形式。

(2)数字控制系统：离散信号为数字形式。

1.2.3　恒值系统、随动系统和程序控制系统

按照系统输入量的变化规律，自动控制系统可分为恒值系统、随动系统和程序控制系统。

(1)恒值系统：系统的给定输入量为常值，要求输出量也是恒定不变的。工业生产中的恒温、恒压等自动控制系统都属于这一类型。

(2)随动系统：系统的给定量为未知的函数，要求输出量跟随给定量变化，又称同步随动系统。例如，雷达控制系统、火炮自动跟踪系统。

(3)程序控制系统：系统给定量按照已知的时间函数变化，系统的控制过程按照预定的程序进行，要求输出量与给定量的变化规律相同，能迅速准确地复现输入。例如，工业中的压力、温度、流量控制。恒值系统可看成输入等于常值的程序控制系统。

1.3　自动控制系统的性能指标

自动控制系统中一般含有储能元件(如电容、电感等)或惯性元件(电动机、齿轮等)，这些元件的能量和状态不可能突变，因此被控对象在响应控制输入信号时，不可能立刻达到期望的位置或状态，而是有一定的响应过程，这一段由输出量远离期望值到不断接近期望值的过程即为过渡过程。而当系统存在干扰时，被控量也会偏离期望的位置，经过一段时间的过渡过程后，被控量会趋近于或恢复到原来的稳态值。过渡过程中被控量是动态变化的，因此过渡过程又称动态过程或者暂态过程。过渡过程结束后，被控量处于相对稳定的状态，称为稳态过程或静态过程。自动控制系统的暂态和稳态性能可以用定量的性能指标来衡量。

自动控制系统的性能指标通常是指稳定性(稳)、稳态性能(准)和动态性能(快)。

1.3.1　稳定性

稳定性是指系统受到外作用(给定量变化或存在扰动)后，其动态过程的振荡倾向和系统恢复平衡的能力。如果系统受外作用力后，经过一段时间的过渡过程，其被控量可以达到某一稳定状态，则称系统是稳定的；否则，称为不稳定。

在过渡过程中，系统实际的输出与期望输出是有一定偏差的，当系统是一个稳定系统时，随着过渡过程的结束，这一偏差也将逐渐减小，甚至趋于零值，如图1-11所示。因此，如果系统是稳定的，则过渡过程总会结束，而进入稳定工作阶段。若系统是不稳定的，则系统的输出会发散，偏差会逐

渐增大,如图 1-12 所示。其中,图 1-12(a)为系统给定量变化时的被控量动态变化图,图 1-12(b)为系统扰动量变化时的被控量动态变化图。显然,不稳定的系统是无法工作的。因此,稳定性是保证控制系统正常工作的先决条件。线性控制系统的稳定性由系统本身的结构与参数所决定,与外部条件和初始状态无关。

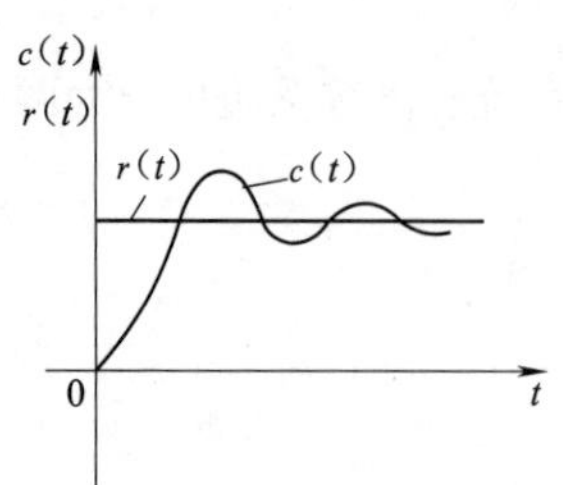

图 1-11 稳态系统的动态过程

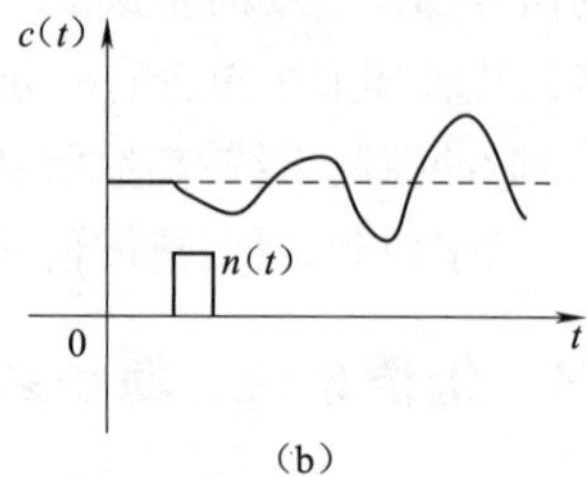

图 1-12 不稳定系统的动态过程

1.3.2 稳态性能

稳态性能指的是系统过渡过程结束进入稳态后表现出来的性能,通常用稳态误差来衡量。稳态误差是系统稳定后输出的实际值偏离期望值的偏差,又称系统的静态精度或稳态精度。稳态误差的大小,反映了控制系统的准确度。稳态误差越小,则系统的稳态精度越高。若稳态误差不为零,则系统为有差系统,如图 1-13(a)所示。若稳态误差为零,则系统为无差系统,如图 1-13(b)所示。

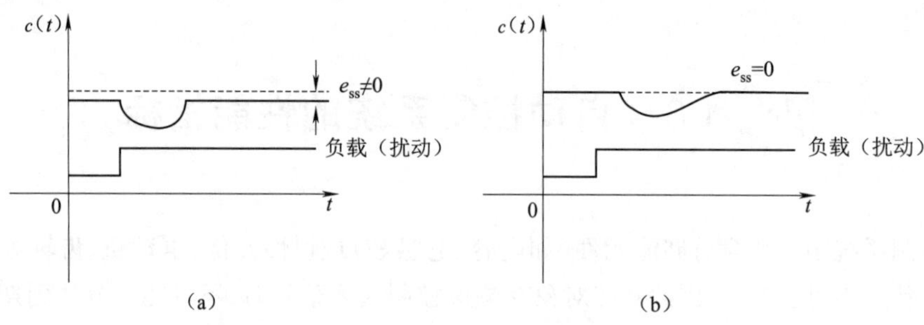

图 1-13 自动控制系统的稳态误差

1.3.3 动态性能

描述系统过渡过程表现出来的性能,称为动态性能或暂态性能。包括过渡过程的振荡程度,用平稳性来衡量;过渡过程的快慢,用快速性来衡量。动态性能可以用一系列性能指标来定量衡量,包括超调量、上升时间、峰值时间、调节时间、振荡次数等。

下面将以典型二阶系统的阶跃响应(见图 1-14)为例,介绍各类暂态性能指标。

1. 最大超调量

最大超调量是指过渡过程开始后输出的第一个波峰超过其稳态值的幅度,如图 1-14 中的 B_1,最大偏差占被控量稳态值的百分数称为超调量,即

$$\delta\% = \frac{c_{\max} - c(\infty)}{c(\infty)} \times 100\%$$

最大超调量反映了系统的平稳性,最大超调量越小,说明系统的过渡过程越平稳。对于一些

有危险的生产过程，都对最大超调量有限制。例如，对生产炸药的温度极限值要求极其严格，最大超调量必须控制在温度极限值以下，才能保证生产安全。

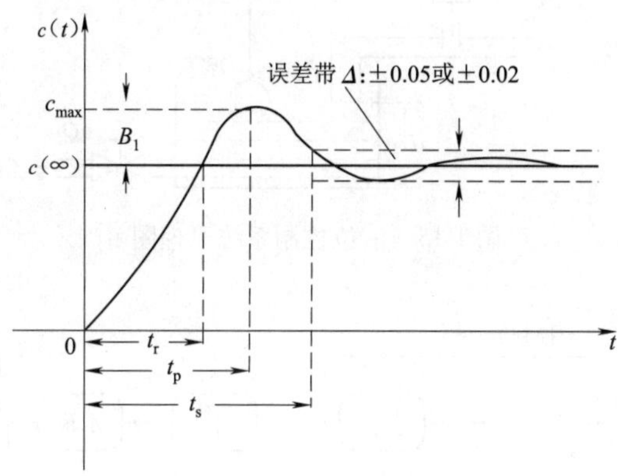

图 1-14　典型二阶系统的阶跃响应

2. 上升时间、峰值时间、调节时间

上升时间：系统输出量第一次到达稳态值所对应的时间，如图 1-14 所示 t_r。

峰值时间：系统输出量第一次到达最大值所对应的时间，如图 1-14 所示 t_p。

调节时间或过渡过程时间：过渡过程开始到结束后所需的时间。理论上它需要无限长的时间，但工程上定义的调节时间，是从过渡过程开始到被控量进入新稳态值的 ±5%（或 ±2%）范围内所经历的时间。在图 1-14 中，以 t_s 表示。t_s 值的大小反映了控制系统过渡过程的快慢，是衡量控制系统快速性的动态指标。通常要求 t_s 值越小越好，但也有需要 t_s 较长的系统，如飞机自动驾驶系统。如果飞机与预定航线有偏差，自动驾驶仪应缓慢调整飞行航向，而不是迅速调整，因为剧烈的航向变化会使乘客感到不适。

3. 振荡次数

振荡次数指在过渡过程时间 t_s 内，输出量在稳态值附近上下波动的次数，即 $c(t)$ 穿越稳态值 $c(\infty)$ 水平线的次数的一半。振荡次数通常用符号 N 表示，它也反映了系统的平稳性，N 越小，说明系统的平稳性越好。

1.4　控制系统举例

图 1-15 是液位控制系统原理图。在该系统中，自动控制器通过比较实际液位与期望液位，并通过调整气动阀门的开度，对误差进行修正，从而保持液位不变。

该系统中，水箱是控制对象。水箱的关键参数是液位 H，为系统被控量。当水箱液位高于给定值时，浮子测出当前液位，送入控制器与给定值进行比较，计算得出偏差 e 为负。控制器进行放大后，输出控制量作用于气动阀门，阀门开度调小。水箱流入水流量变小，流出水流量不变，则水箱液位会慢慢下降到给定值。反之，若水箱液位低于给定值，控制系统也会进行相应的调整，使得水箱液位始终保持在给定值范围内。在该系统中，注入水流压力变化会影响到注入水流量，可对液位控制造成影响，是外部干扰之一。依照上述分析，可画出液位控制系统的结构图，如图 1-16 所示。

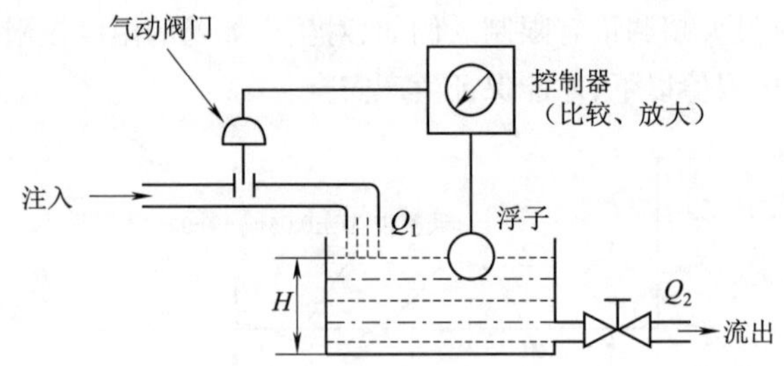

图 1-15 液位控制系统原理图

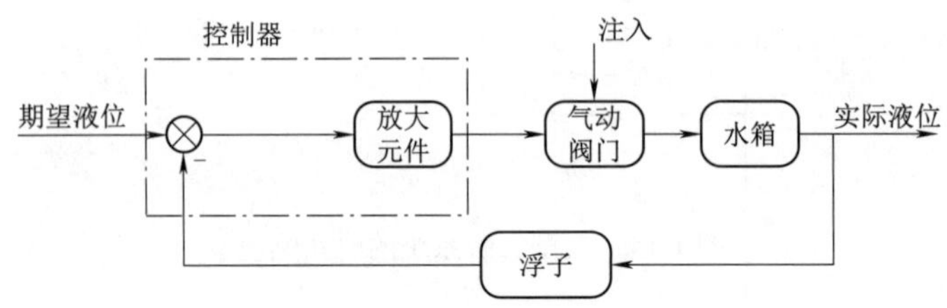

图 1-16 液位控制系统的结构图

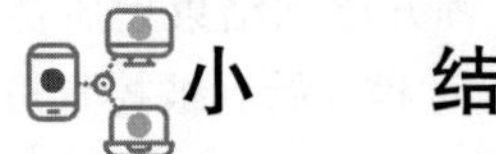

小 结

自动控制是在没有人直接参与的情况下，利用控制装置使被控对象或过程自动地按照预定的规律运行。开环控制只有输入控制输出，输出不参与控制，其结构简单，信号单向传递，无法检测和校正偏差，不能补偿扰动对输出量的影响。闭环控制具有反馈环节，信号能够双向传递，能够检测和校正偏差，对扰动的抑制能力较强。闭环控制系统中的基本术语有被控对象、被控量（输出量）、给定量（输入量）、扰动量、反馈量、偏差量、前向通道、反向通道等。自动控制系统要满足稳、准、快这 3 个基本要求。稳定性是系统正常工作的前提条件。准确性通过稳态误差来体现，快速性通过系统的动态过程或暂态过程来体现。

习题（基础题）

1. 什么是开环控制？开环控制的特点是什么？

2. 什么是闭环控制？闭环控制的特点是什么？

3. 闭环控制由哪些基本环节构成？各环节起什么作用？

4. 请说明何时宜采用开环控制，何时宜采用闭环控制。

5. 某人只有一只眼睛，请问他从看到书，再拿到书的取书过程是否是一个闭环控制的过程？请画出取书过程的结构图。

6. 电冰箱、洗衣机、打印机是开环控制还是闭环控制？

7. 什么是恒值系统、程序控制系统和随动系统？这3种系统有何共同点？

8. 请指出图1-17所示结构图中的输入量、输出量、扰动量、反馈量、偏差量、前向通道、反向通道。

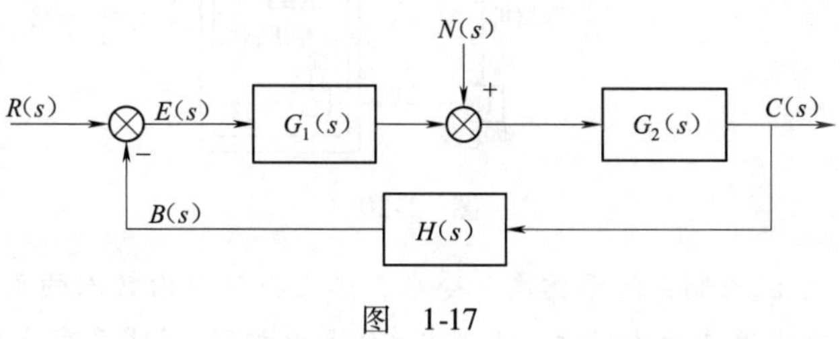

图　1-17

9. 图1-18所示为某二阶系统的输出响应曲线，请求出该系统的最大超调量、峰值时间和过渡过程时间。

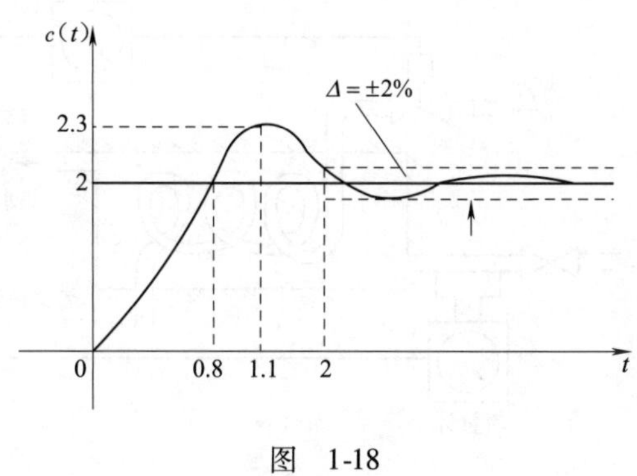

图　1-18

习题（提高题）

1. 图1-19所示为发电机电压调节系统，该系统通过测量电枢回路电流 i 产生附加的激励电压 U_b 来调节输出电压 U_c。试分析在电枢转速 ω 和激励电压 U_g 恒定不变而负载变化的情况下，系统的工作原理并画出原理框图。

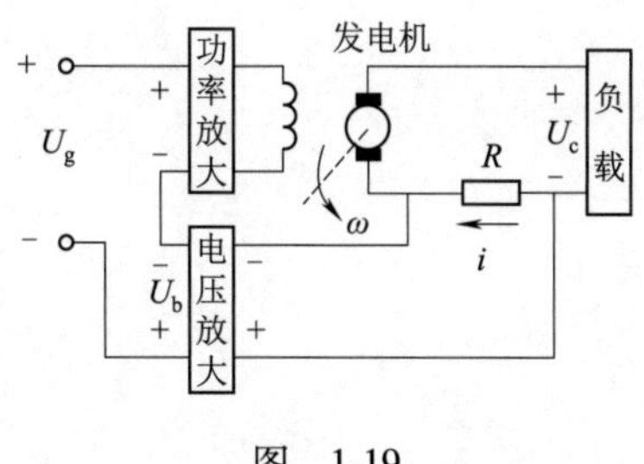

图　1-19

2. 电冰箱制冷系统工作原理如图1-20所示。试简述系统的工作原理，指出系统的被控对象、被控量和给定量，画出系统结构图。

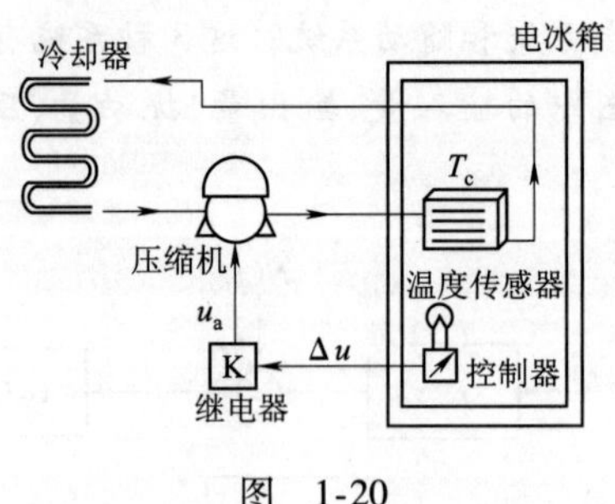

图 1-20

3. 图 1-21 所示为水温控制系统示意图。冷水在热交换器中由鼓入的蒸汽加热，得到一定温度的热水。冷水流量变化用流量计测量。请画出系统的结构图，说明系统是如何将热水温度保持为期望温度的。

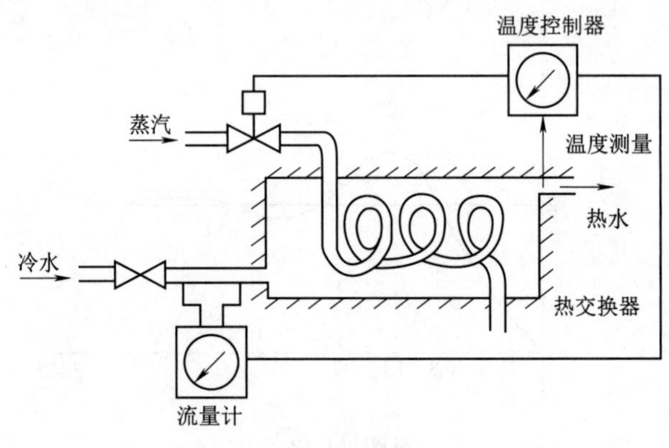

图 1-21

第2章 控制系统的数学模型

引　言

分析和设计控制系统，首先需要建立该系统的数学模型。什么是数学模型呢？数学模型是对实际物理系统的一种数学抽象。从变量的角度看，数学模型就是使用数学的方法和形式（解析式或图文式）来表示和描述系统中各变量间的关系。数学模型的建立和简化十分重要，它是对控制系统进行定量分析以及设计的基础。如果系统类别不同，所采用的分析和设计方法不同，数学模型也会采用多种形式。在研究分析一个控制系统的特性时，可以根据对象的特点和工程的需要，人为地建立不同域中的数学模型进行讨论。如果按作用域分，通常可分为三种，即时域、复域和频域数学模型。例如，时域中常用的数学模型有微分方程、差分方程和状态方程；复域中的数学模型主要有传递函数、结构图等，频域中有频率特性等。如果按数学模型的表示形式分，通常可分为两种形式：解析式和图文式。解析式包括微分方程、传递函数、状态方程、频率特性等。图文式包括结构图、信号流图、频率特性图等。

建立系统的数学模型一般采用解析法或实验法。解析法是根据系统各变量之间所遵循的物理、化学等规律，用数学形式来表示和推导变量之间的关系，由此建立数学模型。数学模型建立以后，研究和分析系统就基于所建立的数学模型，而不再涉及实际系统的物理性质和特点。实验法是对实际系统施加一定形式的输入信号，得到系统的输出响应，根据先验知识来分析和建立数学模型。

本章阐述用解析法建立数学模型，主要讨论经典控制理论中常用的微分方程、传递函数、结构图和信号流图这几种数学模型。

内容结构

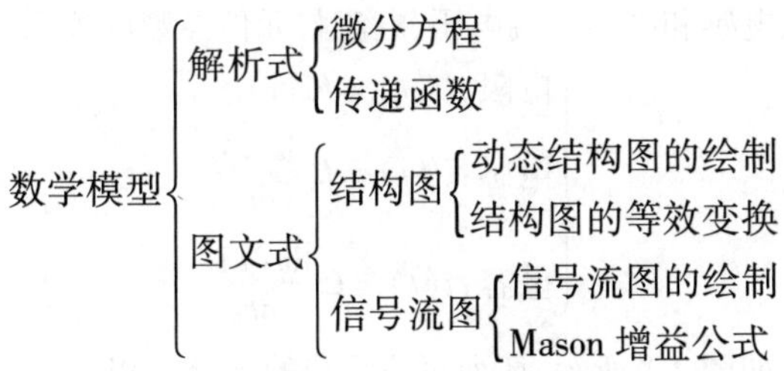

学习目标

(1) 掌握简单系统的微分方程和传递函数的列写及计算；

(2) 熟练掌握结构图的变换与化简；

(3)熟练运用结构图化简或 Mason 增益公式求取开环传递函数和闭环传递函数。

2.1 微分方程式的列写

控制系统的输入量和输出量都是关于时间 t 的函数,它们之间的关系通常可通过一个微分方程表示,方程中含有输入量、输出量及它们各自对时间的导数。微分方程是系统最基本的数学模型形式,对于任何单输入 - 单输出的线性定常系统,系统微分方程的一般形式为

$$a_n \frac{\mathrm{d}^n c(t)}{\mathrm{d}t^n} + a_{n-1}\frac{\mathrm{d}^{n-1} c(t)}{\mathrm{d}t^{n-1}} + \cdots + a_1 \frac{\mathrm{d}c(t)}{\mathrm{d}t} + a_0 c(t) = b_m \frac{\mathrm{d}^m r(t)}{\mathrm{d}t^m} + b_{m-1}\frac{\mathrm{d}^{m-1} r(t)}{\mathrm{d}t^{m-1}} + \cdots + b_1 \frac{\mathrm{d}r(t)}{\mathrm{d}t} + b_0 r(t) \tag{2-1}$$

式中,输出量为 $c(t)$;输入量为 $r(t)$;$a_i(i=0,\cdots,n)$;$b_j(0,\cdots,m)$是由系统结构参数决定的系数。对于实际的系统,通常有 $n \geqslant m$。

用解析法列写系统微分方程的一般步骤如下:

(1)分析系统工作原理,将系统分解为各个环节,确定系统的输入量和输出量。

(2)根据各环节的物理规律写出微分方程。

(3)消去中间变量,得到只包含输入量和输出量及其导数的方程。

(4)标准化:将输出量及其导数放在左边,输入量及其导数放在右边,各阶导数项按阶次由高到低的顺序排列,如式(2-1)所示。

列写微分方程的关键在于系统本身的物理规律,下面以电气系统和机械系统为例,说明如何列写系统或元件的微分方程。

2.1.1 电气系统

电气系统通常由电阻、电感、电容、运算放大器等元件组成,有时又称电气网络。列写电气系统的微分方程时要用到基尔霍夫的电流定律和电压定律,它们用以下两个式子表示:

$$\sum U = 0$$

$$\sum i = 0$$

此外,还会用到理想电阻、电感和电容两端电压、电流与元件参数的关系,可用以下式子表示:

$$\begin{cases} \text{电阻}: U(t) = Ri(t) \\ \text{电感}: U(t) = L\dfrac{\mathrm{d}i(t)}{\mathrm{d}t} \\ \text{电容}: i(t) = C\dfrac{\mathrm{d}u(t)}{\mathrm{d}t} \end{cases}$$

例 2-1 RC 无源网络如图 2-1 所示,请列写该系统的微分方程。

解 (1)确定系统的输入量和输出量:取 $u_1(t)$ 为输入量,$u_2(t)$ 为输出量。

(2)根据物理规律(欧姆定律、基尔霍夫定律)列写原始方程式。设回路电流为 $i(t)$。

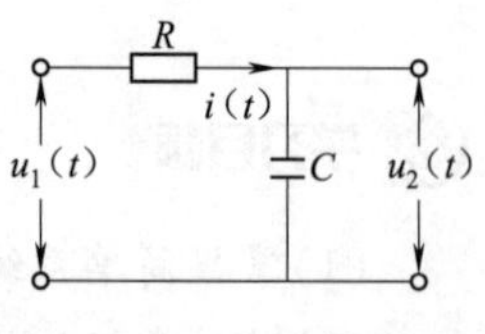

图 2-1 RC 无源网络

$$u_1(t)=i(t)R+u_2(t)$$

$$i(t)=C\frac{\mathrm{d}u_2(t)}{\mathrm{d}t}$$

(3)消去中间变量 $i(t)$,可得

$$u_1(t)=RC\frac{\mathrm{d}u_2(t)}{\mathrm{d}t}+u_2(t)$$

(4)标准化:

$$RC\frac{\mathrm{d}u_2(t)}{\mathrm{d}t}+u_2(t)=u_1(t) \tag{2-2}$$

式(2-2)包含了输出的一阶导数,是一个一阶微分方程,所对应的系统称为一阶系统。对于图 2-1 所示的系统,若取 $u_1(t)$ 为输入量,$i(t)$ 为输出量,则微分方程式为

$$u_1(t)=Ri(t)+u_2(t)$$

$$u_2(t)=\frac{1}{C}\int i(t)\,\mathrm{d}t$$

消去中间变量 $u_2(t)$ 后为

$$u_1(t)=Ri(t)+\frac{1}{C}\int i(t)\,\mathrm{d}t$$

方程两边同时求导并标准化后可得

$$R\frac{\mathrm{d}i(t)}{\mathrm{d}t}+\frac{1}{C}i(t)=\frac{\mathrm{d}u_1(t)}{\mathrm{d}t} \tag{2-3}$$

式(2-3)虽然仍是一阶微分方程,但具体表达式和式(2-2)不同,因此,同一个系统,在输入量和输出量不同时,系统的数学模型不同,但微分方程的阶次相同。

例 2-2　RL 电路如图 2-2 所示,请列写该系统的微分方程。

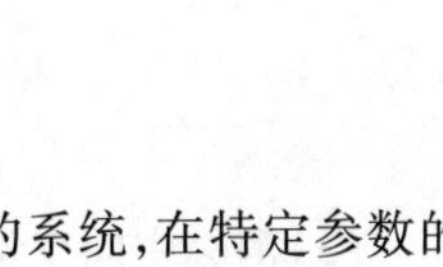

解　(1)确定系统的输入量和输出量:取 $u_1(t)$ 为输入量,$i(t)$ 为输出量。

(2)列写原始方程式:$u_1(t)=Ri(t)+u_L(t)$。

(3)消去中间变量:$u_L(t)=L\frac{\mathrm{d}i(t)}{\mathrm{d}t}$

$$u_1(t)=Ri(t)+L\frac{\mathrm{d}i(t)}{\mathrm{d}t}$$

(4)标准化:$L\frac{\mathrm{d}i(t)}{\mathrm{d}t}+Ri(t)=u_1(t)$。

图 2-2　RL 电路

该系统的数学模型也是一阶微分方程,其形式和例 2-1 相似,因此不同的系统,在特定参数的情况下,其数学模型可能相同。

例 2-3　RLC 电路如图 2-3 所示,请列写该系统的微分方程。

解　(1)确定系统的输入量和输出量:取 $u_r(t)$ 为输入量,$u_c(t)$ 为输出量。

(2)列写原始方程式:$u_r(t)=L\frac{\mathrm{d}i(t)}{\mathrm{d}t}+Ri(t)+u_c(t)$

$$i(t)=C\frac{\mathrm{d}u_c(t)}{\mathrm{d}t}$$

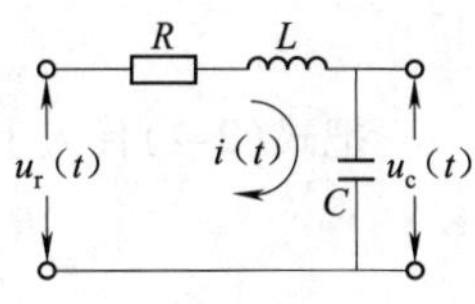

图 2-3　RLC 电路

(3)消去中间变量:$u_r(t)=LC\frac{\mathrm{d}^2u_c(t)}{\mathrm{d}t^2}+RC\frac{\mathrm{d}u_c(t)}{\mathrm{d}t}+u_c(t)$

(4)标准化：$LC\frac{\mathrm{d}^2u_c(t)}{\mathrm{d}t^2}+RC\frac{\mathrm{d}u_c(t)}{\mathrm{d}t}+u_c(t)=u_r(t)$

此系统的数学模型是一个典型的二阶线性定常微分方程，所对应的系统称为二阶线性定常系统。

例 2-4 试建立图 2-4 所示系统的微分方程。

解 (1)确定系统的输入量和输出量：取 $u_r(t)$ 为输入量，$u_c(t)$ 为输出量。

(2)列写原始方程式：理想运算放大器正反相输入端的电位相同，且输入电流为零，即虚短和虚断。用数学公式描述如下：

$$i_1(t)=i_2(t),u_B(t)\approx 0$$

根据上述公式，可以写出：

$$i_1(t)=\frac{u_r(t)-u_B(t)}{R},\quad i_2(t)=C\frac{\mathrm{d}[u_B(t)-u_c(t)]}{\mathrm{d}t}$$

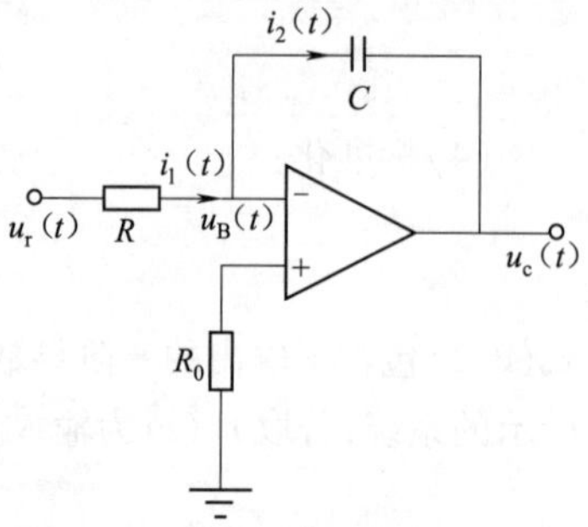

图 2-4 简单运算放大器系统

(3)消去中间变量：

$$-C\frac{\mathrm{d}u_c(t)}{\mathrm{d}t}=\frac{u_r(t)}{R}$$

(4)标准化：

$$RC\frac{\mathrm{d}u_c(t)}{\mathrm{d}t}=-u_r(t)$$

这是一个一阶系统。

例 2-5 试建立图 2-5 所示系统的微分方程。

解 (1)确定系统的输入量和输出量：取 $u_r(t)$ 为输入量，$u_c(t)$ 为输出量。

(2)列写原始方程式：理想运算放大器满足 $i_1(t)=i_2(t),u_B(t)\approx 0$。

$$i_1(t)=\frac{u_r(t)-u_B(t)}{R_0}+C_0\frac{\mathrm{d}[u_r(t)-u_B(t)]}{\mathrm{d}t}=\frac{u_r(t)}{R_0}+C_0\frac{\mathrm{d}u_r(t)}{\mathrm{d}t} \tag{2-4}$$

$$i_2(t)=C_1\frac{\mathrm{d}u_{c1}(t)}{\mathrm{d}t} \tag{2-5}$$

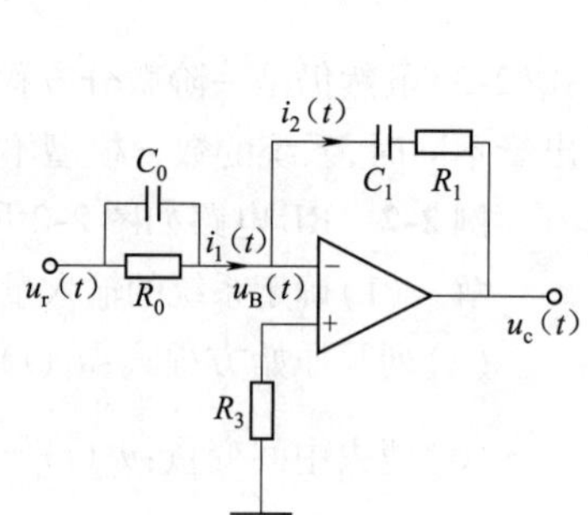

图 2-5 运算放大器系统

$$u_{c1}(t)=u_B(t)-R_1i_2(t)-u_c(t) \tag{2-6}$$

(3)消去中间变量：将式(2-6)代入式(2-5)后，且 $i_1(t)=i_2(t),u_B(t)\approx 0$，可得

$$-R_1C_1\frac{\mathrm{d}i_1(t)}{\mathrm{d}t}-C_1\frac{\mathrm{d}u_c(t)}{\mathrm{d}t}=\frac{u_r(t)}{R_0}+C_0\frac{\mathrm{d}u_r(t)}{\mathrm{d}t}$$

把式(2-4)代入上式可得

$$-\frac{R_1C_1}{R_0}\frac{\mathrm{d}u_r(t)}{\mathrm{d}t}-R_1C_1C_0\frac{\mathrm{d}^2u_r(t)}{\mathrm{d}t^2}-C_1\frac{\mathrm{d}u_c(t)}{\mathrm{d}t}=\frac{u_r(t)}{R_0}+C_0\frac{\mathrm{d}u_r(t)}{\mathrm{d}t}$$

(4)标准化：

$$-R_0C_1\frac{\mathrm{d}u_c(t)}{\mathrm{d}t}=R_1R_0C_0C_1\frac{\mathrm{d}^2u_r(t)}{\mathrm{d}t^2}+(R_0C_0+R_1C_1)\frac{\mathrm{d}u_r(t)}{\mathrm{d}t}+u_r(t)$$

上式也是一个二阶微分方程。

2.1.2 机械系统

机械系统主要指存在机械装置的系统。本节只阐述比较简单的做直线运动的机械系统，在列写该类机械系统的微分方程时主要使用牛顿第二定律：物体的加速度与物体所受的合外力成正比，和物体质量成反比，加速度的方向和合外力的方向相同，可用下式表示：

$$\sum F = ma$$

例 2-6　设有一弹簧、质量块、阻尼器系统如图 2-6 所示。当外力 $F(t)$ 作用于系统时，系统将产生运动，试写出外力 $F(t)$ 与质量块的位移 $y(t)$ 之间的微分方程。其中弹簧的弹性系数为 k，阻尼器的阻尼系数为 f，质量块的质量为 m。(不考虑质量块的重力。)

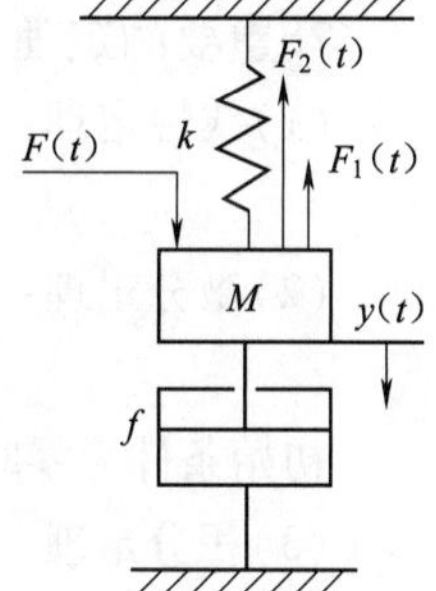

图 2-6　机械系统

解　对于物理系统，需要先进行受力分析。质量块 M 共受到 3 个力，弹簧拉力 $F_1(t)$、阻尼器的推力 $F_2(t)$、外力 $F(t)$。

(1)系统输入量为 $F(t)$，输出量为 $y(t)$。

(2)列写原始方程式：

$$\sum F = F(t) - F_1(t) - F_2(t) = ma = m\frac{\mathrm{d}^2y(t)}{\mathrm{d}t^2}$$

$$F_1(t) = ky(t)$$

$$F_2(t) = f\frac{\mathrm{d}y(t)}{\mathrm{d}t}$$

(3)消去中间变量：

$$F(t) - Ky(t) - f\frac{\mathrm{d}y(t)}{\mathrm{d}t} = m\frac{\mathrm{d}^2y(t)}{\mathrm{d}t^2}$$

(4)标准化：

$$m\frac{\mathrm{d}^2y(t)}{\mathrm{d}t^2} + f\frac{\mathrm{d}y(t)}{\mathrm{d}t} + Ky(t) = F(t)$$

从上式可以看出，此机械系统的数学模型与 RLC 电路系统的数学模型相似，再次验证了不同的系统，其数学模型可能是相同的这一结论。

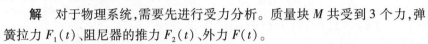

2.2　传递函数

在上一节中介绍了如何列写自动控制系统的微分方程式(数学模型)。微分方程式是时间域的数学模型，比较直观，通过时间域的方式，描述系统输入和输出之间的关系。分析自动控制系统的性能，最直接的方法就是求解微分方程式，在给定初始条件和输入信号后，得到输出量关于时间 t 的函数曲线，在此基础上进行系统分析。微分方程的求解比较困难，拉普拉斯变换(简称“拉氏变换”)是求解微分方程的简便方法。

传递函数是在用拉氏变换求解线性微分方程的过程中引申出来的概念。由于涉及拉氏变换，下面先简单回顾拉氏变换与反变换的基础知识。

2.2.1 拉氏变换与反变换

1. 定义

如果有一个以时间 t 为自变量的函数 $f(t)$，它的定义域 $t\geqslant 0$，那么下式即为拉氏变换式：

$$F(s) = \int_{0^-}^{\infty} f(t)e^{-st}dt$$

式中，$s=\sigma+j\omega$，为复数。记作 $F(s)=L[f(t)]$。$f(t)=L^{-1}[F(s)]$为拉氏反变换。

2. 重要的定理

(1)线性定理：

$$L[af_1(t)\pm bf_2(t)]=aF_1(s)\pm bF_2(s)$$

(2)微分定理：

$$L[f'(t)]=sF(s)-f(0)$$

初始条件为零时，$L[f'(t)]=sF(s)$。

(3)积分定理：

$$L\left[\int f(t)dt\right]=\frac{1}{s}F(s)+\frac{1}{s}f^{(-1)}(0)$$

(4)实位移定理：

$$L[f(t-\tau_0)]=e^{-\tau_0 s}F(s)$$

(5)复位移定理：

$$L[e^{At}f(t)]=F(s-A)$$

(6)初值定理：

$$\lim_{t\to 0}f(t)=\lim_{s\to\infty}sF(s)$$

(7)终值定理：

$$\lim_{t\to\infty}f(t)=\lim_{s\to 0}sF(s)$$

根据上述定理，若 $f(t)=a_n\dfrac{d^n x(t)}{dt^n}+a_{n-1}\dfrac{d^{n-1}x(t)}{dt^{n-1}}+\cdots+a_1\dfrac{dx(t)}{dt}+a_0x(t)$，则有

$$F(s)=a_nX(s)s^n+a_{n-1}X(s)s^{n-1}+\cdots+a_1X(s)s+a_0X(s)$$

$$\begin{aligned}f(\infty)&=\lim_{t\to\infty}f(t)\\&=\lim_{t\to\infty}\left[a_n\frac{d^n x(t)}{dt^n}+a_{n-1}\frac{d^{n-1}x(t)}{dt^{n-1}}+\cdots+a_1\frac{dx(t)}{dt}+a_0x(t)\right]\\&=\lim_{s\to 0}sF(s)\\&=\lim_{s\to 0}sX(s)(a_ns^n+a_{n-1}s^{n-1}+\cdots+a_1s+a_0)\end{aligned}$$

3. 常用函数的拉氏变换

(1)单位阶跃函数：

$$f(t)=1(t),F(s)=\frac{1}{s}$$

(2)单位脉冲函数：

$$f(t)=\delta(t),F(s)=1$$

(3)单位斜坡函数：

$$f(t)=t,F(s)=\frac{1}{s^2}$$

(4)单位抛物线函数：

$$f(t)=\frac{1}{2}t^2,F(s)=\frac{1}{s^3}$$

(5)正弦函数：

$$f(t)=\sin\omega t,F(s)=\frac{\omega}{s^2+\omega^2}$$

(6)余弦函数：

$$f(t)=\cos\omega t,F(s)=\frac{s}{s^2+\omega^2}$$

(7)幂函数：

$$f(t)=\mathrm{e}^{-at},F(s)=\frac{1}{(s+a)}$$

其他函数可以查阅相关表格获得。

4. 拉氏反变换

定义 $$f(t)=L^{-1}[F(s)]=\frac{1}{2\pi\mathrm{j}}\int_{\delta-\mathrm{j}\infty}^{\delta+\mathrm{j}\infty}F(s)\mathrm{e}^{st}\mathrm{d}s(t>0)$$

根据定义求拉氏反变换非常困难，一般常用部分分式进行计算，即

$$F(s)\to\text{部分分式}\to\text{原函数(查表)}$$

$$F(s)=\frac{B(s)}{A(s)}=\frac{b_ms^m+b_{m-1}s^{m-1}+\cdots+b_1s+b_0}{s^n+a_1s^{n-1}+\cdots+a_{n-1}s+a_n}(m<n)$$

式中，$a_1,\cdots,a_n,b_m,\cdots,b_0$ 均为实数；m,n 为正数，且 $m<n$。

令 $A(s)=(s-p_1)(s-p_2)\cdots(s-p_n)$，$p_i$ 是 $A(s)=0$ 的根。按 $A(s)=0$ 无重根、有重根和共轭复根的情况进行讨论。

(1)$A(s)=0$ 无重根：

$$F(s)=\frac{c_1}{s-p_1}+\frac{c_2}{s-p_2}+\cdots+\frac{c_n}{s-p_n}$$

式中，$c_i=\lim\limits_{s\to p_i}[(s-p_i)F(s)](i=1,2,\cdots,n)$。

则 $f(t)=L^{-1}[F(s)]=L^{-1}\left[\sum\limits_{i=1}^{n}\frac{c_i}{s-p_i}\right]=\sum\limits_{i=1}^{n}c_i\mathrm{e}^{p_it}$

例 2-7 求 $F(s)=\dfrac{s+2}{s^2+4s+3}$ 的拉氏反变换。

解 首先进行因式分解，写成部分分式的形式：

$$F(s)=\frac{s+2}{s^2+4s+3}=\frac{c_1}{s+1}+\frac{c_2}{s+3}$$

式中，$p_1=-1$；$p_2=-3$。

$$c_1=\lim_{s\to p_1}(s+1)F(s)=\lim_{s\to -1}(s+1)\frac{s+2}{(s+1)(s+3)}=\frac{1}{2}$$

$$c_2=\lim_{s\to p_2}(s+3)F(s)=\lim_{s\to -3}(s+3)\frac{s+2}{(s+1)(s+3)}=\frac{1}{2}$$

所以 $F(s)=\dfrac{\frac{1}{2}}{s+1}+\dfrac{\frac{1}{2}}{s+3}$。

其拉氏反变换为

$$f(t)=\frac{1}{2}\mathrm{e}^{-t}+\frac{1}{2}\mathrm{e}^{-3t}$$

(2)$A(s)=0$ 有重根,设 p_1 有 m 个重根,$p_{m+1},p_{m+2},\cdots,p_n$ 为单根。

$$F(s)=\frac{c_m}{(s-p_1)^m}+\frac{c_{m-1}}{(s-p_1)^{m-1}}+\cdots+\frac{c_1}{s-p_1}+\frac{c_{m+1}}{s-p_{m+1}}+\cdots+\frac{c_n}{s-p_n}$$

式中 $c_{m+1},\cdots,c_n$ 的计算同无重根部分一样。$c_m,\cdots,c_1$ 的计算如下:

$$c_m=\lim_{s\to p_1}(s-p_1)^m F(s)$$

$$c_{m-1}=\lim_{s\to p_1}\frac{\mathrm{d}\,(s-p_1)^m F(s)}{\mathrm{d}s}$$

$$c_{m-j}=\frac{1}{j!}\lim_{s\to p_1}\frac{\mathrm{d}^j\,(s-p_1)^m F(s)}{\mathrm{d}s^j}$$

确定系数后,在零初始条件下进行拉氏反变换,可得

$$f(t)=L^{-1}[F(s)]=\left[\frac{c_m}{(m-1)!}t^{m-1}+\frac{c_{m-1}}{(m-2)!}t^{m-2}+\cdots+c_2t+c_1\right]\mathrm{e}^{p_1t}+\sum_{i=m+1}^{n}c_i\mathrm{e}^{p_it}$$

例 2-8 求 $F(s)=\dfrac{s+2}{s(s+1)^2(s+3)}$的拉氏反变换。

解 将上式写成部分分式的形式:

$$F(s)=\frac{c_2}{(s+1)^2}+\frac{c_1}{s+1}+\frac{c_3}{s}+\frac{c_4}{s+3}$$

$$c_2=\lim_{s\to-1}(s+1)^2F(s)=\lim_{s\to-1}(s+1)^2\frac{s+2}{s(s+1)^2(s+3)}=-\frac{1}{2}$$

$$c_1=\lim_{s\to-1}\frac{\mathrm{d}}{\mathrm{d}s}(s+1)^2F(s)=\lim_{s\to-1}\frac{\mathrm{d}}{\mathrm{d}s}\left[\frac{s+2}{s(s+3)}\right]=-\frac{3}{4}$$

$$c_3=\lim_{s\to0}sF(s)=\lim_{s\to0}s\frac{s+2}{s(s+1)^2(s+3)}=\frac{2}{3}$$

$$c_4=\lim_{s\to-3}(s+3)F(s)=\lim_{s\to-3}(s+3)\frac{s+2}{s(s+1)^2(s+3)}=\frac{1}{12}$$

所以 $F(s)=\dfrac{-\frac{1}{2}}{(s+1)^2}+\dfrac{-\frac{3}{4}}{s+1}+\dfrac{\frac{2}{3}}{s}+\dfrac{\frac{1}{12}}{s+3}$。

其拉氏反变换为

$$f(t)=\left(-\frac{1}{2}t-\frac{3}{4}\right)\mathrm{e}^{-t}+\frac{2}{3}+\frac{1}{12}\mathrm{e}^{-3t}$$

(3)$A(s)=0$ 有共轭复根,设 p_1,p_2 为共轭复根,其余为单根。

$$F(s)=\frac{c_1s+c_2}{(s-p_1)(s-p_2)}+\frac{c_3}{s-p_3}+\cdots+\frac{c_n}{s-p_n}$$

式中 $c_3,\cdots,c_n$ 的计算同无重根部分一样,c_2,c_1 的计算如下:

$$(c_1s+c_2)\big|_{s=p_1}=\lim_{s\to p_1}[(s-p_1)(s-p_2)F(s)]$$

例 2-9　求 $F(s)=\dfrac{s+1}{s(s^2+s+1)}$ 的拉氏反变换。

解　将上式写成部分分式的形式：

$$F(s)=\frac{s+1}{s(s^2+s+1)}=\frac{s+1}{s\left(s+\frac{1}{2}+\frac{\sqrt{3}}{2}\mathrm{j}\right)\left(s+\frac{1}{2}-\frac{\sqrt{3}}{2}\mathrm{j}\right)}=\frac{c_3}{s}+\frac{c_1s+c_2}{s^2+s+1}$$

$$c_3=\lim_{s\to0}sF(s)=\lim_{s\to0}s\cdot\frac{s+1}{s(s^2+s+1)}=1$$

令 $p_1=-\dfrac{1}{2}-\dfrac{\sqrt{3}}{2}\mathrm{j}$

$$\lim_{s\to p_1}\frac{s+1}{s\left(s+\frac{1}{2}+\frac{\sqrt{3}}{2}\mathrm{j}\right)\left(s+\frac{1}{2}-\frac{\sqrt{3}}{2}\mathrm{j}\right)}\cdot\left(s+\frac{1}{2}+\frac{\sqrt{3}}{2}\mathrm{j}\right)\left(s+\frac{1}{2}-\frac{\sqrt{3}}{2}\mathrm{j}\right)$$

$$=\lim_{s\to p_1}\frac{s+1}{s}$$

$$=\frac{1}{2}+\frac{\sqrt{3}}{2}\mathrm{j} \tag{2-7}$$

$$(c_1s+c_2)\big|_{s=p_1}=-\frac{1}{2}c_1-\frac{\sqrt{3}}{2}c_1\mathrm{j}+c_2 \tag{2-8}$$

式(2-7)和式(2-8)相等,实部相等,虚部相等,可得:

$$\begin{cases}-\dfrac{1}{2}c_1+c_2=\dfrac{1}{2}\\[2mm]-\dfrac{\sqrt{3}}{2}c_1=\dfrac{\sqrt{3}}{2}\end{cases}$$

因此,$c_2=0,c_1=-1$。

$$F(s)=\frac{1}{s}+\frac{-s}{s^2+s+1}=\frac{1}{s}-\frac{s}{\left(s+\frac{1}{2}\right)^2+\left(\frac{\sqrt{3}}{2}\right)^2}=\frac{1}{s}-\frac{s+\frac{1}{2}}{\left(s+\frac{1}{2}\right)^2+\left(\frac{\sqrt{3}}{2}\right)^2}+\frac{\frac{1}{2}}{\left(s+\frac{1}{2}\right)^2+\left(\frac{\sqrt{3}}{2}\right)^2}$$

其拉氏反变换为

$$f(t)=1-\mathrm{e}^{-\frac{1}{2}t}\cos\frac{\sqrt{3}}{2}t+\frac{1}{\sqrt{3}}\mathrm{e}^{-\frac{1}{2}t}\sin\frac{\sqrt{3}}{2}t$$

2.2.2　传递函数的定义

对于 n 阶系统,线性微分方程的一般形式为

$$a_n\frac{\mathrm{d}^nc(t)}{\mathrm{d}t^n}+a_{n-1}\frac{\mathrm{d}^{n-1}c(t)}{\mathrm{d}t^{n-1}}+\cdots+a_1\frac{\mathrm{d}c(t)}{\mathrm{d}t}+a_0c(t)$$

$$=b_m\frac{\mathrm{d}^mr(t)}{\mathrm{d}t^m}+b_{m-1}\frac{\mathrm{d}^{m-1}r(t)}{\mathrm{d}t^{m-1}}+\cdots+b_1\frac{\mathrm{d}r(t)}{\mathrm{d}t}+b_0r(t)$$

式中,$r(t)$为输入量;$c(t)$为输出量;$a_i,b_j(i=0,1,2,\cdots,n,0,j=0,1,2,\cdots,m)$为系数。根据拉氏变换的微分定理

$$L[f'(t)]=sF(s)-f(0)$$

n 阶系统的线性微分方程[见式(2-1)]在零初始条件下的拉氏变换为

$$(a_n s^n + a_{n-1} s^{n-1} + \cdots + a_1 s + a_0) C(s) = (b_m s^m + b_{m-1} s^{m-1} + \cdots + b_1 s + b_0) R(s)$$

$$C(s) = \frac{b_m s^m + b_{m-1} s^{m-1} + \cdots + b_1 s + b_0}{a_n s^n + a_{n-1} s^{n-1} + \cdots + a_1 s + a_0} R(s)$$

$$\frac{C(s)}{R(s)} = \frac{b_m s^m + b_{m-1} s^{m-1} + \cdots + b_1 s + b_0}{a_n s^n + a_{n-1} s^{n-1} + \cdots + a_1 s + a_0}$$

从上式可以看出,输出量的拉氏变换 $C(s)$ 和输入量的拉氏变换 $R(s)$ 之比是一个只取决于系统结构的关于 s 的函数,因此引入传递函数的定义:

在初始条件为零时,线性定常系统或元件输出信号的拉氏变换 $C(s)$ 与输入信号的拉氏变换 $R(s)$ 之比,称为该系统或该元件的传递函数,通常记为 $G(s)$。

$$G(s) = \frac{C(s)}{R(s)} = \frac{b_m s^m + b_{m-1} s^{m-1} + \cdots + b_1 s + b_0}{a_n s^n + a_{n-1} s^{n-1} + \cdots + a_1 s + a_0} \tag{2-9}$$

下面介绍与传递函数有关的术语:

(1)特征方程:传递函数的分母等于零的方程是系统的特征方程。

(2)系统的阶数:传递函数分母多项式中 s 的最高次幂。

(3)零点:传递函数分子多项式等于零的根。

(4)极点:传递函数分母多项式等于零的根。

关于传递函数的几点说明:

(1)传递函数的概念仅适用于线性定常系统(否则,无法用拉氏变换导出)。传递函数的结构和各项系数只与系统本身的结构和参数有关,它是系统的数学模型,与输入信号的具体形式和大小无关。

同一个系统,如果选择不同的变量作为输入量和输出量,所得到的传递函数可能不同,因此,提及传递函数,必须指明输入量和输出量。此外,不同的物理系统可以有相同的传递函数。传递函数的概念主要适用于单输入单输出系统,如果系统存在多个输入,在求传递函数时,除了指定的输入量外,其他输入量将视为零。

(2)对于实际的元件和系统,传递函数是复变量 s 的有理真分式,其分子和分母都是 s 的有理多项式,即各项系数是实数,且分母的阶次 n 高于分子的阶次 m。

传递函数除了式(2-9)所表示的形式外,还可写成如下两种形式:

$$G(s) = \frac{K\prod_{i=1}^{m}(\tau_i s + 1)}{\prod_{j=1}^{n}(T_j s + 1)} \tag{2-10}$$

$$G(s) = \frac{K_g\prod_{i=1}^{m}(s - z_i)}{\prod_{j=1}^{n}(s - p_j)} \tag{2-11}$$

式(2-10)的特点是每个因式项中,常数项的系数都是1,K 为系统增益或放大系数,τ_i,T_j 为环节时间常数,因此该形式称为传递函数的时间常数形式。式(2-11)的特点是每个因式项中 s 的系数都是1,z_i 为零点,p_j 为极点(可能有复根、重根),K_g 为根轨迹增益。该形式称为传递函数的零极点形式。

(3)对于实际的系统而言,一般传递函数分子多项式的阶次总是小于分母多项式的阶次,即

$n>m$。它表示了客观物理世界的基本属性,因为一个物理系统的输出不能立即完全复现输入信号,只有经过一定的时间过程后,输出量才能达到输入量所需的数值。

(4)在传递函数中,自变量是复变量 s,因此,它是系统的复域描述。在微分方程中,自变量是时间 t,因此,微分方程是系统的时域描述。

例 2-10　求图 2-1 所示 RC 无源网络的传递函数$\dfrac{U_2(s)}{U_1(s)}$。

解　在例 2-1 中,已经求得 RC 电路的微分方程式为

$$RC\frac{\mathrm{d}u_2(t)}{\mathrm{d}t}+u_2(t)=u_1(t)$$

在零初始条件下,上式两边取拉氏变换,可得

$$RCsU_2(s)+U_2(s)=U_1(s)$$

因此,根据传递函数的定义,可得传递函数为

$$G(s)=\frac{U_2(s)}{U_1(s)}=\frac{1}{RCs+1}$$

对于电路系统,可运用电路中的运算阻抗的概念来直接求取传递函数,无须列写微分方程也可以方便地求出相应的传递函数。电容的运算阻抗为$\dfrac{1}{Cs}$,电阻的运算阻抗为电阻 R 本身,电感的运算阻抗为 Ls。因此,可将图 2-1 转换为图 2-7。

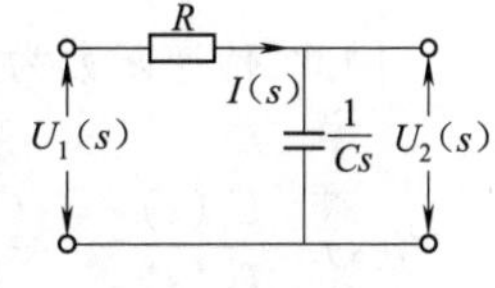

图 2-7　RC 运算电路图

图 2-7 所示电路是一个串联电路,电压之比等于电阻之比,因此,

$$G(s)=\frac{U_2(s)}{U_1(s)}=\frac{1}{RCs+1}$$

例 2-11　求图 2-5 所示系统的递函数$\dfrac{U_c(s)}{U_r(s)}$。

解　由例 2-5 已经求出系统的微分方程为

$$-R_0C_1\frac{\mathrm{d}u_c(t)}{\mathrm{d}t}=R_1R_0C_0C_1\frac{\mathrm{d}^2u_r(t)}{\mathrm{d}t^2}+(R_0C_0+R_1C_1)\frac{\mathrm{d}u_r(t)}{\mathrm{d}t}+u_r(t)$$

在零初始条件下,上式两边取拉氏变换,可得

$$-R_0C_1sU_c(s)=R_1R_0C_0C_1s^2U_r(s)+(R_0C_0s+R_1C_1s)U_r(s)+U_r(s)$$

根据传递函数的定义,可得

$$\frac{U_c(s)}{U_r(s)}=-\frac{R_1R_0C_0C_1s^2+(R_0C_0s+R_1C_1s)+1}{R_0C_1s}$$

也可根据运算阻抗的概念来求传递函数,其运算阻抗图如图 2-8 所示。根据理想运算放大器的特性和电路的运算阻抗,可得

$$I_1(s)=I_2(s)$$

$$\frac{U_r(s)-U_B(s)}{\dfrac{1}{C_0s}/\!/R_0}=\frac{U_B(s)-U_c(s)}{\dfrac{1}{C_1s}+R_1}$$

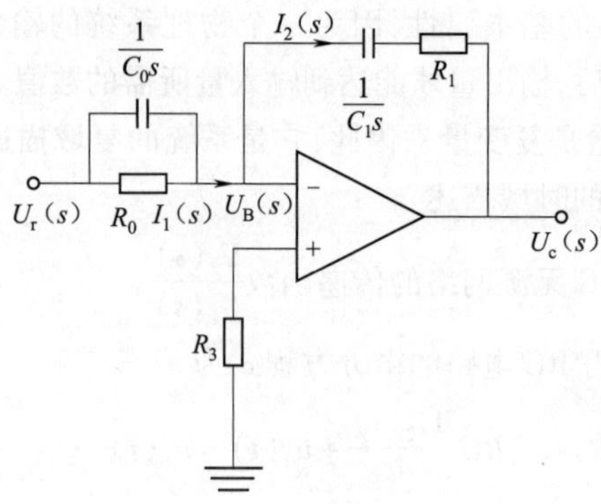

图 2-8　运算阻抗图

而 $U_B \approx 0$，

$$\frac{U_r(s)}{\frac{1}{C_0 s} /\!/ R_0} = \frac{-U_c(s)}{\frac{1}{C_1 s} + R_1}$$

因此，传递函数为

$$G(s) = \frac{U_c(s)}{U_r(s)} = -\frac{\frac{1}{C_1 s} + R_1}{\frac{1}{C_0 s} /\!/ R_0} = -\frac{(1 + R_1 C_1 s)(1 + R_0 C_0 s)}{R_0 C_1 s} = -\frac{R_1 R_0 C_0 C_1 s^2 + (R_0 C_0 s + R_1 C_1 s) + 1}{R_0 C_1 s}$$

例 2-12　已知在零初始条件下，系统的单位阶跃响应为

$$c(t) = 1 - 2e^{-2t} + e^{-t}$$

试求系统的传递函数和脉冲响应。

解　单位阶跃输入时，有 $R(s) = \frac{1}{s}$

因为，$c(t) = 1 - 2e^{-2t} + e^{-t}$，对该式在零初始条件下进行拉氏变换，可得

$$C(s) = \frac{1}{s} - \frac{2}{s+2} + \frac{1}{s+1} = \frac{3s+2}{s(s+1)(s+2)}$$

根据传递函数的定义，可得

$$G(s) = \frac{C(s)}{R(s)} = \frac{3s+2}{(s+1)(s+2)}$$

系统的脉冲响应为

$$k(t) = L^{-1}[G(s)] = L^{-1}\left(\frac{-1}{s+1} + \frac{4}{s+2}\right) = 4e^{-2t} - e^{-t}$$

2.2.3　典型环节的传递函数

实际的控制系统往往是很复杂的，任何一个复杂系统都是由有限个典型环节组合而成的，典型环节主要有以下 6 种。

1. 比例环节

比例环节的传递函数为

$$G(s) = K$$

式中，K 为常数，称为放大系数。

特点：输出量与输入量成比例，无失真和时间延迟。

实例：电子放大器、齿轮、电阻、感应式变送器等。例如，图 2-9 所示的放大器、电阻都是比例环节。

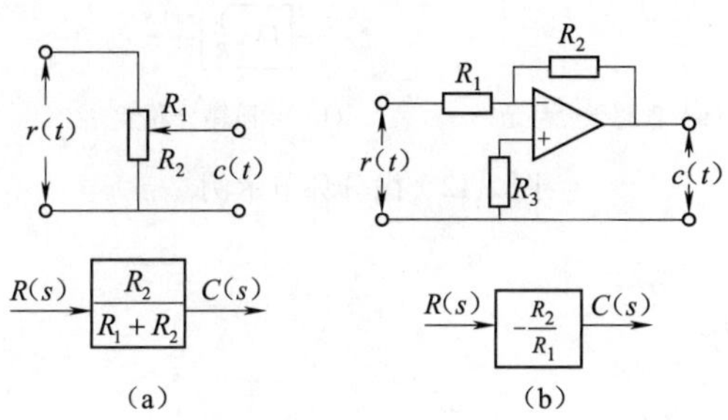

图 2-9　比例环节示例

2. 惯性环节

惯性环节的传递函数为

$$G(s)=\frac{1}{Ts+1}$$

式中，T 为时间常数。

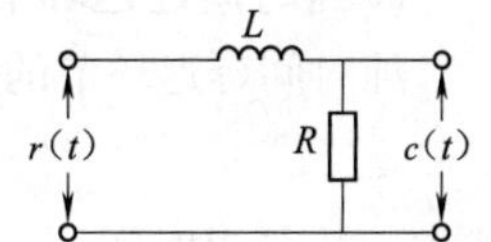

$R(s)$ → $\dfrac{1}{\frac{L}{R}s+1}$ → $C(s)$

图 2-10　惯性环节示例

特点：包含一个储能元件，对突变的输入、输出不能立即复现，无振荡。

实例：图 2-10 所示的 RL 电路、图 2-1 所示的 RC 无源网络、直流伺服电动机从输入电压到转速的传递函数也包含惯性环节。

3. 积分环节

积分环节的传递函数为

$$G(s)=\frac{1}{s}$$

特点：输出量与输入量的积分成比例，当输入消失后，输出仍具有记忆功能。

实例：步进电机、积分器等，图 2-4 所示的运算放大器系统、图 2-11 所示的电容。

$i(t)$　C　$u(t)$

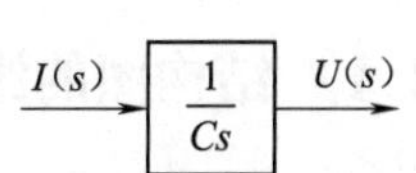

图 2-11　积分环节示例

4. 微分环节

微分环节主要有理想微分、一阶微分和二阶微分环节，它们的传递函数为

理想微分环节：$G(s)=Ks$。

一阶微分环节：$G(s)=\tau s+1$。

二阶微分环节：$G(s)=\tau^2s^2+2\xi\tau s+1$。

特点：输出量与输入量的变化速度成正比，故能预示输出信号的变化趋势，常被用来改善系统的动态特性。

实例：图 2-12 给出了微分环节的示例。测速发电机输出电压与输入角度间的传递函数也是微分环节。

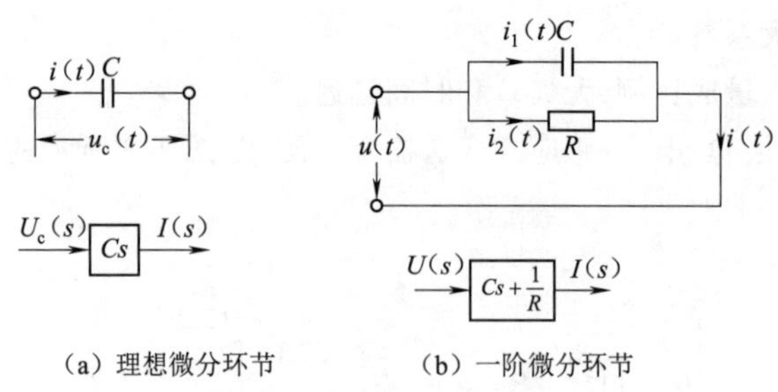

（a）理想微分环节　（b）一阶微分环节

图 2-12　微分环节示例

5. 振荡环节

振荡环节的传递函数为

$$G(s)=\frac{\omega_n^2}{s^2+2\xi\omega_n s+\omega_n^2}=\frac{1}{T^2s^2+2\xi Ts+1}$$

式中,ω_n 为自然振荡角频率;ξ 为阻尼比($0\leqslant\xi<1$);$T=\frac{1}{\omega_n}$。

特点:该环节中包含 2 个独立的储能元件,可进行能量交换,其输出呈现振荡形式。

实例:图 2-3 所示的 RLC 电路就是一个振荡环节。

6. 纯时间延迟环节

纯时间延迟环节的传递函数为

$$G(s)=e^{-\tau s}$$

式中,τ 为延迟时间。

特点:输出量能准确复现输入量,但须延迟一个固定的时间间隔。

实例:管道的温度、流量等物理量控制的数学模型就包含纯时间延迟环节。

2.3　动态结构图的绘制

动态结构图是一种以图形表示的数学模型,采用它将更便于求传递函数,同时能形象直观地表明输入信号在系统或元件中的传递过程。本节介绍如何绘制结构图。首先了解一下结构图的组成。

2.3.1　结构图的组成

动态结构图的基本符号有 4 种,即信号线、分支点、相加点和函数方块。

1. 信号线

信号线表示信号输入、输出的通道。箭头代表信号传递的方向,如图 2-13(a)所示。

2. 分支点

分支点表示同一信号传输到几个地方,即信号引出的位置,如图 2-13(b)所示。

3. 相加点

相加点又称比较点、综合点,表示两个或两个以上的输入信号进行加减比较的元件,如图 2-13(c)所示。

4. 函数方块

函数方块又称环节，方框的两侧为输入信号线和输出信号线，方框内写入该输入、输出之间的传递函数 $G(s)$，如图2-13(d)所示。

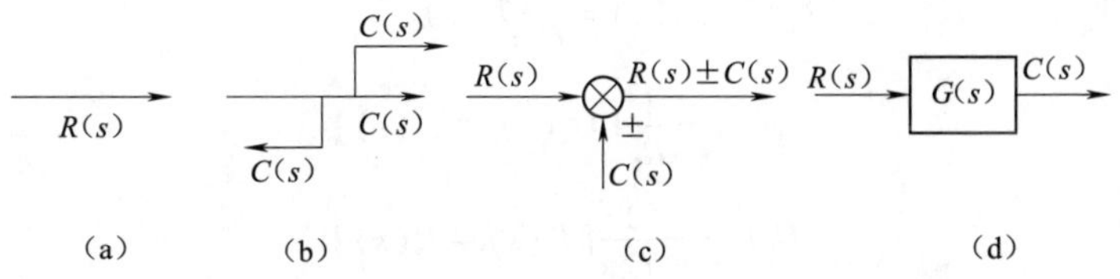

图2-13　结构图组成要素

把一个系统的各个环节都用函数方块表示，并且根据实际系统中各环节信号的传递关系用信号线和相加点把函数方块连接起来所组成的图形称为系统的动态结构图。

2.3.2　系统动态结构图的绘制

动态结构图绘制时，通常先按照系统的结构和工作原理分解出各环节并写出传递函数，然后绘出各环节的函数方块，并按照信号的传递方向把各函数方块连接起来，就构成了动态结构图，具体如图2-14所示。对于电路系统，如果采用复阻抗形式列写方程，则可忽略列写微分方程这个步骤。

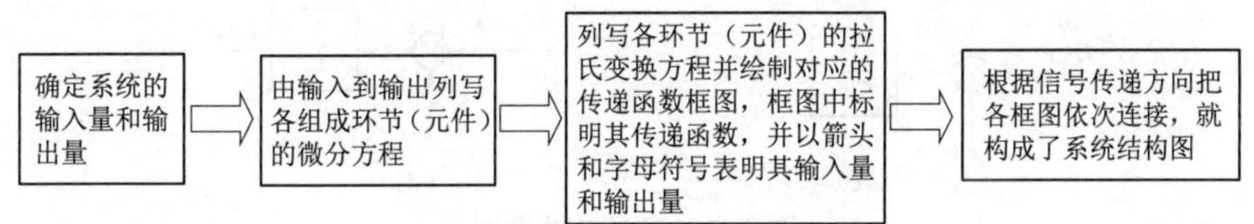

图2-14　动态结构图绘制的一般步骤

在动态结构图绘制的过程中，核心内容是系统方程的列写。下面给出系统方程列写的一般步骤：

(1)从输出量开始写，以系统输出量作为第一个方程左边的量。

(2)每个方程左边只有一个变量。从第二个方程开始，每个方程左边的变量是前面方程右边的中间变量。

(3)列写方程时尽量用已出现过的变量。

(4)输入量出现在最后一个方程的右边。

一个系统可以有不同的结构图，但由结构图得到的输入和输出之间的关系是相同的。

下面通过一个双T电路网络具体阐述如何绘制系统的动态结构图。

例2-13　建立图2-15(a)所示系统的结构图，其中电压 $u_1(t)$ 和 $u_2(t)$ 分别是输入量和输出量。

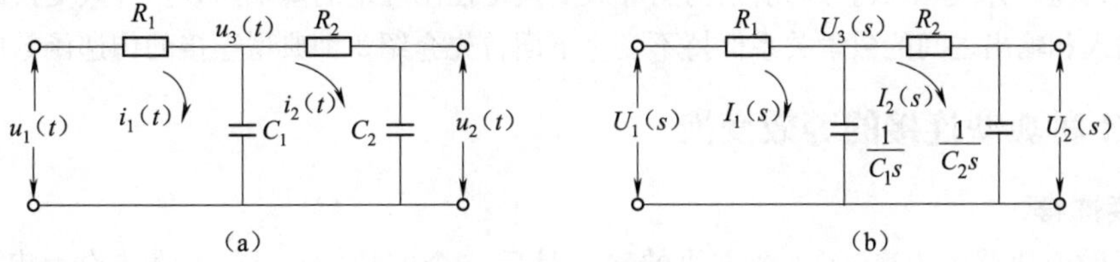

图2-15　双T电路网络

解 (1)首先将图 2-15(a)中的电阻、电容写成运算阻抗形式,将其转换为图 2-15(b)。

(2)列写方程,设中间变量为 $I_1(s)$、$I_2(s)$、$U_3(s)$,如图 2-15(b)所示,设电阻 R_2 和电容 C_2 的电压为 $U_3(s)$。从输出量 $U_2(s)$开始列写方程:

$$U_2(s)=\frac{1}{C_2s}I_2(s) \tag{2-12}$$

$$I_2(s)=\frac{1}{R_2}[U_3(s)-U_2(s)] \tag{2-13}$$

$$U_3(s)=\frac{1}{C_1s}[I_1(s)-I_2(s)] \tag{2-14}$$

$$I_1(s)=\frac{1}{R_1}[U_1(s)-U_3(s)] \tag{2-15}$$

按方程顺序,从输出量开始绘制系统框图。式(2-12)~式(2-15)所示的表达式可由图 2-16(a)、(b)、(c)、(d)所示的框图来描述。按照信号的流向,将图 2-16 中的 4 个框图连接起来,就构成了该系统总的动态结构图,如图 2-17 所示。

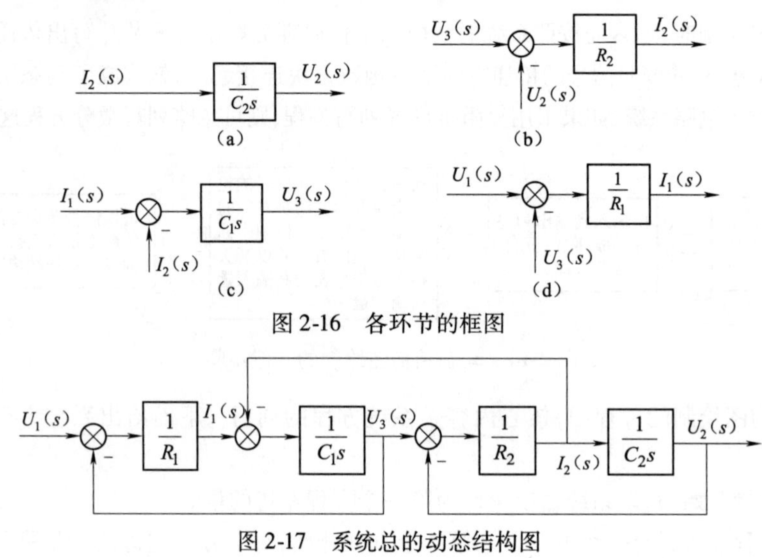

图 2-16 各环节的框图

图 2-17 系统总的动态结构图

2.4 结构图的等效变换

为了便于系统分析和设计,常常需要对复杂的结构图作等效变换,或者通过变换使系统结构图简化,求取系统总的传递函数。因此,结构图等效变换是控制理论的基本内容。等效变换的原则是变换前后的输入和输出之间的数学关系保持不变。下面首先介绍 3 种典型连接的传递函数的计算。

2.4.1 3 种典型连接的等效变换

1. 串联连接

几个函数方块首尾相连,前一个方块的输出是后一个方块的输入,这种结构为串联连接,如图 2-18所示,这是两个环节的串联。

图 2-18　串联连接

由图 2-18 可知，$U(s)=G_1(s)R(s)$，$C(s)=G_2(s)U(s)$，所以 $C(s)=G_1(s)G_2(s)R(s)$，其等效传递函数 $G(s)=G_1(s)G_2(s)$。因此，两个串联的方框可以合并为一个方框，合并后方框内的传递函数等于两个方框传递函数的乘积。显然，结论可以推广到 n 个环节串联，此时等效传递函数 $=n$ 个环节传递函数的乘积。

2. 并联连接

两个或多个环节具有同一个输入量，各环节的输出通过相加点形成代数和，合成总的输出量。图 2-19 表示 2 个环节并联的结构。

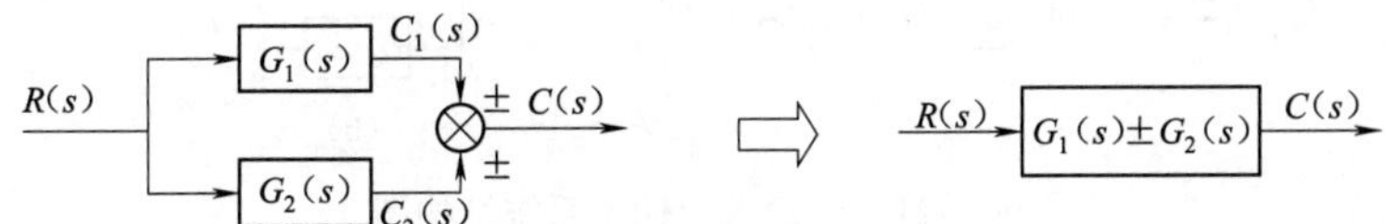

图 2-19　并联连接

由图 2-19 可知，$C_1(s)=G_1(s)R(s)$，$C_2(s)=G_2(s)R(s)$，$C(s)=[G_1(s)\pm G_2(s)]R(s)$，所以等效传递函数为$\dfrac{C(s)}{R(s)}=G_1(s)\pm G_2(s)$。因此，两个并联的方框可以合并为一个方框，合并后方框的传递函数等于两个方框传递函数的代数和。将结论推广到 n 个环节并联，此时等效传递函数 $=n$ 个环节传递函数的代数和。

3. 反馈连接

将环节的输出经反馈环节引回到输入端与输入信号相加(减)的连接方式称为反馈连接，如图 2-20(a)所示。反馈分为正反馈和负反馈，当引入相加点的信号符号为正时为正反馈，引入相加点的信号符号为负时为负反馈，在本书中，如非特别指明，反馈系统指负反馈。在图 2-20(a)中，$E(s)$称为偏差信号，$B(s)$为反馈信号，$R(s)$为输入量，$C(s)$为输出量。由输入量 $R(s)$经偏差信号 $E(s)$至输出量 $C(s)$的通道，称为前向通道。该通道的传递函数 $G(s)$为前向通道传递函数，由输出信号 $C(s)$至反馈信号 $B(s)$这条通路称为反馈通道，其传递函数 $H(s)$称为反馈通道传递函数。

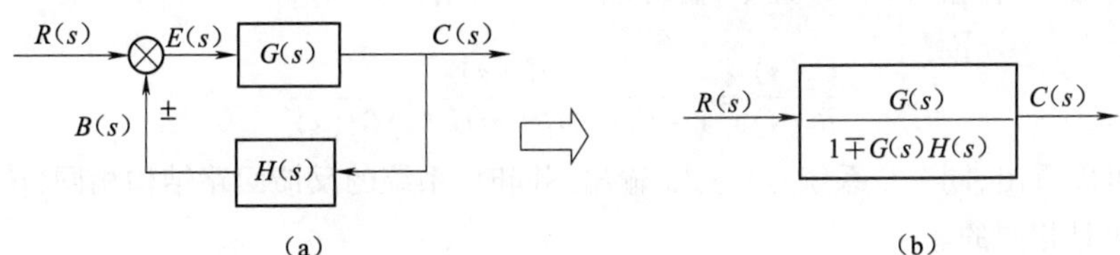

图 2-20　反馈连接

由图 2-20(a)可知，各信号之间的关系为

$$C(s)=G(s)E(s),\ B(s)=C(s)H(s),\ E(s)=R(s)\pm B(s)$$

消去中间变量 $E(s)$，$B(s)$得：

$$C(s)=\frac{G(s)}{1\mp G(s)H(s)}R(s)$$

由此得到反馈连接的等效传递函数为

$$\Phi(s)=\frac{G(s)}{1\mp G(s)H(s)} \tag{2-16}$$

在式(2-16)中,分母中的"+"适用于负反馈系统,"-"适用于正反馈系统。式(2-16)可理解为具有负反馈结构环节的传递函数等于前向通道的传递函数除以1加(若正反馈为减)前向通道与反馈通道传递函数的乘积。根据式(2-16),可画出简化后的结构图,如图2-20(b)所示。

例2-14 求图2-21(a)所示结构图的传递函数$\frac{C_1(s)}{R_1(s)},\frac{C_1(s)}{R_2(s)},\frac{C_2(s)}{R_1(s)},\frac{C_2(s)}{R_2(s)}$。

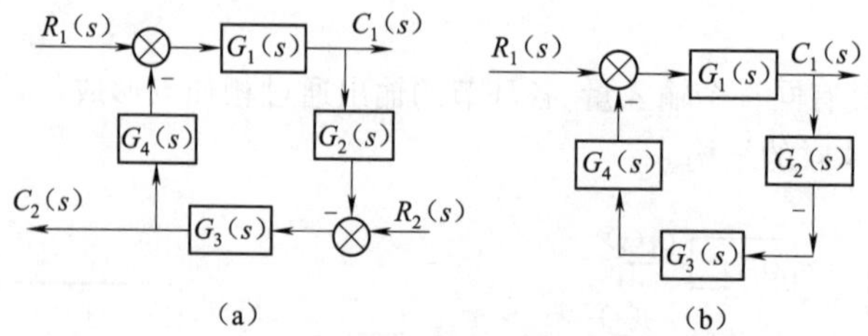

图2-21 两输入两输出系统结构图

解 在求$\frac{C_1(s)}{R_1(s)}$时,可将输入$R_2(s)$置零,输出$C_2(s)$不引出,如图2-21(b)所示。根据反馈连接的等效传递函数求取式(2-16),可得

$$\frac{C_1(s)}{R_1(s)}=\frac{G_1(s)}{1-G_1(s)G_2(s)G_3(s)G_4(s)}$$

同理,求$\frac{C_1(s)}{R_2(s)}$时,可将输入$R_1(s)$置零,输出$C_2(s)$不引出:

$$\frac{C_1(s)}{R_2(s)}=\frac{-G_3(s)G_4(s)G_1(s)}{1-G_2(s)G_3(s)G_4(s)G_1(s)}$$

同理,求$\frac{C_2(s)}{R_1(s)}$时,可将输入$R_2(s)$置零,输出$C_1(s)$不引出:

$$\frac{C_2(s)}{R_1(s)}=\frac{-G_1(s)G_2(s)G_3(s)}{1-G_1(s)G_2(s)G_3(s)G_4(s)}$$

同理,求$\frac{C_2(s)}{R_2(s)}$时,可将输入$R_1(s)$置零,输出$C_1(s)$不引出:

$$\frac{C_2(s)}{R_2(s)}=\frac{G_3(s)}{1-G_4(s)G_1(s)G_2(s)G_3(s)}$$

从这个例子可以看出,同一个系统,当输入/输出不同时,系统的反馈回路结构相同,传递函数的分母即特征方程是相同的。

2.4.2 系统传递函数

下面介绍几个重要的基本概念和术语,以图2-22为例进行说明。

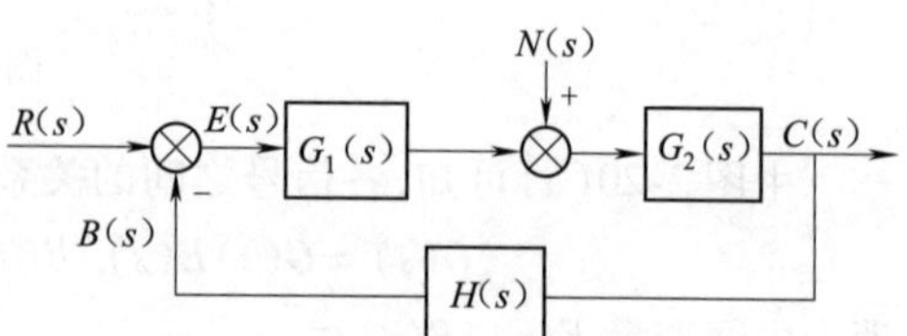

图2-22 典型系统结构图

1. 系统开环传递函数

系统开环传递函数定义为在反馈控制系统中,反馈信号$B(s)$和偏差信号$E(s)$之比,相当于在图2-22中,将反馈信号$B(s)$在相加点前断开。系统

开环传递函数是运用根轨迹法和频率法分析系统的主要数学模型。在图 2-22 中，系统开环传递函数 $\Phi_K(s)$ 可表示为以下式子：

$$\Phi_K(s) = \frac{B(s)}{E(s)} = G_1(s)G_2(s)H(s) = G(s)H(s)$$

上式表明系统的开环传递函数等于前向通道传递函数 $G(s)$ 和反馈通道传递函数 $H(s)$ 的乘积。（说明：所有前向通道环节的总传递函数为前向通道传递函数，反馈通道各环节的总传递函数为反馈通道传递函数。）

当反馈通道传递函数 $H(s)=1$（又称单位负反馈）时，开环传递函数和前向通道传递函数相同，即 $\Phi_K(s)=G(s)$。

2. 输出对于参考输入的闭环传递函数

$N(s)=0$ 时，输出信号 $C(s)$ 与输入信号 $R(s)$ 之比，通常用 $\Phi(s)$ 表示。根据负反馈连接的等效传递函数，可以写出：

$$\Phi(s) = \frac{G_1(s)G_2(s)}{1+G_1(s)G_2(s)H(s)} = \frac{G(s)}{1+G(s)H(s)}$$

3. 输出对于扰动输入的闭环传递函数

$R(s)=0$ 时，输出信号 $C(s)$ 与扰动信号 $N(s)$ 之比。

$$\Phi_N(s) = \frac{C(s)}{N(s)} = \frac{G_2(s)}{1+G_1(s)G_2(s)H(s)}$$

4. 系统的总输出

根据线性系统的叠加原理，当 $R(s)\neq 0, N(s)\neq 0$ 时，系统的输出 $C(s)$ 等于各信号独立作用时的输出之和，因此：

$$C(s) = \frac{G_1(s)G_2(s)}{1+G_1(s)G_2(s)H(s)}R(s) + \frac{G_2(s)}{1+G_1(s)G_2(s)H(s)}N(s)$$

2.4.3　无交叉回路的传递函数求取

无交叉回路的系统通常仅包含简单的串联、并联和反馈连接，在求系统传递函数时，先将多回路系统简化成等效的单回路系统，然后就可以求出系统的开环和闭环传递函数。

例 2-15　求图 2-23(a) 所示结构图的闭环传递函数 $\frac{C(s)}{R(s)}$。

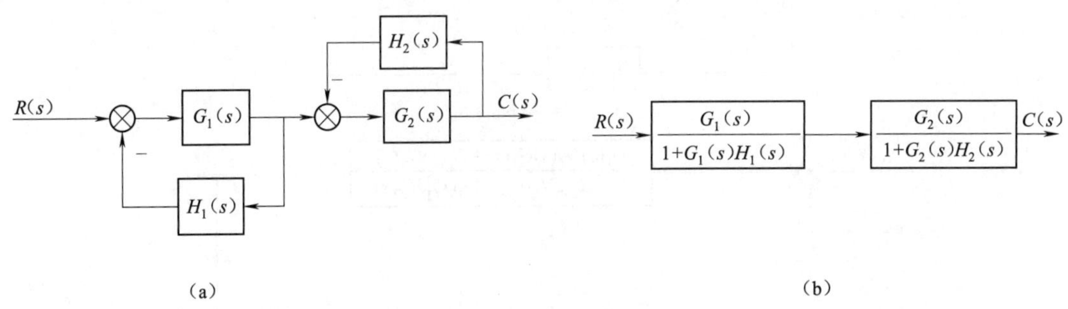

图 2-23　无交叉系统结构图

解　在图 2-23(a) 中，$G_1(s)$ 和 $H_1(s)$ 构成一个负反馈结构，$G_2(s)$ 和 $H_2(s)$ 构成一个负反馈结构，之后两者串联，化简后变为图 2-23(b)，由此得到系统的闭环传递函数为

$$\frac{C(s)}{R(s)}=\frac{G_1(s)}{1+G_1(s)H_1(s)}\cdot\frac{G_2(s)}{1+G_2(s)H_2(s)}=\frac{G_1(s)G_2(s)}{[1+G_1(s)H_1(s)]\cdot[1+G_2(s)H_2(s)]}$$

例 2-16 求图 2-24 所示结构图的闭环传递函数$\frac{C(s)}{R(s)}$。

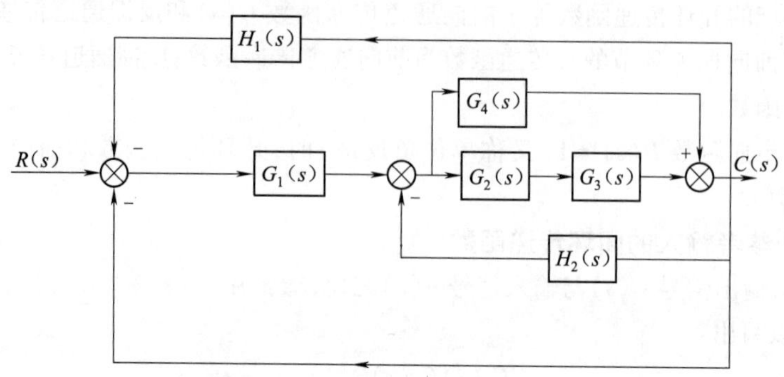

图 2-24 多回路系统结构图

解 在图 2-24 中，$G_2(s)$，$G_3(s)$串联后与$G_4(s)$并联，$H_1(s)$和单位负反馈构成并联连接，结构图化为图 2-25(a)。$G_2(s)G_3(s)+G_4(s)$与$H_2(s)$构成一个局部负反馈，结构图化为图 2-25(b)。$G_1(s)$与$\frac{G_2(s)G_3(s)+G_4(s)}{1+[G_2(s)G_3(s)+G_4(s)]H_2(s)}$构成串联连接，结构图化为图 2-25(c)。

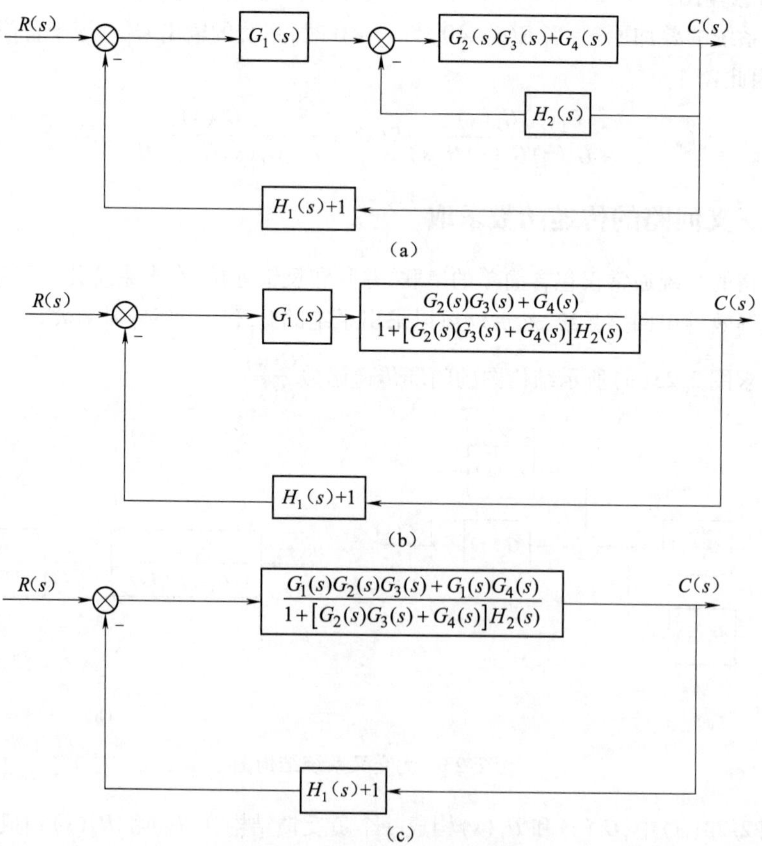

图 2-25 例 2-14 化简步骤图

图2-25(c)是一个简单的负反馈连接,可得:

$$\frac{C(s)}{R(s)}=\frac{G_1(s)G_2(s)G_3(s)+G_1(s)G_4(s)}{1+G_2(s)G_3(s)H_2(s)+G_4(s)H_2(s)+G_1(s)G_2(s)G_3(s)+G_1(s)G_4(s)+G_1(s)G_4(s)H_1(s)+G_1(s)G_2(s)G_3(s)H_1(s)}$$

上述例子都是无交叉回路的系统,一旦系统出现交叉,就需要进行相加点、分支点的换位运算,下面介绍相加点和分支点的换位运算。

2.4.4　相加点和分支点的换位运算

1. 相加点后移

相加点从函数方块的输入端移动到函数方块的输出端称为相加点后移。

移动前,由图2-26(a)可知:$C(s)=[R(s)\pm Q(s)]G(s)$。

移动后,由图2-26(b)可知:$C(s)=R(s)G(s)\pm Q(s)\times ?$,根据移动前后输入量和输出量之间的数学关系保持不变,因此?=$G(s)$,由此可得到图2-26(c)。

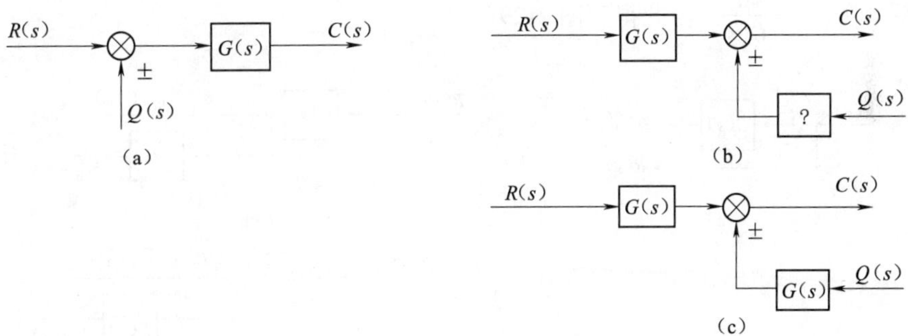

图2-26　相加点后移

2. 相加点前移

相加点从函数方块的输出端移动到函数方块的输入端称为相加点前移。

移动前,由图2-27(a)可知:$C(s)=R(s)G(s)\pm Q(s)$。

移动后,由图2-27(b)可知:$C(s)=R(s)G(s)\pm Q(s)G(s)\times ?$,根据移动前后输入量和输出量之间的数学关系保持不变,因此?=$\frac{1}{G(s)}$,由此得到图2-27(c)。

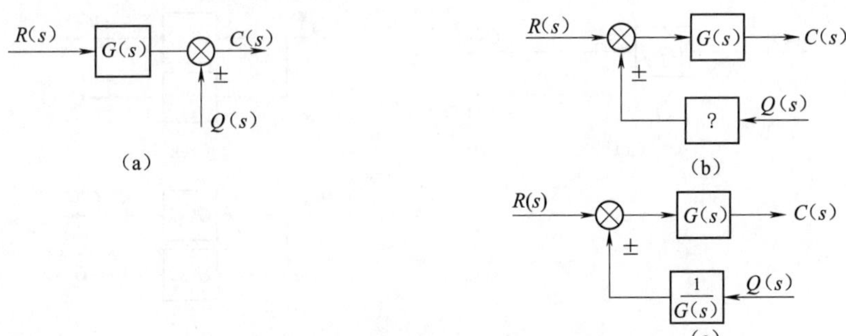

图2-27　相加点前移

3. 相加点换位

相邻的相加点相互交换位置称为相加点换位。

移动前,由图 2-28(a)可知:$C(s)=R(s)\pm X(s)\pm Y(s)$。

移动后,由图 2-28(b)可知:$C(s)=R(s)\pm Y(s)\pm X(s)$。

因此,由图 2-28 和加法交换率可知,多个相邻的相加点可以随意交换位置。

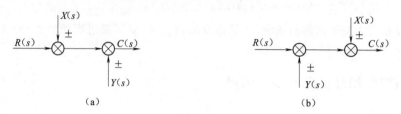

图 2-28　相加点换位

4. 分支点后移

分支点从函数方块的输入端移动到输出端称为分支点后移。

图 2-29(a)表示变换前的结构,图 2-29(b)表示分支点后移之后的结构,若要保持各信号之间的数学关系不变,? $=\dfrac{1}{G(s)}$,由此得到图 2-29(c)。

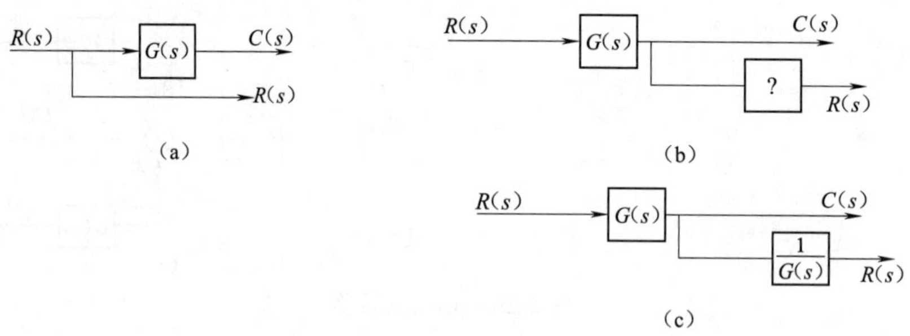

图 2-29　分支点后移

5. 分支点前移

分支点从函数方块的输出端移动到函数方块的输入端称为分支点前移。

图 2-30(a)表示变换前的结构,图 2-30(b)表示分支点前移之后的结构,若要保持各信号之间的数学关系不变,? $=G(s)$,由此得到图 2-30(c)。

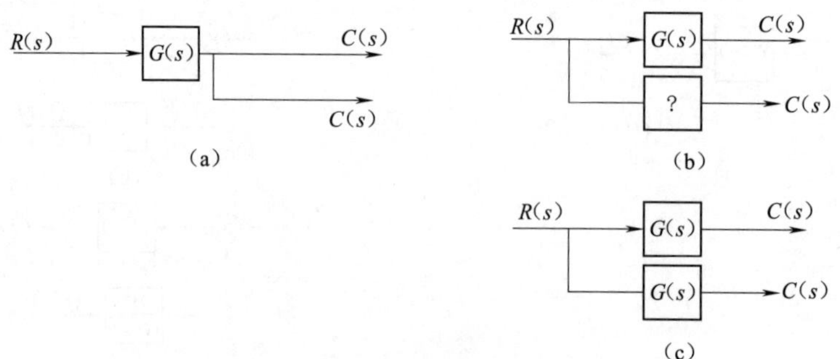

图 2-30　分支点前移

6. 分支点换位

相邻的分支点相互交换位置称为分支点换位。从一条信号线上无论分出多少信号线,它们都代表同一个信号,因此,在一条信号线上,相邻的各分支点之间可以任意交换位置,各信号之间的数学关系保持不变,如图 2-31(a)、(b)所示。

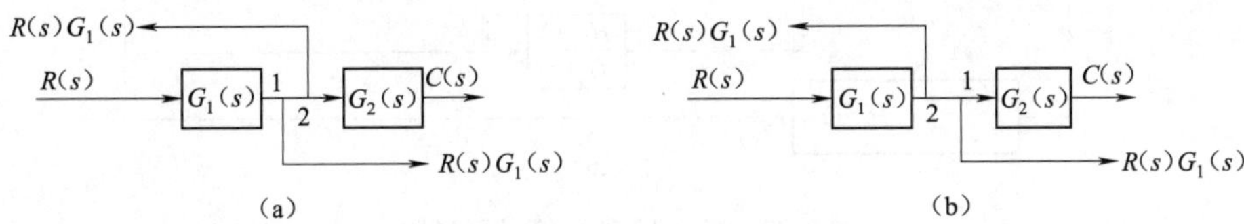

图 2-31　分支点换位

注意:

分支点和相加点一般不进行换位。

2.4.5　结构图化简

任何一个复杂的结构图都可以视为是由串联、并联和反馈这 3 种基本结构组合而成的。结构图化简的原则是通过相加点和分支点的前后移动消除回路之间的交叉结构,形成无交叉的多回路结构。

例 2-17　求图 2-32 所示结构图的传递函数$\dfrac{C(s)}{R(s)}$。

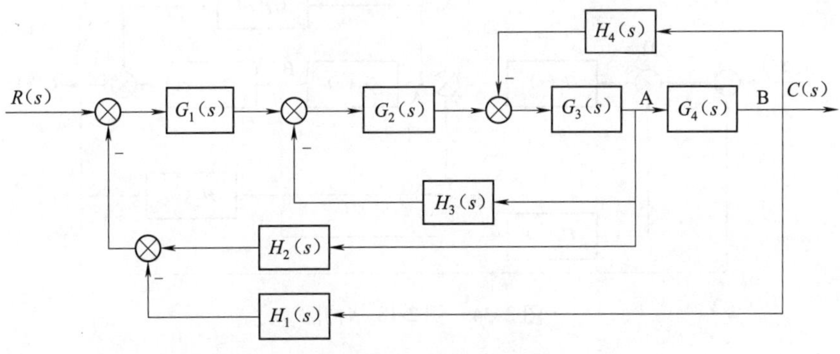

图 2-32　例 2-17 结构图

解　该结构图是具有交叉的多回路结构,先通过分支点 A 后移到 B 消除交叉连接,化为图 2-33(a),然后由内而外化简,化为图 2-33(b)。

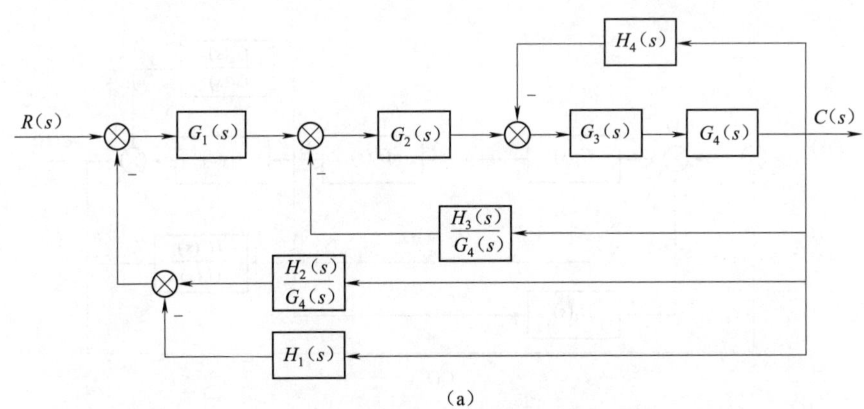

图 2-33　例 2-17 的化简过程

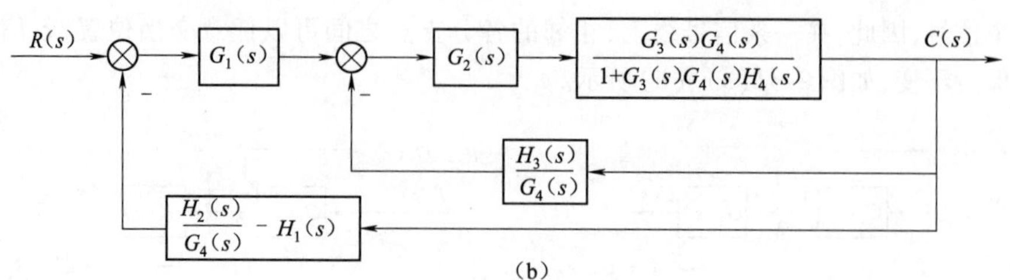

图 2-33 例 2-17 的化简过程(续)

在图 2-33(b)中,内环构成一个负反馈,外环也构成一个负反馈,化简后系统的闭环传递函数为:

$$\frac{C(s)}{R(s)}=\frac{G_1(s)G_2(s)G_3(s)G_4(s)}{1+G_3(s)G_4(s)H_4(s)-G_1(s)G_2(s)G_3(s)G_4(s)H_1(s)+G_1(s)G_2(s)G_3(s)H_2(s)+G_2(s)G_3(s)H_3(s)}$$

结构图的化简方法并不唯一,例如,该题也可通过分支点前移或相加点前移来消除交叉结构。在实际应用中,应充分地利用各种变换技巧,选择最简洁的路径,以达到省时省力的目的。

例 2-18 求图 2-34 所示结构图的传递函数$\frac{C(s)}{R(s)}$。

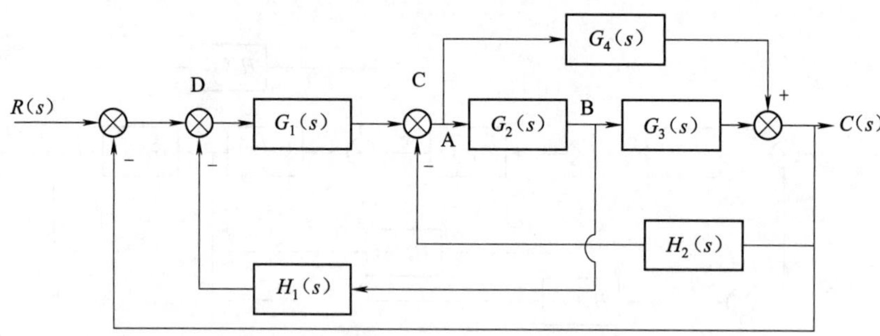

图 2-34 例 2-18 结构图

解 此题具有交叉结构,因此可通过将分支点 A 后移到 B,相加点 C 前移到 D 来消除交叉结构,结构图可化为图 2-35(a)。然后消除并联结构,将两个内反馈调整位置,结构图化为图 2-35(b)。消除内反馈和并联结构,结构图化为图 2-35(c),最后根据基本反馈结构的公式可求得系统的闭环传递函数。

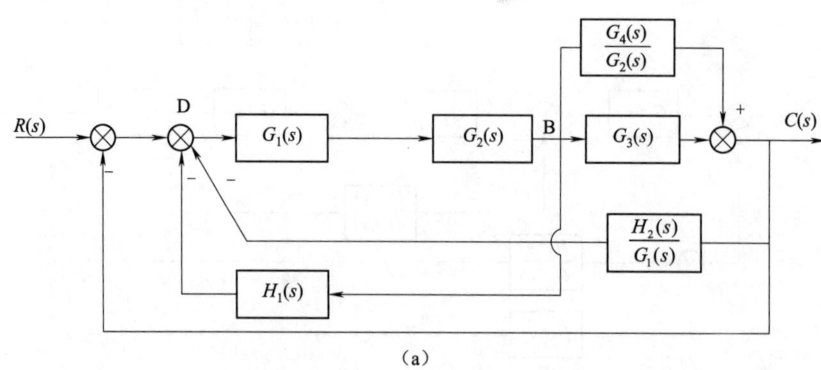

图 2-35 例 2-18 的化简过程

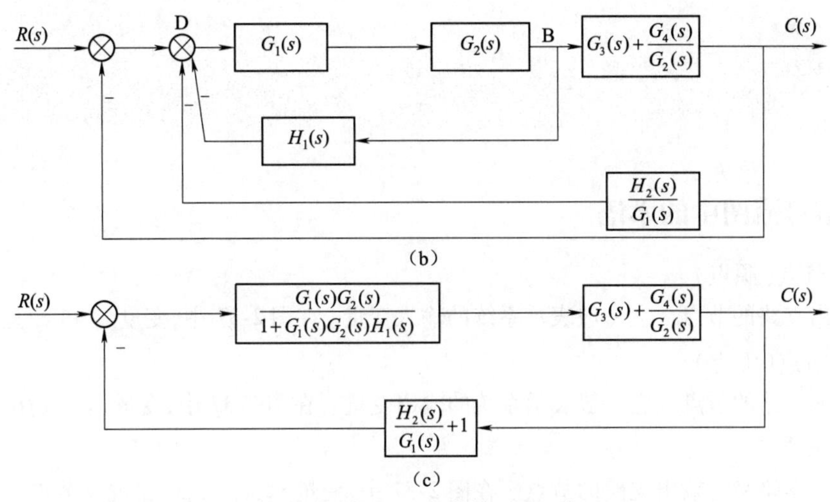

（b）

（c）

图 2-35　例 2-18 的化简过程（续）

系统的闭环传递函数为

$$\frac{C(s)}{R(s)}=\frac{G_1(s)G_2(s)G_3(s)+G_1(s)G_4(s)}{1+G_1(s)G_2(s)H_1(s)+G_2(s)G_3(s)H_2(s)+G_1(s)G_2(s)G_3(s)+G_1(s)G_4(s)+G_4(s)H_2(s)}$$

2.5　信号流图与 Mason 增益公式

信号流图是表示控制系统中各变量间相互关系的一种图示方法。当系统的结构图比较复杂，难以通过分支点或相加点前后移来实现无交叉回路，从而求取传递函数时，可将系统结构图转换为信号流图，利用 Mason 增益公式来求取系统传递函数。

2.5.1　信号流图的定义

信号流图由节点和支路组成。节点表示变量或信号，用小圆圈表示，其值等于所有进入该节点的信号之和。支路是连接两个节点的定向线段，在线段上标上支路增益（传递函数）。图 2-36 就是一个简单的信号流图。它表示 $y_2=a_{12}y_1$。

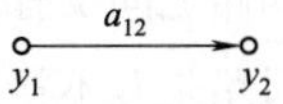

图 2-36　简单的信号流图

例 2-19　已知某信号流图如图 2-37 所示，请写出各信号之间的数学关系。

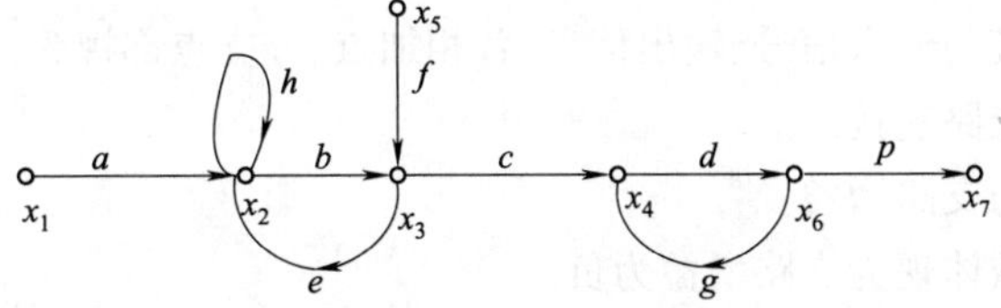

图 2-37　例 2-19 信号流图

解　由图 2-37 可知各信号之间的关系如下：

$x_2=ax_1+hx_2+ex_3$

$x_3 = bx_2 + fx_5$

$x_4 = cx_3 + gx_6$

$x_6 = dx_4$

$x_7 = px_6$

2.5.2 信号流图中的术语

1. 输入节点(源点)

仅有输出支路的节点。它一般表示系统的输入变量。在图 2-37 中,变量 x_1 和 x_5 是输入节点。

2. 输出节点(汇点)

仅有输入支路的节点。它一般表示系统的输出变量。在图 2-37 中,变量 x_7 是输出节点。

3. 混合节点

既有输入支路又有输出支路的节点。在图 2-37 中,变量 x_2, x_3, x_4, x_6 是混合节点。

4. 通路

从一节点出发,沿支路箭头方向经过一些节点到达某一节点(或同一节点)的路径,称为通路。在图 2-37 中,$x_1 \to x_2 \to x_3 \to x_4 \to x_6 \to x_7$ 就是一条通路。

通路增益:通路中各支路增益的乘积。$x_1 \to x_2 \to x_3 \to x_4 \to x_6 \to x_7$ 通路的通路增益为 $abcdp$。

5. 开通路

与任一节点仅相遇一次的通路。在图 2-37 中,$x_1 \to x_2 \to x_3 \to x_4 \to x_6 \to x_7$ 是一条开通路。

6. 闭通路(回路)

起始和终止于同一节点,且与其他节点相遇仅一次的通路。在图 2-37 中,$x_2 \to x_3 \to x_2$ 和 $x_4 \to x_6 \to x_4$ 都是回路。如果回路没有经过其他节点,称为自回路,例如,图 2-37 中的 $x_2 \to x_2$ 就是一条自回路。

回路增益就是回路中各支路增益的乘积。例如,图 2-37 中的 $x_2 \to x_3 \to x_2$ 回路的回路增益是 be。

7. 前向通路

起始于输入节点,终止于输出节点的开通路。例如,图 2-37 中的 $x_1 \to x_2 \to x_3 \to x_4 \to x_6 \to x_7$ 对于输入变量 x_1 而言是一条前向通路。$x_5 \to x_3 \to x_4 \to x_6 \to x_7$ 对于输入变量 x_5 而言是一条前向通路。

8. 互不接触回路

各回路之间没有任何公共节点的回路称为互不接触回路。图 2-37 中的 $x_2 \to x_3 \to x_2$ 回路和 $x_4 \to x_6 \to x_4$ 回路是互不接触回路,两个回路之间没有公共节点。

2.5.3 信号流图的绘制

根据结构图绘制信号流图时,遵守以下规则:

(1)将结构图中系统的输入信号、输出信号、各相加点、分支点都视为一个节点。

(2)信号的传递用支路连接。

(3)将传递函数作为支路增益。

(4)相加点信号相减体现为支路增益为负。

图 2-38(a)中简单的函数方块绘制成信号流图后变为图 2-38(b),输入、输出各一个节点,传递函数作为支路增益标在信号线上。图 2-38(c)是一个简单的负反馈结构,绘制成信号流图后变为图 2-38(d),负反馈的负号放在支路增益上。同一个结构图,信号流图并不唯一,图 2-38(d)所示的信号流图中的 3 和 4 节点可以合并成一个节点。

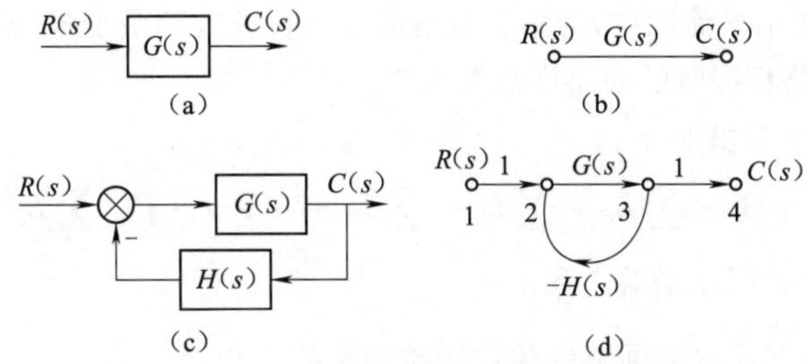

图 2-38　由结构图绘制信号流图示例

例 2-20　画出图 2-39(a)、(c)所示结构图的信号流图。

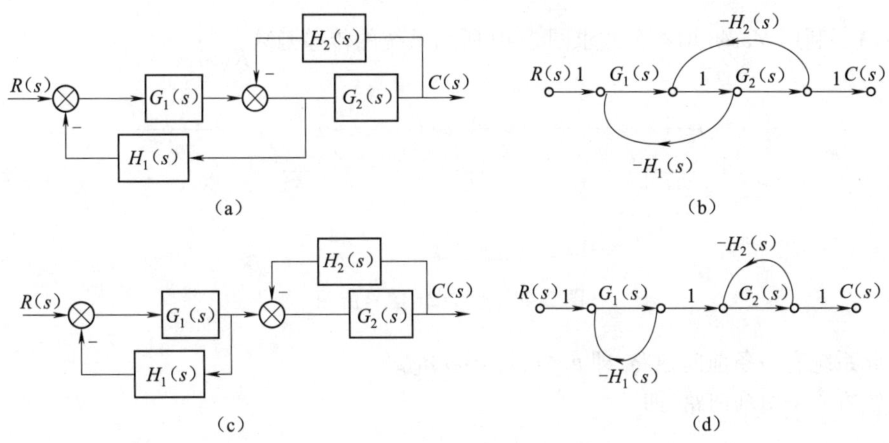

图 2-39　信号流图的绘制示例

解　在图2-39中,图2-39(a)、(c)的唯一区别是分支点和相加点的前后位置不一样。图2-39(a)的信号流图为图2-39(b),图2-39(c)的信号流图为图2-39(d)。从图中可以看出,当分支点在相加点之前时,必须加1单位的支路,否则互不接触回路将被取消。从信号流图的绘制过程可以看出,信号流图中前向通路就是结构图中的前向通路,信号流图中的回路就是结构图中的反馈结构。值得注意的是,负反馈时,必须在回路的支路上增加一个负号。

2.5.4　Mason 增益公式

若已知系统的结构图,不需要进行任何结构图等效变换就可以利用 Mason 增益公式求出系统的传递函数。利用 Mason 增益公式求闭环传递函数的过程简单,并可提高准确性,尤其适用于求取复杂结构图的传递函数。

利用 Mason 增益公式可直接写出从输入节点到输出节点之间的总传输增益,其公式如下:

$$T = \frac{\sum_{k=1}^{n} T_k \Delta_k}{\Delta} \tag{2-17}$$

式中:T——系统的总传递函数;

T_k——第 k 条前向通路的传输增益;

n——从输入节点到输出节点的前向通路的数目;

Δ——系统特征式。

Δ_k——余子式,即在信号流图中,为第 k 条前向通路特征式的余子式,即在 Δ 特征式中将与第 k 条前向通路相接触的回路增益置为 0。

系统特征式具体计算公式如下：

$$\Delta = 1 - \sum L_1 + \sum L_2 - \sum L_3 + \cdots + (-1)^m \sum L_m \tag{2-18}$$

式中：$\sum L_1$ ——所有单独回路增益之和；

$\sum L_2$ ——每两两互不接触回路的传输增益的乘积之和；

$\sum L_3$ ——每三三互不接触回路的传输增益的乘积之和；

$\sum L_m$ ——每 mm 互不接触回路的传输增益的乘积之和。

例 2-21 利用 Mason 增益公式求图 2-40 所示系统的传递函数$\dfrac{C(s)}{R(s)}$。

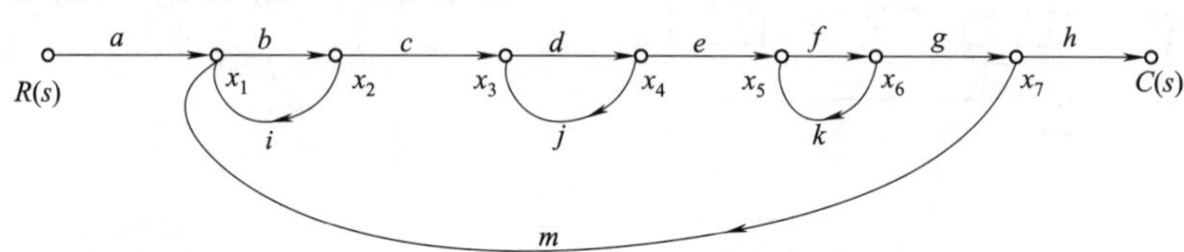

图 2-40 例 2-21 信号流图

解 此系统有一条前向通路,即 $n=1, T_1 = abcdefgh$

此系统有 4 个单独回路,即

$L_a = bi \qquad L_b = dj \qquad L_c = fk \qquad L_d = bcdefgm$

有 3 对两两互不接触回路,即回路 L_a 和 L_b、回路 L_a 和 L_c 以及回路 L_c 和 L_b。

有 1 组三三互不接触回路,即 L_a、L_b 和 L_c。因此,Δ 特征式为

$$\begin{aligned}\Delta &= 1 - \sum L_1 + \sum L_2 - \sum L_3 + \cdots + (-1)^m \sum L_m \\ &= 1 - \sum L_1 + \sum L_2 - \sum L_3 \\ &= 1 - (L_a + L_b + L_c + L_d) + (L_aL_b + L_bL_c + L_aL_c) - L_aL_bL_c \\ &= 1 - (bi + dj + fk + bcdefgm) + (bidj + bifk + djfk) - bidjfk\end{aligned}$$

由于 4 个单独回路均与前向通路有接触,因此将这 4 个单独回路的回路增益在 Δ 特征式中设为 0,从而 $\Delta_1 = 1$。

由 Mason 增益公式可得系统的传递函数为

$$\frac{C(s)}{R(s)} = T = \frac{T_1\Delta_1}{\Delta} = \frac{abcdefgh}{1-(bi+dj+fk+bcdefgm)+(bidj+bifk+djfk)-bidjfk}$$

例 2-22 利用 Mason 增益公式求出图 2-39(a)、(c)所示系统的传递函数$\dfrac{C(s)}{R(s)}$。

解 利用 Mason 增益公式求取结构图的传递函数时,一般步骤是先画出系统的信号流图,然后再利用 Mason 增益公式求取传递函数。图 2-39(a)、(c)所示结构图的信号流图在例 2-20 中已经绘制,分别是图 2-39(b)、(d)。

对于图 2-39(b)：

前向通路有一条,即 $n=1, T_1 = G_1(s)G_2(s)$。

此系统有两个独立回路，即 $L_a = -G_1(s)H_1(s)$，$L_b = -G_2(s)H_2(s)$。

此系统没有互不接触回路，因此，Δ 特征式为

$$\Delta = 1 - \sum L_1 + \sum L_2 = 1 - \sum L_1 = 1 - (L_a + L_b) = 1 + G_1(s)H_1(s) + G_2(s)H_2(s)$$

前向通路与两个回路均有接触，因此，在 Δ 特征式中将这两个回路的增益设为 0，$\Delta_1 = 1$。图 2-39(b)所示系统的传递函数为

$$\frac{C(s)}{R(s)} = T = \frac{1}{\Delta}T_1\Delta_1 = \frac{G_1(s)G_2(s)}{1 + G_1(s)H_1(s) + G_2(s)H_2(s)}$$

对于图 2-39(c)，前向通路和独立回路的数目及表达式与图 2-39(b)完全一样，唯一的区别是存在一对互不接触的回路，即回路 L_a 和 L_b。因此，Δ 特征式为

$$\Delta = 1 - \sum L_1 + \sum L_2 = 1 - (L_a + L_b) + (L_a L_b) = 1 + G_1(s)H_1(s) + G_2(s)H_2(s) + G_1(s)G_2(s)H_1(s)H_2(s)$$

前向通路与两个回路均有接触，因此，在 Δ 特征式中将这两个回路的回路增益设为 0，$\Delta_1 = 1$。图 2-39(c)所示系统的传递函数为

$$T = \frac{1}{\Delta}T_1\Delta_1 = \frac{G_1(s)G_2(s)}{1 + G_1(s)H_1(s) + G_2(s)H_2(s) + G_1(s)G_2(s)H_1(s)H_2(s)}$$

信号流图和结构图都是利用图形来描述各变量之间的关系，结构图中的输入/输出就是信号流图中的输入/输出节点，结构图中的前向通路、反馈结构对应于信号流图中的前向通路和回路，结构图函数方块中的传递函数就是信号流图中各支路的增益。因此，正确识别结构图中的前向通路、回路、互不接触回路，就可以在不绘制信号流图的情况下，直接利用 Mason 增益公式求取传递函数。

例 2-23　利用 Mason 增益公式求图 2-41 所示系统的传递函数 $\frac{C(s)}{R(s)}$、$\frac{C(s)}{N(s)}$。

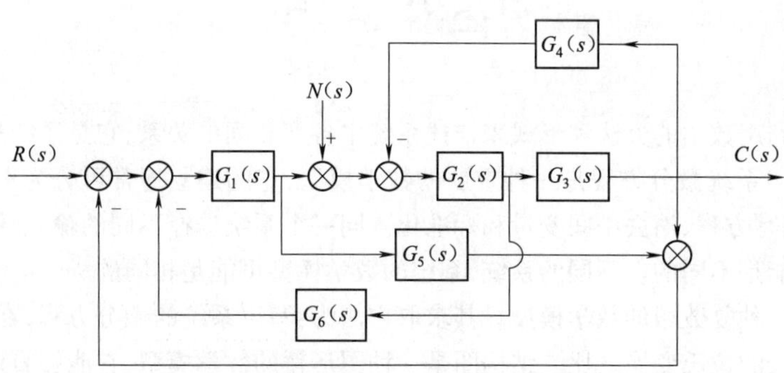

图 2-41　例 2-23 结构图

解　求传递函数 $\frac{C(s)}{R(s)}$ 时，前向通路为从输入 $R(s)$ 到输出 $C(s)$ 所经过的路径。系统的前向通路有 1 条，即 $n=1$，$T_1 = G_1(s)G_2(s)G_3(s)$。

此系统有 4 个独立回路，即 $L_a = -G_2(s)G_3(s)G_4(s)$，$L_b = -G_1(s)G_2(s)G_6(s)$，$L_c = -G_1(s)G_2(s)G_3(s)$，$L_d = -G_1(s)G_5(s)$。

有 1 对两两互不接触回路，即回路 L_a 和 L_d。因此，Δ 特征式为

$$\begin{aligned}\Delta &= 1 - \sum L_1 + \sum L_2 - \sum L_3 + \cdots + (-1)^m \sum L_m \\ &= 1 - \sum L_1 + \sum L_2 \\ &= 1 - (L_a + L_b + L_c + L_d) + (L_a L_d)\end{aligned}$$

$$= 1 + G_2(s)G_3(s)G_4(s) + G_1(s)G_2(s)G_6(s) + G_1(s)G_2(s)G_3(s) + G_1(s)G_5(s) + G_1(s)G_2(s)G_3(s)G_4(s)G_5(s)$$

前向通路与所有 4 个回路均有接触,因此,将其增益在 Δ 特征式中设为 0,$\Delta_1 = 1$。

由 Mason 增益公式可得系统的传递函数为

$$\frac{C(s)}{R(s)} = T = \frac{T_1\Delta_1}{\Delta}$$

$$= \frac{G_1(s)G_2(s)G_3(s)}{1 + G_2(s)G_3(s)G_4(s) + G_1(s)G_2(s)G_6(s) + G_1(s)G_2(s)G_3(s) + G_1(s)G_5(s) + G_1(s)G_2(s)G_3(s)G_4(s)G_5(s)}$$

求传递函数$\frac{C(s)}{N(s)}$时,前向通路为从输入 $N(s)$ 到输出 $C(s)$ 所经过的路径。系统的前向通路有 1 条,即 $n=1$,$T_2 = G_2(s)G_3(s)$。此前向通路与回路 L_d 没有接触,与其他 3 个回路均有接触,因此,$\Delta_2 = 1 + G_1(s)G_5(s)$。由 Mason 增益公式可得系统的传递函数为

$$\frac{C(s)}{N(s)} = T = \frac{T_2\Delta_2}{\Delta}$$

$$= \frac{G_2(s)G_3(s)[1 + G_1(s)G_5(s)]}{1 + G_2(s)G_3(s)G_4(s) + G_1(s)G_2(s)G_6(s) + G_1(s)G_2(s)G_3(s) + G_1(s)G_5(s) + G_1(s)G_2(s)G_3(s)G_4(s)G_5(s)}$$

小　　结

数学模型是利用数学的方法和形式来描述系统中各变量间的关系,它是系统进行定量分析和设计的主要依据。系统微分方程是一种重要的数学模型,它的建立通常可分为 4 个步骤,即确定输入和输出量、列写方程、消去中间变量和标准化。同一个系统选择不同的输入量和输出量时,系统的数学模型可能是不同的。不同的系统,系统的数学模型可能是相同的。

传递函数是一种复数域的数学模型。其求取方法为:写出系统的微分方程,在零初始条件下,求系统输出和输入的拉氏变换之比。结构图是一种图形化的数学模型,它能够直观形象地表示出输入信号在系统各元件之间的传递过程。利用结构图等效变换可以方便地求解系统的各种传递函数,进一步分析和研究系统。信号流图同样也是一种图形化的数学模型,利用 Mason 增益公式可以方便有效地求取复杂结构图的系统传递函数。

习题(基础题)

1. 什么是数学模型? 经典控制理论有哪些常用的数学模型?
2. 列写系统微分方程的步骤是什么?
3. 自动控制系统的典型环节有哪些? 它们的传递函数分别是什么?

4. 已知系统的闭环传递函数 $\Phi(s)=\dfrac{2(5s+1)}{s(s+1)(4s+1)}$，请写出系统的闭环极点、闭环零点、系统的阶次；当系统的输入是单位阶跃信号时，输出的拉氏变换是什么形式？

5. 已知系统开环传递函数为 $\Phi_{K}(s)=\dfrac{7.5\left(\dfrac{s}{3}+1\right)}{s\left(\dfrac{s}{2}+1\right)\left(\dfrac{s^2}{2}+\dfrac{s}{2}+1\right)}$，请问此系统包含哪些基本环节？各环节的传递函数分别是什么？

6. 已知在零初始条件下，系统的单位阶跃响应为

$$c(t)=1-\frac{2}{3}\mathrm{e}^{-t}-\frac{1}{3}\mathrm{e}^{-4t}$$

求系统的传递函数和单位脉冲响应。

7. 试建立图2-42所示系统的微分方程。

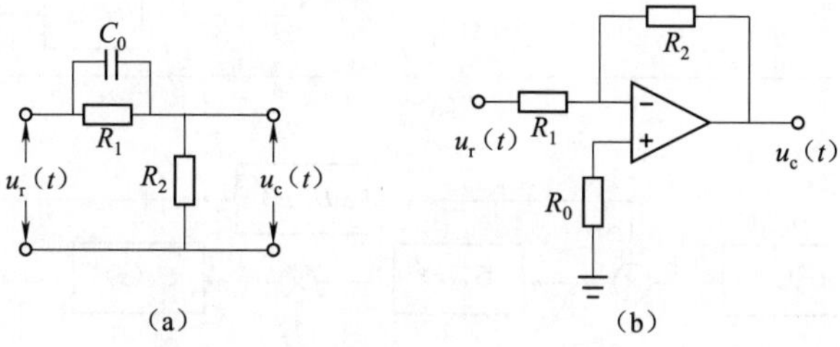

图　2-42

8. 试建立图2-43所示系统的传递函数 $\dfrac{U_c(s)}{U_r(s)}$。

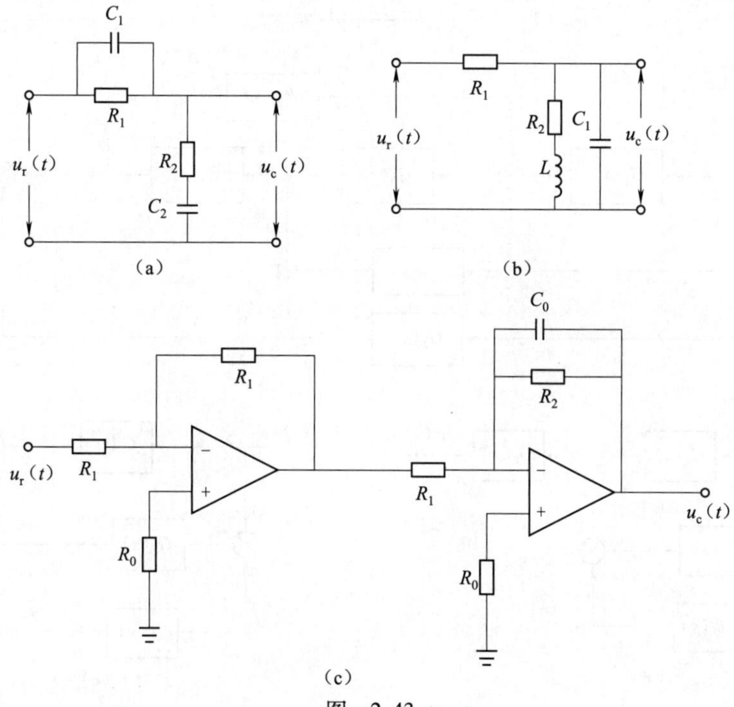

图　2-43

9. 已知一系统由以下方程组成，$R(s)$为输入，$C(s)$为输出，试绘制结构图。

$$A(s)=G_1(s)[R(s)-H_1(s)C(s)]$$
$$B(s)=G_2(s)[A(s)-H_2(s)D(s)]$$
$$D(s)=G_3(s)[B(s)-H_3(s)C(s)]$$
$$C(s)=G_4(s)D(s)$$

10. 试用结构图化简的方法求出图 2-44 所示各系统的传递函数$\dfrac{C(s)}{R(s)}$。

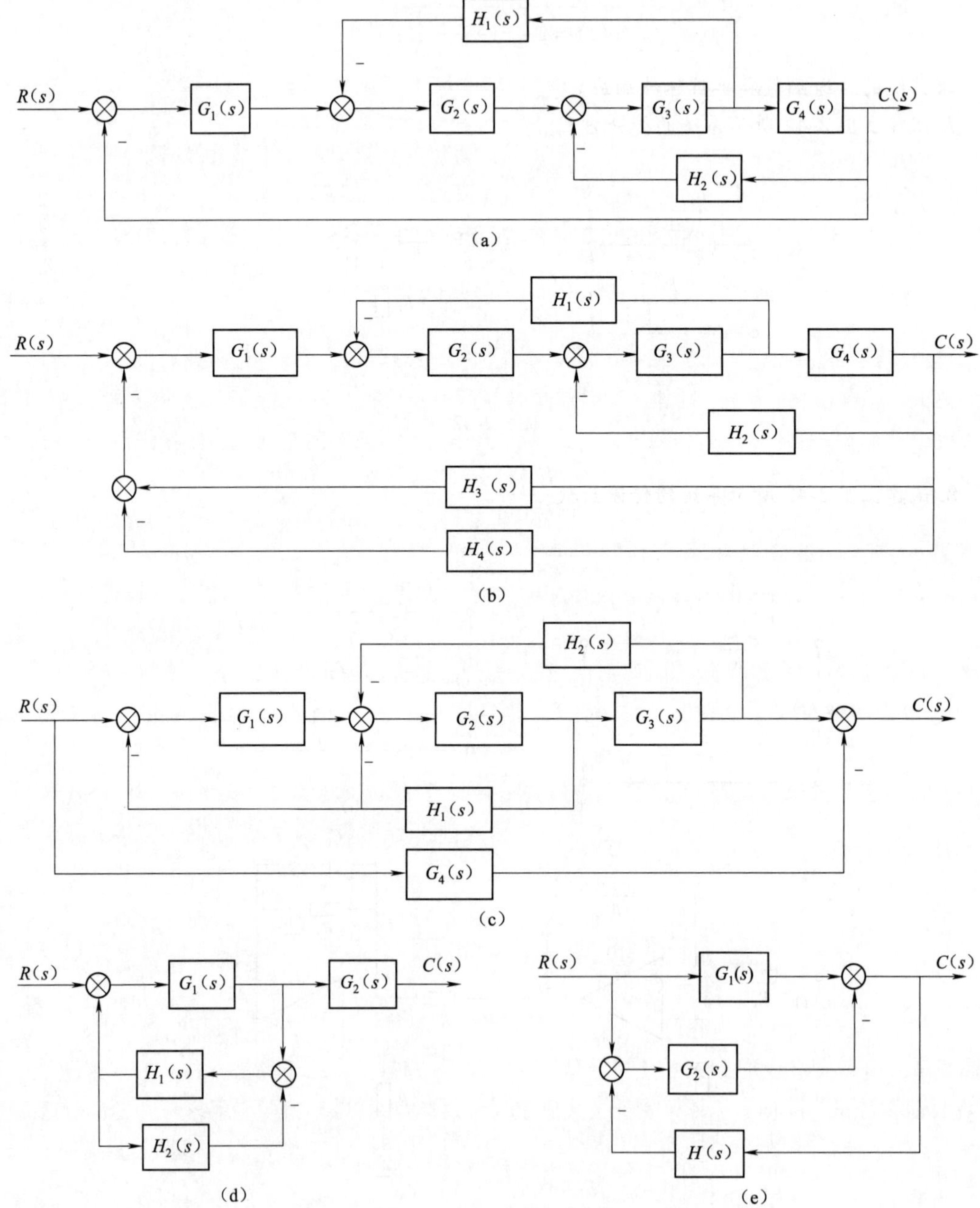

图 2-44

11. 试用 Mason 增益公式求图 2-45 所示系统的传递函数$\frac{C(s)}{R(s)}$。

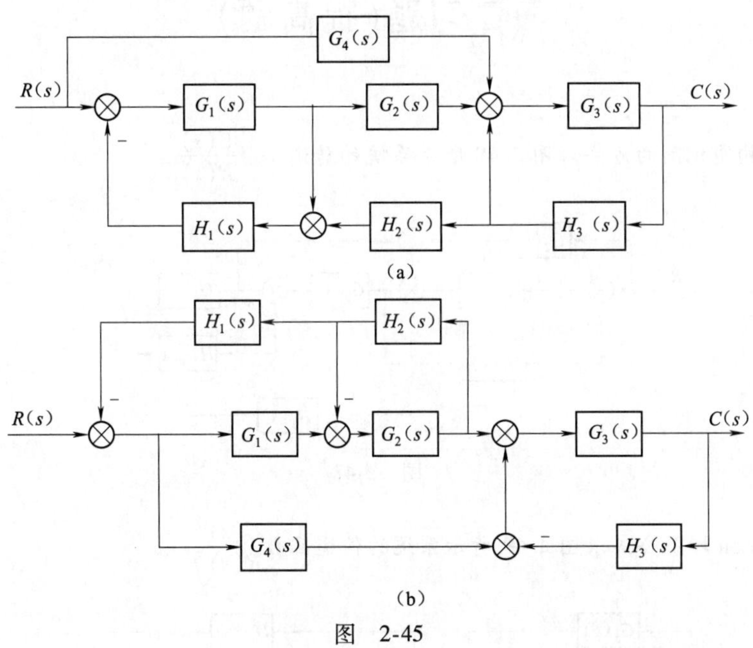

图　2-45

12. 试用 Mason 增益公式求图 2-46 所示系统的传递函数$\frac{C_1(s)}{R_1(s)}$,$\frac{C_2(s)}{R_1(s)}$,$\frac{C_1(s)}{R_2(s)}$,$\frac{C_2(s)}{R_2(s)}$。

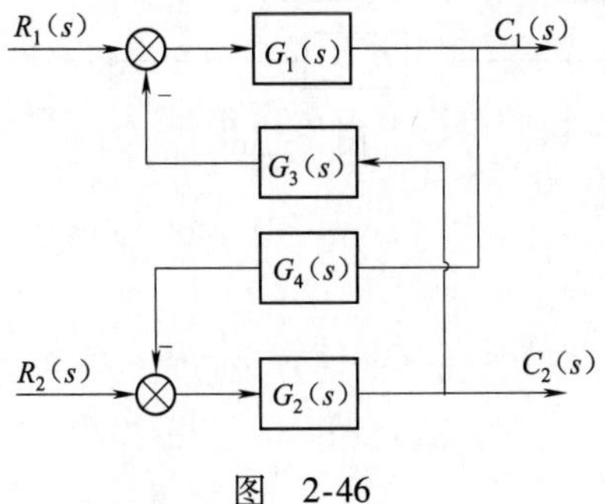

图　2-46

13. 已知系统的结构图如图 2-47 所示,图中 $R(s)$ 为输入信号,$N(s)$ 为干扰信号,试求系统的给定传递函数$\frac{C(s)}{R(s)}$和扰动传递函数$\frac{C(s)}{N(s)}$。

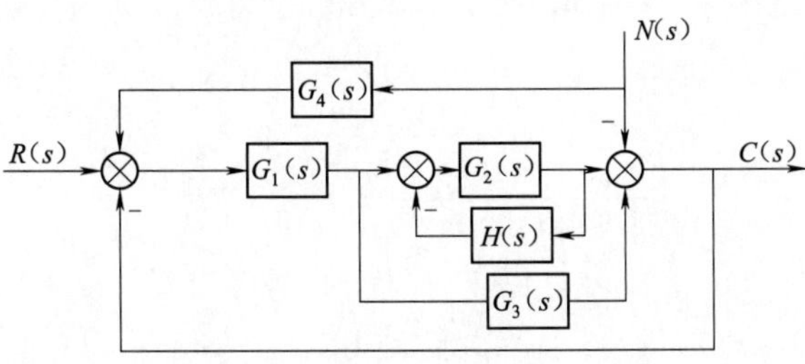

图　2-47

习题(提高题)

1. 试用结构图化简的方法求图 2-48 所示系统的传递函数$\dfrac{C(s)}{R(s)}$。

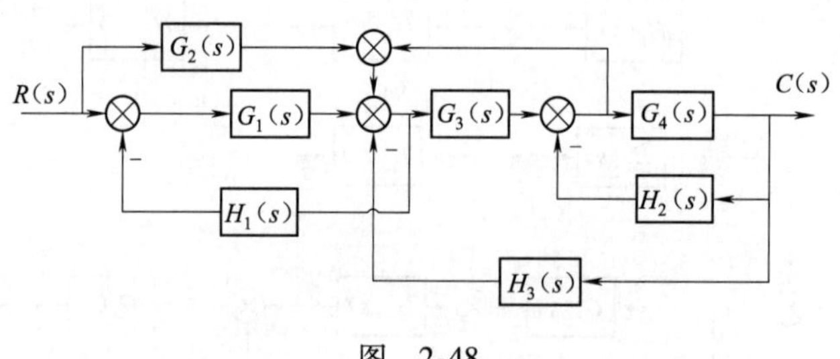

图 2-48

2. 试用 Mason 增益公式求图 2-49 所示系统的传递函数$\dfrac{C(s)}{R(s)}$。

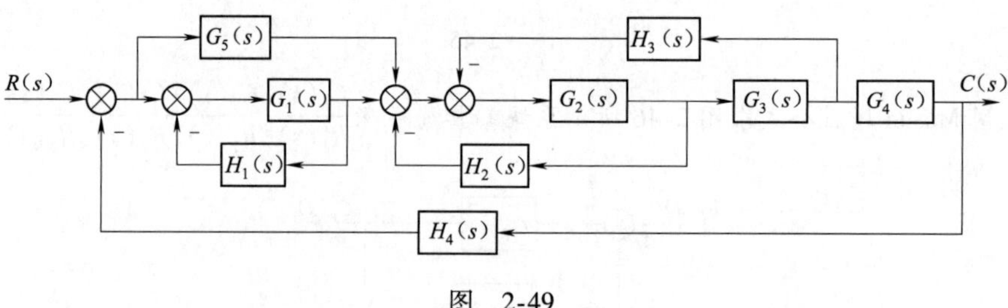

图 2-49

第 3 章 控制系统的时域分析

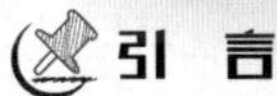

引　言

第 2 章阐述了系统模型的建立。在数学模型建立之后，就可以采用不同的分析方法对系统的性能进行分析。经典控制理论中常用的方法有时域分析法、根轨迹分析法和频率特性分析法。

本章阐述控制系统的时域分析法，它是在时间域内研究系统在典型输入信号，如阶跃信号、斜坡信号、加速度信号等的作用下，其输出响应随时间变化规律的方法。时域分析法主要分析系统的暂态性能和稳态性能。暂态性能主要包括超调量、过渡过程时间、上升时间、峰值时间等。稳态性能通过系统在典型输入信号下的稳态误差来进行评价。一个控制系统，只有在稳定的前提条件下，才能计算稳态误差，否则稳态误差没有意义。

内容结构

时域分析法
- 典型输入信号
- 阶跃响应
  - 一阶系统的阶跃响应
  - 二阶系统的阶跃响应
  - 高阶系统的阶跃响应
- 代数稳定判据
- 稳态误差
- 减少稳态误差的方法

学习目标

(1) 了解典型信号的定义，其时间形式的表达式和拉氏变换的表达式；

(2) 熟练掌握一阶和二阶系统暂态性能指标的计算方法；

(3) 通过分析，建立系统参数与暂态响应之间的对应关系；

(4) 了解系统参数对系统暂态性能指标的影响，能够定性分析高阶系统的暂态响应过程；

(5) 理解和掌握线性控制系统稳定的充要条件，熟练运用劳斯判据判断系统的稳定性，熟练掌握劳斯判据的 3 个应用；

(6) 理解稳态误差的概念，了解系统参数对系统误差的影响，熟练掌握误差传递函数和稳态误差的计算方法。

3.1 典型输入信号

为了对各类控制系统的性能进行分析比较,需要有一些特殊的输入信号。经常采用的典型输入信号有以下几种类型:

1. 阶跃信号(见图 3-1)

其数学表达式如下:

$$r(t)=\begin{cases}0, t<0\\ A, t\geqslant 0\end{cases}$$

其拉氏变换为

$$L[r(t)]=\frac{A}{s}$$

A 为阶跃幅值,当 $A=1$ 时,$r(t)$ 为单位阶跃函数,记为 $r(t)=1(t)$。

2. 斜坡信号(见图 3-2)

其数学表达式如下:

$$r(t)=\begin{cases}0, t<0\\ At, t\geqslant 0\end{cases}$$

其拉氏变换为

$$L[r(t)]=\frac{A}{s^2}$$

$\frac{\mathrm{d}r(t)}{\mathrm{d}t}=A=$ 常数,$r(t)$ 是一个匀速信号,因此又称速度信号。当 $A=1$ 时称为单位斜坡函数。

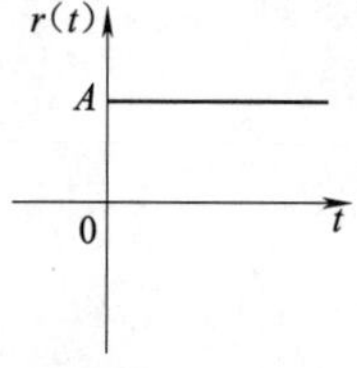

图 3-1 阶跃信号

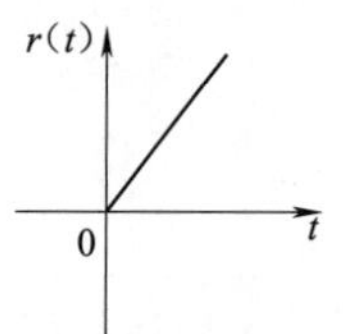

图 3-2 斜坡信号

3. 抛物线信号(见图 3-3)

其数学表达式如下:

$$r(t)=\begin{cases}0, t<0\\ \frac{1}{2}At^2, t\geqslant 0\end{cases}$$

其拉氏变换为

$$L[r(t)]=\frac{A}{s^3}$$

$\frac{\mathrm{d}^2r(t)}{\mathrm{d}t^2}=A=$ 常数,$r(t)$ 是一个匀加速信号,因此又称加速度信号。当 $A=1$ 时,称为单位加

速度信号。

4. 脉冲信号(见图 3-4)

其数学表达式如下：

$$r(t) = \begin{cases} \dfrac{A}{\varepsilon}, 0 \leqslant t \leqslant \varepsilon(\varepsilon \to 0) \\ 0, t < 0, t > \varepsilon(\varepsilon \to 0) \end{cases}, \int_{-\infty}^{\infty} r(t)\,\mathrm{d}t = 1$$

其单位脉冲函数的拉氏变换为

$$L[\delta(t)] = 1$$

当 $A = 1$ 时,称为单位脉冲函数 $\delta(t)$。

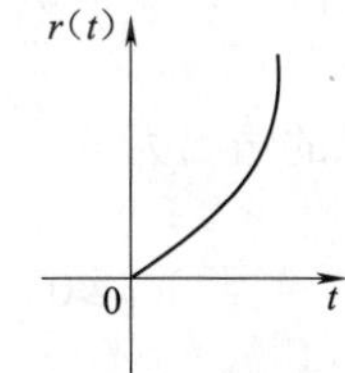

图 3-3　抛物线信号

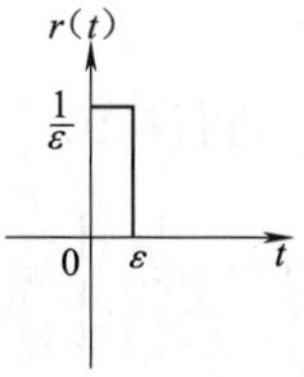

图 3-4　单位脉冲函数

5. 正弦信号(见图 3-5)

其数学表达式如下：

$$r(t) = A\sin\omega t$$

式中,A 为振幅;ω 为角频率。

其拉氏变换为

$$L[A\sin\omega t] = \frac{A\omega}{s^2 + \omega^2}$$

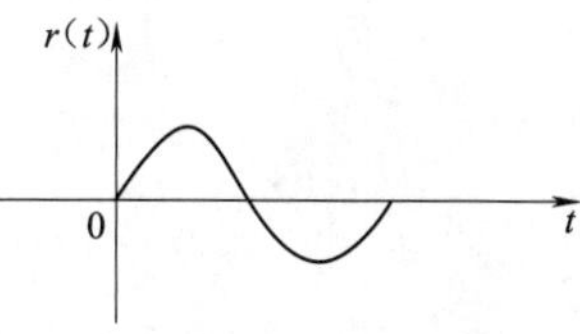

图 3-5　正弦信号

上述信号都是简单的时间函数,分析、设计系统时,究竟采用何种典型输入信号,取决于系统在正常工作情况下最常见的输入信号形式。如果系统的实际输入是随时间逐渐增长的信号,则使用斜坡信号比较合适;如果系统的实际输入是具有突变性质的信号,则使用阶跃信号比较合适;如果系统的输入信号是一个往复信号,则使用正弦信号比较合适。因此,采用何种输入信号要根据实际情况具体分析,但不管采用何种输入信号,对同一个系统而言,其过渡过程表现出来的系统特性是一致的。

3.2　一阶系统的阶跃响应

系统的输出信号和输入信号之间的关系可以用一阶微分方程表示的系统称为一阶系统。例如,RC 电路、RL 电路都是典型的一阶系统。

典型的一阶系统结构图如图 3-6 所示。

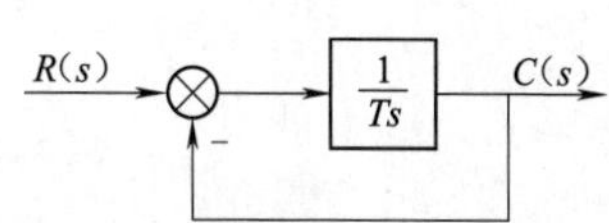

图 3-6　典型的一阶系统结构图

由图 3-6 可知其传递函数为

$$\Phi(s)=\frac{C(s)}{R(s)}=\frac{\frac{1}{Ts}}{1+\frac{1}{Ts}}=\frac{1}{Ts+1}$$

式中,T 是时间常数,它表示系统惯性的大小,因此,一阶系统又称惯性环节。

下面分析一阶系统在单位阶跃信号作用下的响应,假设系统初始条件为 0。

令 $r(t)=1(t)$,则有 $R(s)=\frac{1}{s}$,其输出

$$C(s)=\Phi(s)\cdot R(s)=\frac{1}{Ts+1}\cdot\frac{1}{s}=\frac{1}{s}-\frac{1}{s+\frac{1}{T}}$$

对上式在零初始条件下进行拉氏反变换,可得到系统的输出为

$$c(t)=L^{-1}\left[\frac{1}{s}-\frac{1}{s+\frac{1}{T}}\right]=1-\mathrm{e}^{-\frac{1}{T}t}\qquad(t\geqslant 0)\tag{3-1}$$

在式(3-1)中,1 表示系统的稳态分量,由输入信号的形式决定。$-\mathrm{e}^{-\frac{1}{T}t}$是暂态分量,其变化规律由系统的闭环极点 $s=-\frac{1}{T}$决定。当 $t\to\infty$ 时,暂态分量将衰减到零,此时,输出只剩下稳态分量,其稳态值为 1。

下面根据式(3-1),通过取不同的时间 t,分析时间常数 T 和 $c(t)$之间的关系:

$$\begin{aligned}&t=0,c(0)=1-\mathrm{e}^{0}=0\\&t=T,c(T)=1-\mathrm{e}^{-1}=0.632\\&t=2T,c(T)=1-\mathrm{e}^{-2}=0.865\\&t=3T,c(T)=1-\mathrm{e}^{-3}=0.950\\&t=4T,c(T)=1-\mathrm{e}^{-4}=0.982\\&\cdots\\&t\to\infty,c(T)=1\end{aligned}$$

从上述推导可以看出,一阶系统在单位阶跃信号的作用下,其输出响应是一条缓慢上升的单调曲线,初始值为 0,最终值为 1,整个过程无振荡,如图 3-7 所示。

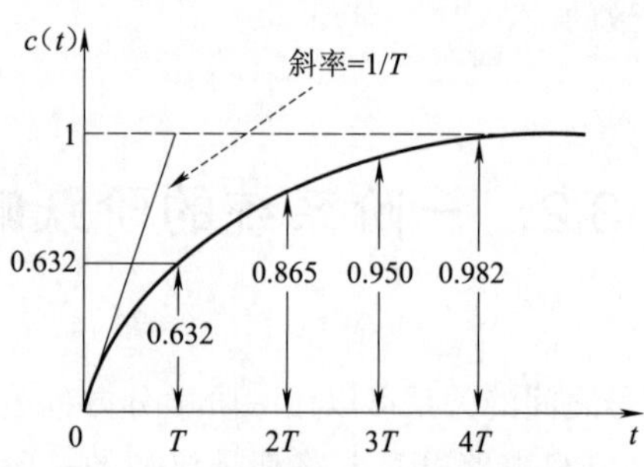

图 3-7 一阶系统的单位阶跃响应曲线

从计算推导过程可以看出,当 $t=3T$ 时,输出响应 $c(T)=0.950$,达到了输出稳态值的95%,与稳态值相比,误差 $\Delta=5\%$。当 $t=4T$ 时,输出响应 $c(T)=0.982$,达到了输出稳态值的 98%,与稳

态值相比,误差 $\Delta=2\%$ 。在工程实践中,常常认为当输出响应值与稳态值的误差小于或等于 5% 或 2% 时,认为系统达到了稳态,过渡过程结束。显然,时间常数 T 越小,过渡过程时间越短,系统响应的快速性就越好。一阶系统的性能指标只有一个过渡过程时间:

$$t_s=3T(\Delta=0.05)\quad \text{或}\ t_s=4T(\Delta=0.02) \tag{3-2}$$

图 3-7 中指数曲线的初始斜率为$\frac{1}{T}$,其物理意义表示输出 $c(t)$一直按初速等速增长,到达稳态值所需的时间正好是 T。

$$\left.\frac{\mathrm{d}c(t)}{\mathrm{d}t}\right|_{t=0}=\left.\frac{1}{T}\mathrm{e}^{-\frac{1}{T}t}\right|_{t=0}=\frac{1}{T} \tag{3-3}$$

由式(3-3)可知,从 $t=0$ 处的切线斜率也可以求出一阶系统的时间常数 T。

例 3-1　一阶系统的结构如图 3-8 所示,试求该系统在单位阶跃响应下的调节时间 $t_s(5\%)$。

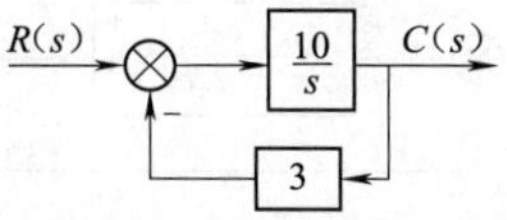

图 3-8　一阶系统结构图

解　(1)首先写出闭环传递函数:

$$\Phi(s)=\frac{C(s)}{R(s)}=\frac{\frac{10}{s}}{1+\frac{10}{s}\times 3}=\frac{\frac{1}{3}}{\frac{1}{30}s+1}$$

(2)与一阶系统的标准形式对比:

$$\Phi(s)=\frac{1}{Ts+1}$$

可得出 $T=\frac{1}{30}$。

(3)$t_s(5\%)=3T=3\times\frac{1}{30}\ \mathrm{s}=0.1\ \mathrm{s}$。

3.3　二阶系统的阶跃响应

二阶系统比一阶系统更具代表性,高阶系统在一定条件下通常可降阶处理成二阶系统进行处理。下面首先给出二阶系统的标准数学模型。

3.3.1　二阶系统的动态特性

典型的二阶系统的微分方程为

$$T^2\frac{\mathrm{d}^2c(t)}{\mathrm{d}t^2}+2\xi T\frac{\mathrm{d}c(t)}{\mathrm{d}t}+c(t)=r(t) \tag{3-4}$$

或

$$\frac{d^2c(t)}{dt^2}+2\xi\omega_n\frac{dc(t)}{dt}+c(t)=\omega_n^2r(t) \tag{3-5}$$

式中，ξ 是系统的阻尼比；ω_n 是自然振荡角频率。

对式(3-5)在零初始条件下取拉氏变换，得到二阶系统的标准闭环传递函数形式如下：

$$\Phi(s)=\frac{C(s)}{R(s)}=\frac{\omega_n^2}{s^2+2\xi\omega_n s+\omega_n^2} \tag{3-6}$$

典型二阶系统的结构图如图 3-9 所示。令系统的输入 $r(t)=1(t)$，则有 $R(s)=\frac{1}{s}$，根据系统的闭环传递函数[式(3-6)]，可求出二阶系统在单位阶跃信号作用下，输出信号的拉氏变换：

$$C(s)=\Phi(s)\cdot R(s)=\frac{\omega_n^2}{(s^2+2\xi\omega_n s+\omega_n^2)}\cdot\frac{1}{s} \tag{3-7}$$

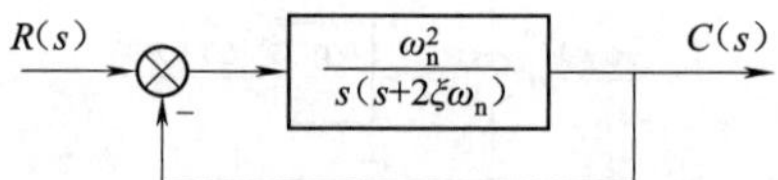

图 3-9　典型二阶系统的结构图

对 $C(s)$ 进行拉氏反变换可得到输出的时域形式 $c(t)$，若采用留数法进行拉氏反变换，则 $c(t)$ 的形式与特征方程根的分布情况有关。由式(3-6)可得系统的闭环特征方程：

$$s^2+2\xi\omega_n s+\omega_n^2=0 \tag{3-8}$$

由式(3-8)所求得的两个特征根随 ξ 取值的不同呈现不同的形式：两个不等的实根、两个相等的实根、两个共轭复根等。下面对 ξ 在不同取值时系统的输出响应进行分析。

(1)过阻尼($\xi>1$)。当 $\xi>1$ 时，系统的特征根是两个不同的负实根，其在 S 平面的分布如图 3-10(a)所示，具体表达式为

$$p_1=-(\xi-\sqrt{\xi^2-1})\omega_n$$

$$p_2=-(\xi+\sqrt{\xi^2-1})\omega_n$$

$$C(s)=\frac{\omega_n^2}{s(s^2+2\xi\omega_n s+\omega_n^2)}=\frac{\omega_n^2}{s(s-p_1)(s-p_2)}$$

$$=\frac{1}{s}+\frac{\dfrac{-1}{2\sqrt{\xi^2-1}(\xi-\sqrt{\xi^2-1})}}{s-p_1}+\frac{\dfrac{-1}{2\sqrt{\xi^2-1}(\xi+\sqrt{\xi^2-1})}}{s-p_2}$$

对上式进行拉氏反变换，可得到输出的时间函数为

$$c(t)=L^{-1}[C(s)]=1-\frac{1}{2\sqrt{\xi^2-1}}\left(\frac{e^{-(\xi-\sqrt{\xi^2-1})\omega_n t}}{\xi-\sqrt{\xi^2-1}}-\frac{e^{-(\xi+\sqrt{\xi^2-1})\omega_n t}}{\xi+\sqrt{\xi^2-1}}\right),\qquad t\geqslant 0 \tag{3-9}$$

显然，系统的输出响应 $c(t)$ 包含两个部分：第一部分 1 是系统的稳态分量，第二部分由两个衰减的指数项构成，是系统的暂态分量。当 $\xi>1$ 时，闭环极点 p_2 比 p_1 距离虚轴更远，因此，在式(3-9)的指数项中，$e^{-(\xi+\sqrt{\xi^2-1})\omega_n t}=e^{p_2 t}$ 的衰减速度比 $e^{-(\xi-\sqrt{\xi^2-1})\omega_n t}=e^{p_1 t}$ 快，因此，p_2 对输出的影响比 p_1 对输出的影响要小得多，可忽略不计。在这种情况下，输出响应类似于一阶系统，如图 3-10(b)所示，系统无超调，过渡过程时间较长。

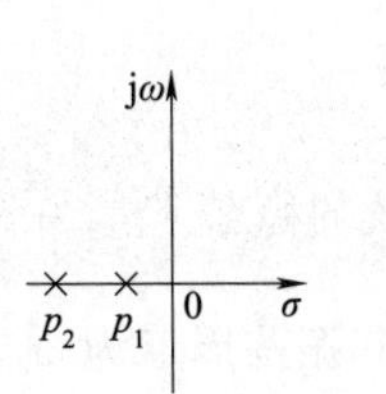

(a) ξ>1的根分布

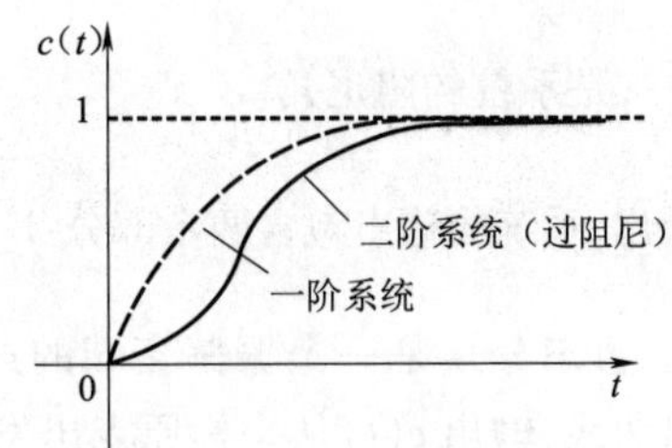

(b) ξ>1时的单位阶跃响应

图 3-10　二阶系统 $\xi>1$ 时的根分布及输出响应

(2)临界阻尼($\xi=1$)。当 $\xi=1$ 时,系统的特征根为两个相等的负实根,其在 S 平面的分布如图 3-11(a)所示,即 $p_1=p_2=-\omega_n$,此时输出的拉氏变换为

$$C(s)=\frac{\omega_n^2}{s(s+\omega_n)^2}=\frac{1}{s}+\frac{-1}{s+\omega_n}+\frac{-\omega_n}{(s+\omega_n)^2}$$

对上式进行拉氏反变换,可得

$$c(t)=1-e^{-\omega_n t}(1+\omega_n t)$$

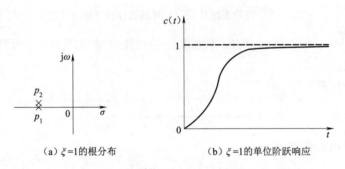

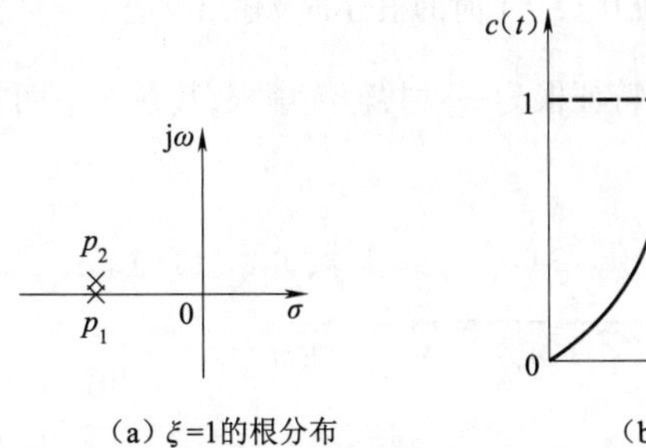

(a) ξ=1的根分布　　(b) ξ=1的单位阶跃响应

图 3-11　二阶系统 $\xi=1$ 时的根分布及输出响应

从图 3-11(b)可以看出,输出从坐标原点出发单调缓慢上升,终止于稳态值 1,无超调,但上升速度比过阻尼时要快。

(3)欠阻尼($0<\xi<1$)。当 $0<\xi<1$ 时,系统的特征根为两个具有负实部的共轭复根,其在 S 平面的分布如图 3-12(a)所示,即

$$p_{1,2}=-\xi\omega_n\pm j\omega_n\sqrt{1-\xi^2}=-\sigma\pm j\omega_d$$

式中,$\sigma=\xi\omega_n$ 为衰减系数;$\omega_d=\omega_n\sqrt{1-\xi^2}$ 为阻尼振荡频率。

此时输出的拉氏变换为

$$C(s)=\frac{\omega_n^2}{s^2+2\xi\omega_n s+\omega_n^2}\cdot\frac{1}{s}=\frac{1}{s}-\frac{s+\xi\omega_n}{(s+\xi\omega_n)^2+\omega_d^2}-\frac{\xi\omega_n}{(s+\xi\omega_n)^2+\omega_d^2}$$

对上式进行拉氏反变换,可得

$$c(t)=1-e^{-\xi\omega_n t}\left[\cos\omega_d t+\frac{\xi}{\sqrt{1-\xi^2}}(\sin\omega_d t)\right]$$

$$=1-\frac{1}{\sqrt{1-\xi^2}}e^{-\xi\omega_n t}\sin(\omega_d t+\theta) \tag{3-10}$$

式中，$\theta=\arctan\dfrac{\sqrt{1-\xi^2}}{\xi}$，是系统的阻尼角。

由式(3-10)可以看出，系统的输出包含两个部分：1 为系统的稳态分量，$-\dfrac{1}{\sqrt{1-\xi^2}}e^{-\xi\omega_n t}\sin(\omega_d t+\theta)$为系统的暂态分量。暂态分量是一个振荡衰减的过程，其振荡周期为 ω_d。图 3-12(b)给出了 $0<\xi<1$ 时系统的输出曲线，输出 $c(t)$从坐标原点出发，是一条有超调的振荡衰减曲线，随着 ξ 的减小，输出 $c(t)$的振荡加剧。

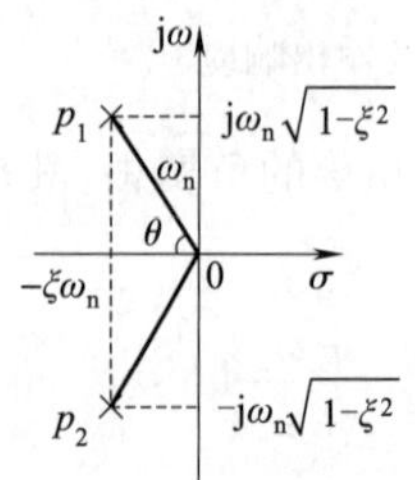

(a) 0<ξ<1的根分布

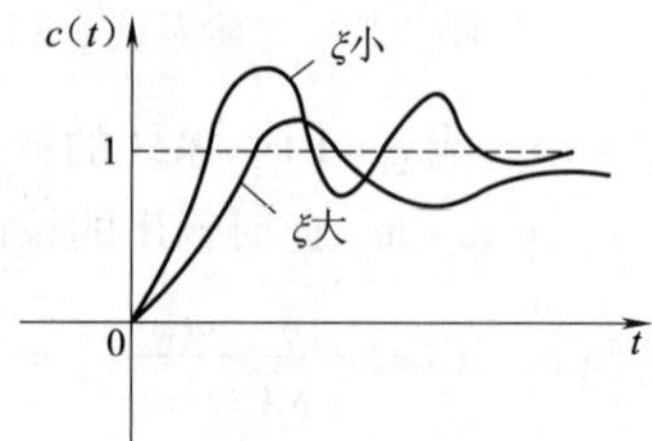

(b) 0<ξ<1时单位阶跃响应

图 3-12 二阶系统 $0<\xi<1$ 时的根分布及输出响应

(4)无阻尼($\xi=0$)。当 $\xi=0$ 时，系统的特征根为一对共轭纯虚根，其在 S 平面的分布如图 3-13(a)所示，即 $p_{1,2}=\pm j\omega_n$。

此时输出的拉氏变换为

$$C(s)=\frac{\omega_n^2}{s(s^2+\omega_n^2)}=\frac{1}{s}-\frac{s}{s^2+\omega_n^2}$$

对上式进行拉氏反变换，可得

$$c(t)=1-\cos\omega_n t \tag{3-11}$$

系统输出包含两个部分：1 为系统的稳态分量，$-\cos\omega_n t$ 为系统的暂态分量。系统单位阶跃响应为一条不衰减的等幅振荡曲线，如图 3-13(b)所示，此时系统的输出从坐标原点出发，以 $c(t)=1$ 为中心进行等幅振荡，系统处于临界稳定状态。

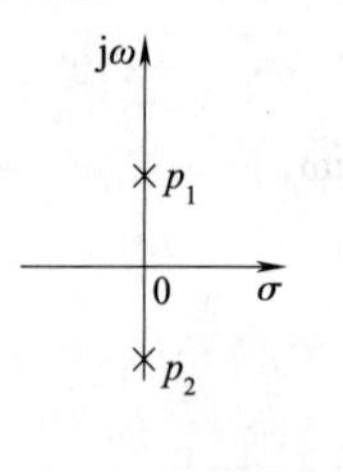

(a)ξ=0的根分布

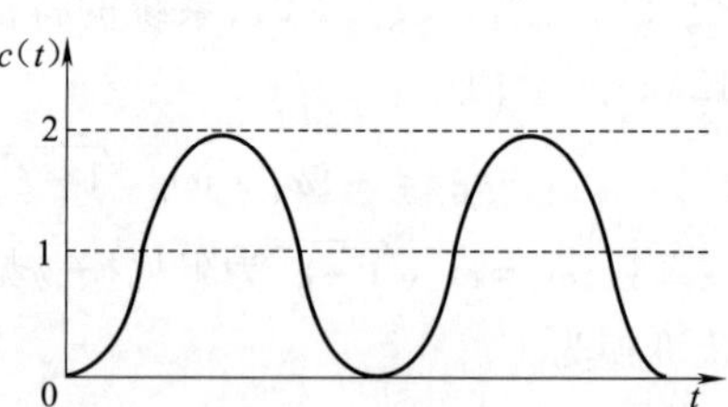

(b)ξ=0时单位阶跃响应

图 3-13 二阶系统 $\xi=0$ 时的根分布及输出响应

当 $\xi<0$ 时，系统的特征根开始进入 S 平面的右半平面，随着 ξ 取值范围的不同，输出呈发散振荡或单调上升至无穷大，系统不稳定。由于稳定性是控制系统工作的首要条件，因此，该类情况不做阐述。从上面的分析可以看出，当 ξ 取不同的值时，二阶系统的输出响应可表现为不同的形式，过渡过程时间也存在较大区别。表 3-1 所示为不同 ξ 时的特征根分布情况及系统输出响应特征。

表3-1 不同ξ时的特征根分布情况及系统输出响应特征

系统类别	特征根分布	输出响应特征
过阻尼($\xi>1$)	两个不等负实根	无超调,单调上升,过渡过程时间很长
临界阻尼($\xi=1$)	两个相等负实根	无超调,单调上升,过渡过程时间比$\xi>1$时短
欠阻尼($0<\xi<1$)	两个实部为负的共轭复根	有超调,振荡,振幅按指数曲线衰减,衰减速度取决于$\xi\omega_n$,过渡过程时间较短
无阻尼($\xi=0$)	两个共轭纯虚根	等幅振荡,振荡频率为ω_n

3.3.2 二阶系统的动态性能指标

从工程实际看,一般希望二阶系统工作在$\xi=0.4\sim0.8$的欠阻尼状态下。下面重点针对欠阻尼工作状态分析系统的动态性能指标。二阶系统在欠阻尼状态下的动态性能指标主要有上升时间、最大超调量、峰值时间、过渡过程时间、振荡次数。

1. 上升时间t_r

t_r是系统的输出第一次上升至稳态值所需的时间。

根据定义,当$t=t_r$时,$c(t_r)=1$。

由式(3-10)可得

$$c(t_r)=1-\frac{1}{\sqrt{1-\xi^2}}e^{-\xi\omega_n t}\sin(\omega_d t+\theta)=1$$

即$\dfrac{e^{-\xi\omega_n t_r}}{\sqrt{1-\xi^2}}\sin(\omega_d t_r+\theta)=0$。

因为$e^{-\xi\omega_n t_r}\neq0$,因此,可得出

$$\sin(\omega_d t_r+\theta)=0$$

即$\omega_d t_r+\theta=k\pi$。

而上升时间的定义是输出第一次到达稳态值所需的时间,即$k=1$,则有$\omega_d t_r+\theta=\pi$,因此,可得上升时间的计算公式

$$t_r=\frac{\pi-\theta}{\omega_d}=\frac{\pi-\theta}{\omega_n\sqrt{1-\xi^2}} \tag{3-12}$$

从式(3-12)可以看出,上升时间t_r的大小与ξ和ω_n均有关系。当ξ固定时,ω_n越大,t_r越小。当ω_n固定时,ξ越大,t_r越大。

2. 最大超调量$\delta\%$

$\delta\%$是输出的最大值$c(t_p)$相对于输出稳态值$c(\infty)$的偏离程度。

最大超调量$\delta\%$的计算公式为

$$\delta\%=\frac{c(t_p)-c(\infty)}{c(\infty)}\times100\%$$

式中,t_p为峰值时间,是输出到达第一个峰值所需的时间。

若要求输出的最大值,需要对输出求导,即当$t=t_p$时,$c'(t_p)=0$。

输出求导后的表达式为

$$\frac{1}{\sqrt{1-\xi^2}}e^{-\xi\omega_n t}\cos(\omega_d t_p+\theta)\cdot\omega_d+\frac{1}{\sqrt{1-\xi^2}}e^{-\xi\omega_n t}\sin(\omega_d t_p+\theta)\cdot(-\xi\omega_n)=0$$

整理后可得：

$$\frac{\sin(\omega_d t_p+\theta)}{\cos(\omega_d t_p+\theta)}=\frac{\sqrt{1-\xi^2}}{\xi}$$

即

$$\tan(\omega_d t_p+\theta)=\frac{\sqrt{1-\xi^2}}{\xi}$$

所以

$$\omega_d t_p+\theta=n\pi+\arctan\frac{\sqrt{1-\xi^2}}{\xi}=n\pi+\theta$$

可得

$$\omega_d t_p=n\pi$$

由于峰值时间是输出到达第一个峰值所对应的时间，因此，$n=1$。

$$t_p=\frac{\pi}{\omega_d}=\frac{\pi}{\sqrt{1-\xi^2}\,\omega_n} \tag{3-13}$$

将 $t_p=\dfrac{\pi}{\sqrt{1-\xi^2}\,\omega_n}$ 代入式(3-10)，可得输出的最大值为

$$c(t_p)=1-\frac{e^{-\frac{\xi\pi}{\sqrt{1-\xi^2}}}}{\sqrt{1-\xi^2}}\sin(\pi+\theta)$$

而 $\sin(\pi+\theta)=-\sin\theta=-\sqrt{1-\xi^2}$，所以：

$$c(t_p)=1+e^{-\frac{\xi\pi}{\sqrt{1-\xi^2}}}$$

根据超调量的定义

$$\delta\%=\frac{c(t_p)-c(\infty)}{c(\infty)}\times100\%$$

在单位阶跃输入下，稳态值 $c(\infty)=1$，因此得最大超调量为

$$\delta\%=e^{-\frac{\xi\pi}{\sqrt{1-\xi^2}}}\times100\% \tag{3-14}$$

从式(3-14)可以看出，二阶系统的最大超调量只与阻尼比有关，阻尼比越小，超调量越大。

3. 过渡过程时间 t_s

系统的输出值与稳态值之间的偏差进入允许范围（一般取 2% ~5% 误差）并永远保持在这一误差范围内，进入允许误差范围所需的时间称为过渡过程时间或调节时间。

根据过渡过程时间的定义，暂态过程中的偏差为

$$\Delta=c(\infty)-c(t)=\frac{e^{-\xi\omega_n t}}{\sqrt{1-\xi^2}}\sin\left(\sqrt{1-\xi^2}\,\omega_n t+\theta\right)$$

由于上式很难进行精确计算，一般用包络线方法进行近似计算，即忽略正弦函数的影响，令正弦项为 1。当 $\Delta=0.05$ 时，有

$$\frac{e^{-\xi\omega_n t_s}}{\sqrt{1-\xi^2}}=0.05$$

解得：$t_s=-\dfrac{1}{\xi\omega_n}(\ln\Delta+\ln\sqrt{1-\xi^2})$。

在 $0<\xi<0.9$ 时，忽略 $\ln\sqrt{1-\xi^2}$ 的影响，可得

$$t_s(5\%)\approx\frac{3}{\xi\omega_n},\qquad 0<\xi<0.9 \tag{3-15}$$

当 $\Delta=0.02$ 时，忽略 $\ln\sqrt{1-\xi^2}$ 的影响，可得

$$t_s(2\%)\approx\frac{4}{\xi\omega_n},\qquad 0<\xi<0.9 \tag{3-16}$$

从式(3-15)和式(3-16)可以看出，过渡过程时间与阻尼比和自然振荡角频率均有关系。

4. 振荡次数 N

在过渡过程时间 t_s 内，输出响应 $c(t)$ 穿越其稳态值 $c(\infty)$ 次数的一半称为振荡次数。振荡次数也是直接反映控制系统阻尼特性的一个指标。

根据振荡次数的定义，可得

$$N=\frac{t_s}{t_f}$$

式中，$t_f=\dfrac{2\pi}{\omega_n\sqrt{1-\xi^2}}$，它是系统的有阻尼振荡周期。

当 $\Delta=0.05$ 时，$t_s(5\%)\approx\dfrac{3}{\xi\omega_n}$，此时振荡次数为

$$N=\frac{1.5\sqrt{1-\xi^2}}{\pi\xi} \tag{3-17}$$

当 $\Delta=0.02$ 时，$t_s(2\%)\approx\dfrac{4}{\xi\omega_n}$，此时振荡次数为

$$N=\frac{2\sqrt{1-\xi^2}}{\pi\xi} \tag{3-18}$$

从式(3-12)～式(3-18)可以看出，上升时间、峰值时间、过渡过程时间、振荡次数都与阻尼比和自然振荡角频率有关，只有最大超调量仅与阻尼比有关。因此，根据二阶系统的阻尼比，可直接确定最大超调量，或根据最大超调量直接确定阻尼比。阻尼比确定之后，可以根据自然振荡角频率确定二阶系统的其他暂态性能指标。

在工程设计中，通常取 $\xi=0.4\sim0.8$ 之间，此时可以得到良好的过渡过程，相应的超调量在 $\delta\%=2.5\%\sim25\%$ 之间。当 $\xi<0.4$ 时，系统严重超调；而 $\xi>0.8$ 时，系统的过渡过程时间较长，因此，在这个取值范围内，可以使过渡过程时间较短，而超调量和上升时间不至于太大。一般称 $\xi=0.707$ 为最佳阻尼比，此时二阶系统的超调量为4.3%。

例3-2 已知单位负反馈系统的开环传递函数为

$$G(s)H(s)=\frac{10}{s(0.1s+1)}$$

试求系统的 ξ,ω_n；并求出单位阶跃响应时系统的超调量 $\delta\%$、过渡过程时间 $t_s(\pm2\%)$ 和峰值时间 t_p。

解 (1)求出系统的闭环传递函数

$$\Phi(s)=\frac{100}{s^2+10s+100}$$

(2)与二阶系统的标准传递函数进行对比

$$\Phi(s)=\frac{\omega_n^2}{s^2+2\xi\omega_n s+\omega_n^2}$$

可得：$2\xi\omega_n=10,\omega_n=10$。因此，$\xi=0.5$。

（3）由于输入是单位阶跃响应，因此可直接用二阶系统的暂态性能指标公式进行计算：

$$\delta\%=e^{\frac{-\xi\pi}{\sqrt{1-\xi^2}}}\times100\%=16.3\%$$

$$t_s(2\%)\approx\frac{4}{\xi\omega_n}=\frac{4}{5}\text{ s}=0.8\text{ s}$$

$$t_p=\frac{\pi}{\omega_n\sqrt{1-\xi^2}}=0.36\text{ s}$$

例 3-3 设单位反馈二阶系统的单位阶跃响应曲线如图 3-14 所示，试确定其开环传递函数。

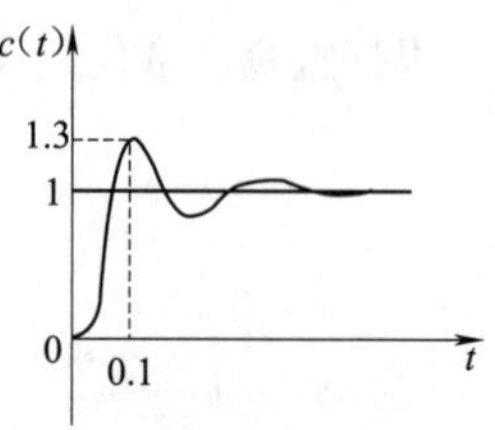

图 3-14 单位阶跃响应曲线

解 图 3-14 为欠阻尼二阶系统的单位阶跃响应曲线。由图中给出的阶跃响应性能指标，先确定二阶系统参数，再求传递函数。由于超调量仅与阻尼比有关系，因此先根据最大超调量求出系统阻尼比，然后根据峰值时间求出系统的自然振荡角频率。由图 3-14 可知：

$$\delta\%=\frac{1.3-1}{1}\times100\%=30\%=0.3=e^{-\pi\xi/\sqrt{1-\xi^2}}\times100\%$$

$\dfrac{-\pi\xi}{\sqrt{1-\xi^2}}=\ln 0.3=-1.2$，所以 $\xi\approx0.36$。

又因为 $t_p=\dfrac{\pi}{\omega_d}=\dfrac{\pi}{\omega_n\sqrt{1-\xi^2}}=0.1$

所以 $\omega_n=\dfrac{31.4}{\sqrt{1-\xi^2}}=\dfrac{31.4}{0.934}\text{ s}^{-1}=33.6\text{ s}^{-1}$

因此，系统的闭环传递函数为

$$\Phi(s)=\frac{\omega_n^2}{s^2+2\xi\omega_n s+\omega_n^2}=\frac{1129}{s^2+24.2s+1129}=\frac{G(s)H(s)}{1+G(s)H(s)}$$

根据闭环传递函数可求出系统的开环传递函数为

$$G(s)H(s)=\frac{\Phi(s)}{1-\Phi(s)}=\frac{\omega_n^2}{s(s+2\xi\omega_n)}=\frac{1129}{s(s+24.2)}$$

例 3-4 某典型欠阻尼二阶系统

要求 $\begin{cases}4.3\%<\delta\%<16.3\%\\2<\omega_n<5\end{cases}$

试确定系统极点的允许范围。

解 此题需要用作图法解答。首先根据超调量求出二阶系统的阻尼角取值范围：

由 $4.3\%<\delta\%<16.3\%$，推出 $\dfrac{1}{2}<\xi<\dfrac{\sqrt{2}}{2}$，而 $\theta=\arccos\xi$，因此，$45°<\theta<60°$。

联合自然振荡角频率的取值范围作图。首先在 S 平面上，画出两条等阻尼线，与负实轴的夹角分别是 45°和 60°。以原点为圆心，以 $\omega_n=2$ 和 $\omega_n=5$ 为半径分别作圆，与两条等阻尼线相交所围成的阴影区域就是系统极点的允许范围。由于二阶系统工作在欠阻尼状态，系统的极点是负实部的共轭复根，因此关于实轴对称得到其对应的共轭复数极点的取值范围，如图 3-15 所示。

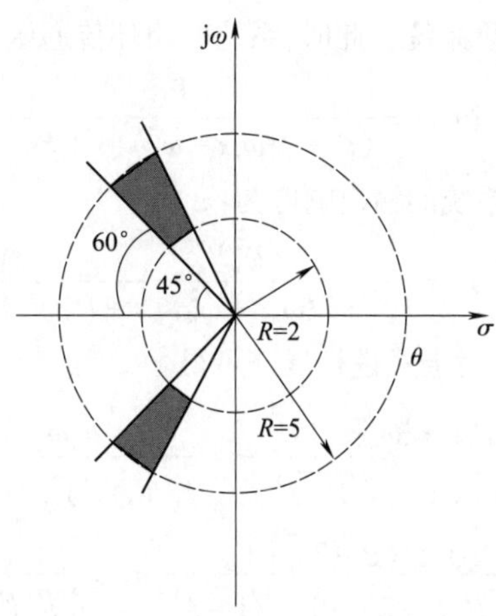

图3-15 作图法求极点取值范围

3.3.3 闭环零极点对二阶系统动态性能的影响

1. 闭环零点对二阶系统动态性能的影响

假设系统中增加一个闭环实数零点z,且该零点位于S平面的左半平面,即$z=-|z|$。此时,系统的闭环传递函数为

$$\Phi(s)=\frac{\omega_n^2(s-z)}{|z|(s^2+2\xi\omega_n s+\omega_n^2)}$$

若用$C(s)$表示原二阶系统在单位阶跃输入下的输出,用$C_1(s)$表示增加零点以后二阶系统在单位阶跃输入下的输出,则有

$$C_1(s)=C(s)\frac{s-z}{|z|}=C(s)+\frac{s}{|z|}C(s)$$

对上式在零初始条件下取拉氏反变换,可得

$$c_1(t)=L^{-1}[C(s)]+L^{-1}\left[\frac{s}{|z|}C(s)\right]=c(t)+\frac{1}{|z|}\frac{\mathrm{d}c(t)}{\mathrm{d}t}=c(t)+c_2(t) \tag{3-19}$$

由式(3-19)可以看出,增加一个闭环负实数零点后,系统的阶跃响应包含标准二阶系统的阶跃响应及响应的导数(输出的变化率),导数项的大小与零点成反比,即零点距离虚轴越远,对系统的影响就越小。图3-16给出了增加一个负实数零点后系统的响应曲线图,显然,负实数零点的增加,使系统的响应速度加快,超调量增大,振荡加强,系统对输入的反应更加灵敏。

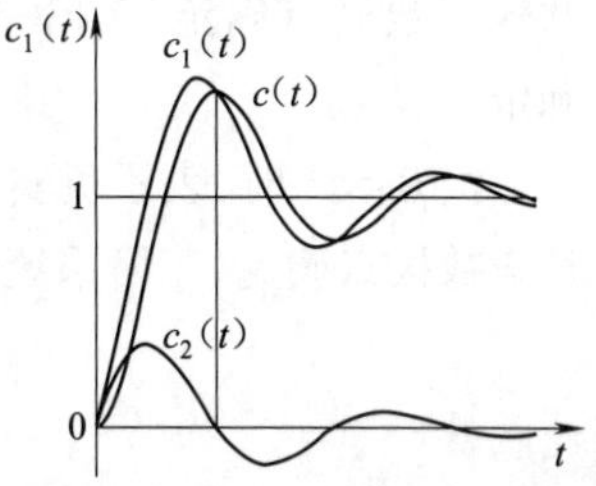

图3-16 加负实数零点的二阶系统的单位阶跃响应曲线图

如果增加的闭环零点位于S平面的右半平面,即$z=|z|$,则

$$C_1(s)=C(s)\cdot\frac{s-z}{|z|}=-C(s)+\frac{s}{|z|}C(s)$$

$$c_1(t)=-L^{-1}[C(s)]+L^{-1}\left[\frac{s}{|z|}C(s)\right]=-c(t)+\frac{1}{|z|}\frac{\mathrm{d}c(t)}{\mathrm{d}t}=-c(t)+c_2(t)$$

显然,这将使系统的响应过程变慢,超调量减小。

2. 闭环极点对二阶系统动态性能的影响

假设二阶系统增加一个闭环负实数极点$-P(P>0)$(增加一个闭环正实数极点时,系统不稳

定，不作讨论），二阶系统变为三阶系统。此时，系统的闭环传递函数为

$$\Phi(s)=\frac{\omega_n^2 P}{(s^2+2\xi\omega_n s+\omega_n^2)(s+P)}$$

在单位阶跃信号的作用下，系统的输出响应为

$$C(s)=\frac{\omega_n^2 P}{(s^2+2\xi\omega_n s+\omega_n^2)(s+P)}\cdot\frac{1}{s}$$

在欠阻尼状态下$(0<\xi<1)$，对上式进行展开可得

$$C(s)=\frac{1}{s}-\frac{a_1(s+\xi\omega_n)}{(s+\xi\omega_n)^2+(\omega_n\sqrt{1-\xi^2})^2}-\frac{a_2\omega_n\sqrt{1-\xi^2}}{(s+\xi\omega_n)^2+(\omega_n\sqrt{1-\xi^2})^2}-\frac{a_3}{s+P}$$

式中，$a_1=\frac{\xi^2\beta(\beta-2)}{\xi^2\beta(\beta-2)+1}$；$a_2=\frac{\xi\beta[\xi^2(\beta-2)+1]}{[\xi^2\beta(\beta-2)+1]\sqrt{1-\xi^2}}$；$a_3=\frac{1}{\xi^2\beta(\beta-2)+1}$，$\beta=\frac{P}{\xi\omega_n}$。

对上式在零初始条件下取拉氏反变换可得

$$c(t)=1-a_1\mathrm{e}^{-\xi\omega_n t}\cos\omega_d t-a_2\mathrm{e}^{-\xi\omega_n t}\sin\omega_d t-a_3\mathrm{e}^{-Pt} \tag{3-20}$$

为便于比较，将二阶系统的单位阶跃响应输出式(3-10)重新写在这里：

$$c(t)=1-\mathrm{e}^{-\xi\omega_n t}\left[\cos\omega_d t+\frac{\xi}{\sqrt{1-\xi^2}}(\sin\omega_d t)\right]=1-\frac{1}{\sqrt{1-\xi^2}}\mathrm{e}^{-\xi\omega_n t}\sin(\omega_d t+\theta)$$

通过比较可以看出，由于输入信号都是单位阶跃信号，三阶系统和二阶系统的稳态分量相同，都是1。三阶系统和二阶系统一样，都包含一对共轭复数极点，因此输出响应都包含一个正弦衰减项。三阶系统的输出比二阶系统的输出多了一个由实数极点构成的指数衰减项$-a_3\mathrm{e}^{-Pt}$，由于

$$a_3=\frac{1}{\xi^2\beta(\beta-2)+1}=\frac{1}{\xi^2(\beta-1)^2+(1-\xi^2)}>0$$

所以，e^{-Pt}项的系数总是小于零。因此，增加一个负实数极点后，系统的超调量减少，振荡减弱，过渡过程时间增大。负实数极点对系统的影响程度取决于β的大小，即与实数极点以及共轭复数极点的相对位置有关。

当$\beta\gg1$时，表示负实数极点远离虚轴，共轭复数极点距离虚轴较近，系统的暂态特性主要由共轭复数极点确定，三阶系统呈现二阶系统的特性，系统的性能指标由二阶系统的参数ξ和ω_n确定。

当$\beta\ll1$时，表示负实数极点离虚轴近，而共轭复数极点距离虚轴远，系统的暂态特性主要由负实数极点确定，三阶系统呈现一阶系统的特性。

3.4 高阶系统的阶跃响应

实际物理系统往往是高于二阶的系统，习惯上将三阶及以上的系统称为高阶系统。直接利用解高阶微分方程来求系统的输出是很困难的，计算量很大。通常采取对高阶系统进行降阶计算。

n阶系统的闭环传递函数为

$$\Phi(s)=\frac{b_0 s^m+b_1 s^{m-1}+\cdots+b_{m-1}s+b_m}{a_0 s^n+a_1 s^{n-1}+\cdots+a_{n-1}s+a_n}$$

假设系统稳定,且全部的极点和零点都互不相同,极点中包含共轭复数极点。高阶系统的闭环传递函数可表示如下:

$$\Phi(s)=\frac{K\prod_{i=1}^{m}(s-z_i)}{\prod_{j=1}^{q}(s-p_j)\prod_{k=1}^{r}(s^2+2\xi_k\omega_{nk}s+\omega_{nk}^2)}$$

式中,$q+2r=n$。

当输入为单位阶跃信号时,系统的输出为

$$C(s)=\frac{K\prod_{i=1}^{m}(s-z_i)}{s\prod_{j=1}^{q}(s-p_j)\prod_{k=1}^{r}(s^2+2\xi_k\omega_{nk}s+\omega_{nk}^2)}$$

按部分分式展开

$$C(s)=\frac{A_0}{s}+\sum_{j=1}^{q}\frac{A_j}{s-p_j}+\sum_{k=1}^{r}\frac{B_k(s+\xi_k\omega_{nk})+C_k\omega_{nk}(\sqrt{1-\xi_k^2})}{s^2+2\xi_k\omega_{nk}s+\omega_{nk}^2}$$

对上式进行拉氏反变换,可得

$$c(t)=A_0+\sum_{j=1}^{q}A_je^{p_jt}+\sum_{k=1}^{r}B_ke^{-\xi_k\omega_{nk}t}\cos\sqrt{1-\xi_k^2}\,\omega_{nk}t+\sum_{k=1}^{r}C_ke^{-\xi_k\omega_{nk}t}\sin\sqrt{1-\xi_k^2}\,\omega_{nk}t \tag{3-21}$$

从式(3-21)可以看出,高阶系统的单位阶跃响应由一阶、二阶系统的响应组成,稳态分量取决于输入信号,暂态分量则由闭环极点 p_j 以及系数 A_j,B_k,C_k 决定。而系数 A_j,B_k,C_k 和闭环零极点的分布位置有关。暂态响应的类型取决于闭环极点(指数型、振荡衰减型),响应的形状则取决于闭环零点(各分量的幅值大小)。如果系统的闭环极点全部位于 S 平面的左半平面,则暂态分量将随时间衰减,系统稳定。只要有一个极点位于 S 平面的右半平面,响应发散,系统不稳定。

对于高阶系统进行拉氏反变换,求阶跃响应是比较困难的,阶次越高,难度越大。因此,实际中很少使用上述方法求高阶系统的阶跃响应。通常会忽略掉一些次要因素的影响,对系统进行降阶,近似估计系统的特性,从而简化分析过程。

为了进一步说明高阶系统近似为低阶系统的条件,下面引入几个术语:

(1)主导极点:如果高阶系统中距离虚轴最近的极点比其他极点距离虚轴的距离小5倍及以上,且附近不存在零点,则称此极点为主导极点。可以认为系统的暂态响应主要由这一极点决定。高阶系统的主导极点通常是一对共轭复数极点。

(2)附加零极点:当零点或极点距虚轴的距离大于主导极点距虚轴距离的5倍及以上,则称它们为附加零点或极点,它们对系统暂态性能的影响往往可忽略不计。

(3)偶极子:一个闭环极点和一个闭环零点在同一位置,或靠得很近(它们之间的距离是它们到主导极点的距离的1/5或更小),则将它们称为偶极子。偶极子对系统暂态响应的影响极小,因为零点和极点的作用近似抵消。

例3-5　已知系统闭环传递函数为

$$\Phi(s)=\frac{C(s)}{R(s)}=\frac{2.7}{s^3+5s^2+4s+2.7}$$

请估算该系统在单位阶跃输入下的暂态性能指标 $\delta\%$,t_s,t_p。

解　这是一个三阶系统,可求出3个闭环极点为

$$p_1=-4.2,p_2=-0.4+0.69\mathrm{j},p_3=-0.4-0.69\mathrm{j}$$

因此,可将传递函数改为

$$\frac{C(s)}{R(s)}=\frac{4.2\times 0.8^2}{(s+4.2)(s^2+0.8s+0.64)}$$

该系统的实数极点与共轭复数极点的实部之比$\beta=\frac{4.2}{0.4}=10.5\gg 5$,因此共轭复数极点$p_2$,$p_3$可作为主导极点,三阶系统可用这一对共轭复数极点的二阶系统近似。近似的二阶系统的闭环传递函数为

$$\Phi(s)=\frac{0.8^2}{(s^2+0.8s+0.64)}$$

与二阶系统的标准传递函数形式对比,可得$\xi=0.5$,$\omega_n=0.8$。

因此,其暂态性能指标为

$$\delta\% =\mathrm{e}^{\frac{-\xi\pi}{\sqrt{1-\xi^2}}}\times 100\% =16.3\%$$

$$t_s(5\%)\approx\frac{3}{\xi\omega_n}=\frac{3}{0.4}\text{ s}=7.5\text{ s}$$

$$t_p=\frac{\pi}{\omega_n\sqrt{1-\xi^2}}=4.51\text{ s}$$

3.5 系统稳定性及劳斯判据

工程上一个控制系统正常工作的首要条件,就是它必须是稳定的。对系统进行品质指标的分析也必须在稳定的前提条件下进行。

3.5.1 稳定性的概念和稳定条件

任何一个系统在受到扰动作用后,被控量会偏离原来的平衡状态,产生一个偏差。当扰动消除后,随着时间的推移,这个偏差能够逐渐衰减并趋于零(或小于一个无穷小的正值),即系统能够回到原来的平衡状态或到达一个新的平衡状态,则称该系统是稳定的。否则,系统不稳定。

线性系统的稳定性只取决于系统本身的结构参数,与外作用及初始条件无关,它是系统的固有特性。

线性系统的闭环传递函数为

$$\Phi(s)=\frac{b_0s^m+b_1s^{m-1}+\cdots+b_{m-1}s+b_m}{a_0s^n+a_1s^{n-1}+\cdots+a_{n-1}s+a_n}$$

系统的特征方程是

$$a_0s^n+a_1s^{n-1}+\cdots+a_{n-1}s+a_n=0 \tag{3-22}$$

设式(3-22)没有重根,有q个实根,$2r$个共轭复根,其中$q+2r=n$。当$r(t)=0$时,可得输出信号的一般形式为

$$c(t)=\sum_{j=1}^{q}A_j\mathrm{e}^{p_jt}+\sum_{k=1}^{r}\mathrm{e}^{\sigma_kt}(B_k\cos\omega_kt+C_k\sin\omega_kt) \tag{3-23}$$

从上式不难看出,若要满足条件$\lim\limits_{t\to\infty}c(t)=0$,式(3-22)中的$p_j$,$\sigma_k$必须为负值,即系统的特征根必

须全部具有负实部。由此,系统稳定的充要条件是系统的所有闭环极点(系统特征方程的根)均在S平面的左半平面。

根据系统稳定的充要条件来判别系统的稳定性,需要求出系统的全部特征根,对于高阶系统,求根工作量很大,计算困难,人们希望寻找一种简便的方法,无须求解系统的特征根就能直接判别系统稳定性。1884年,E J Routh 提出了一个代数稳定判据,称为劳斯判据。

3.5.2 劳斯判据

1. 系统稳定的必要条件

系统的特征方程是

$$M(s)=a_0s^n+a_1s^{n-1}+\cdots+a_{n-1}s+a_n=0$$

式中,$a_i(i=0,1,\cdots,n)$均为实数。系统稳定的必要条件是上式中的多项式系数全部同号,且系数没有缺项(即不存在值为0的系数)。

例3-6 已知系统的特征方程如下,请判别系统的稳定性:

(1)$M(s)=4s^4+5s^3+3s^2+2s+1=0$;

(2)$M(s)=4s^4+5s^3-3s^2+2s+1=0$;

(3)$M(s)=4s^4+5s^3+2s+1=0$。

解 根据系统稳定的必要条件,可知系统(2)中,有系数不同号,系统必定不稳定。系统(3)中s^2项系数为0,出现缺项,系统必定不稳定。系统(1)满足系统稳定的必要条件,但无法确定是否一定稳定,需要用劳斯判据进行判别。

2. 劳斯判据(稳定的充要条件)

劳斯判据是一种代数稳定判据,它无须求解特征方程的根,而是根据特征方程的系数来判别系统特征根的分布情况,是一种分析系统稳定性的间接方法。

对于特征方程

$$a_0s^n+a_1s^{n-1}+\cdots+a_{n-1}s+a_n=0,\quad a_0>0$$

劳斯表排列规则为

$$\begin{array}{cccccc}
s^n & a_0 & a_2 & a_4 & a_6 & \cdots \\
s^{n-1} & a_1 & a_3 & a_5 & a_7 & \cdots \\
s^{n-2} & b_1 & b_2 & b_3 & b_4 & \cdots \\
s^{n-3} & c_1 & c_2 & c_3 & c_4 & \cdots \\
\vdots & \vdots & \vdots & & & \\
\vdots & \vdots & \vdots & & & \\
s^2 & e_1 & e_2 & & & \\
s^1 & f_1 & & & & \\
s^0 & g_1 & & & &
\end{array}$$

其中:

$$b_1=\frac{-1}{a_1}\begin{vmatrix}a_0 & a_2\\ a_1 & a_3\end{vmatrix}\qquad b_2=\frac{-1}{a_1}\begin{vmatrix}a_0 & a_4\\ a_1 & a_5\end{vmatrix}\qquad b_3=\frac{-1}{a_1}\begin{vmatrix}a_0 & a_6\\ a_1 & a_7\end{vmatrix}$$

$$c_1 = \frac{-1}{b_1}\begin{vmatrix} a_1 & a_3 \\ b_1 & b_2 \end{vmatrix} \qquad c_2 = \frac{-1}{b_1}\begin{vmatrix} a_1 & a_5 \\ b_1 & b_3 \end{vmatrix} \qquad c_3 = \frac{-1}{b_1}\begin{vmatrix} a_1 & a_7 \\ b_1 & b_4 \end{vmatrix}$$

劳斯判据:系统稳定的充要条件是劳斯表首列元素符号非零,且全部为正数。

说明:

(1)劳斯判据用闭环特征方程来判别闭环系统的稳定性。

(2)为简化运算,可将劳斯表某一行中的所有系数都乘上一个正数,不影响系统稳定性的分析。

(3)劳斯表中第一列元素符号改变的次数等于系统特征方程的正实部根的数目,也就是 S 平面的右半平面根的个数。

(4)劳斯表的行数等于方程的阶次 +1,即 $n+1$,最后两行只有一个元素。

(5)只有当系统的特征方程为代数方程,且所有系数都为实数时,劳斯判据才适用。

例 3-7 已知系统特征方程为 $M(s)=s^4+2s^3+3s^2+4s+5=0$,试用劳斯判据判别系统稳定性。

解 排劳斯表:

s^4	1	3	5
s^3	2	4	
s^2	1	5	
s^1	-6		
s^0	5		

劳斯表首列元素符号改变 2 次,因此系统不稳定,S 平面的右半平面有 2 个根。

例 3-8 已知系统特征方程为 $M(s)=2s^3+4s^2-s-1=0$,试用劳斯判据判别系统稳定性,并给出根在 S 平面的分布情况。

解 根据系统稳定的必要条件,特征方程的系数不同号,可知系统不稳定。若要知道 S 平面的右半平面根的个数,还需排劳斯表。

s^3	2	-1
s^2	4	-1
s^1	$-\frac{1}{2}$	
s^0	-1	

劳斯表首列元素符号改变,且改变了 1 次,因此,S 平面的右半平面有 1 个根,其余 2 个根在 S 平面的左半平面。

3. 劳斯判据的两种特殊情况

(1)特殊情况 1:劳斯表中第 1 列出现零。劳斯表中某一行的第一个元素为 0,其他各元素不全为 0。

解法:用一个任意小的正数 ε 代替该行第一个为 0 的元素;然后继续排劳斯表。

例 3-9 已知系统的特征方程 $M(s)=s^4+3s^3+4s^2+12s+16=0$,请判别系统的稳定性。

解 排劳斯表:

$$\begin{array}{llll} s^4 & 1 & 4 & 16 \\ s^3 & 3 & 12 & \\ s^2 & 0(\varepsilon) & 16 & \\ s^1 & \dfrac{12\varepsilon - 48}{\varepsilon} & 0 & \\ s^0 & 16 & & \end{array}$$

ε 是一个无穷小的正数,因此,$\dfrac{12\varepsilon - 48}{\varepsilon} = 12 - \dfrac{48}{\varepsilon} < 0$,系统不稳定,劳斯表第一列元素符号改变两次,因此,S 平面的右半平面有两个根。

例 3-10　已知系统的特征方程 $M(s) = s^3 + 2s^2 + s + 2 = 0$,请判别系统的稳定性。

解　排劳斯表:

$$\begin{array}{lll} s^3 & 1 & 1 \\ s^2 & 2 & 2 \\ s^1 & 0(\varepsilon) & \\ s^0 & 2 & \end{array}$$

劳斯表首列符号没有改变,S 平面的右半平面没有根,但由于出现特殊情况(某行首列为 0),因此,系统临界稳定,有一对共轭纯虚根。

(2) 特殊情况 2:劳斯表的某一行中,所有元素都等于零。

解法:利用全 0 行上一行的各元素构造一个辅助多项式(称为辅助方程),式中均为偶次。对辅助方程求导,利用求导后多项式的系数代替劳斯表中的全 0 行,然后继续排劳斯表。

例 3-11　已知系统的特征方程为 $M(s) = s^5 + 3s^4 + 3s^3 + 9s^2 - 4s - 12 = 0$,请判别系统稳定性。

解　排劳斯表:

$$\begin{array}{llll} s^5 & 1 & 3 & -4 \\ s^4 & 3 & 9 & -12 \\ s^3 & 0 & 0 & \end{array}$$

出现全零行,以全零行的上一行构建辅助方程:

$$p(s) = 3s^4 + 9s^2 - 12 = 0$$

对上式求导可得

$$12s^3 + 18s = 0$$

用求导后的系数继续排劳斯表,可得

$$\begin{array}{llll} s^5 & 1 & 3 & -4 \\ s^4 & 3 & 9 & -12 \\ s^3 & 12 & 18 & \\ s^2 & \dfrac{9}{2} & -12 & \\ s^1 & 50 & & \\ s^0 & -12 & & \end{array}$$

劳斯表首列符号改变 1 次,有 1 个正实部根,系统不稳定。通过解辅助方程 $3s^4 + 9s^2 - 12 = 0$ 可得到系统的一部分根,即 $s^4 + 3s^2 - 4 = (s^2 - 1)(s^2 + 4) = 0$,可得两个实根 $s_{1,2} = \pm 1$,一对纯虚根

$s_{3,4}=\pm 2\mathrm{j}$,可见其中有一个正实根。

例 3-12 已知系统闭环特征方程为 $M(s)=s^5+s^4+3s^3+3s^2+2s+2=0$。试用劳斯判据判别闭环系统的稳定性,并说明系统闭环极点的分布情况。

解 排劳斯表:

$$
\begin{array}{llll}
s^5 & 1 & 3 & 2 \\
s^4 & 1 & 3 & 2 \\
s^3 & 0 & 0 &
\end{array}
$$

由上表可以看出,s^3 行的各项系数全部为零。将全零行的上一行 s^4 的各行系数组成辅助方程 $p(s)=s^4+3s^2+2$。辅助方程 $p(s)$ 对 s 求导得 $\dfrac{\mathrm{d}p(s)}{\mathrm{d}s}=4s^3+6s=0$。

用上式中的各项系数作为 s^3 行的系数,并计算以下各行的系数,可得劳斯表:

$$
\begin{array}{llll}
s^5 & 1 & 3 & 2 \\
s^4 & 1 & 3 & 2 \\
s^3 & 4 & 6 & \\
s^2 & \dfrac{3}{2} & 2 & \\
s^1 & \dfrac{2}{3} & & \\
s^0 & 2 & &
\end{array}
$$

从上表的第一列系数可以看出,各元素符号没有改变,说明系统没有特征根在 S 平面的右半平面,系统处于临界稳定状态。

由于辅助方程 $p(s)=s^4+3s^2+2=(s^2+1)(s^2+2)=0$,可解得系统有两对共轭虚根 $s_{1,2}=\pm\mathrm{j}$,$s_{3,4}=\pm\sqrt{2}\mathrm{j}$,系统为 5 阶系统,共有 5 个根,因此,$S$ 平面的左半平面有一个根。

说明:如果排劳斯表时出现 2 种特殊情况,系统必定不稳定(特殊情况下临界稳定,即劳斯表首列符号没有改变)。

4. 劳斯判据的其他应用

劳斯判据除了可用于判别系统稳定性,分析系统特征根的分布情况外,还有以下两种应用。

(1)运用劳斯判据求使系统稳定的参数取值范围。

例 3-13 某反馈控制系统如图 3-17 所示,其中 $G(s)=\dfrac{K(s+40)}{s(s+10)}$,$H(s)=\dfrac{1}{s+20}$。(1)请确定使系统稳定的 K 的取值范围;(2)确定使系统临界稳定的 K 值,并计算系统的虚根。

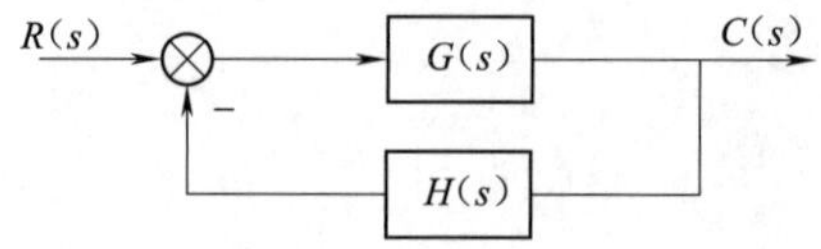

图 3-17 例 3-13 结构图

解 系统的开环传递函数为

$$G(s)H(s)=\frac{K(s+40)}{s(s+10)(s+20)}$$

系统闭环特征方程为

$$M(s)=s^3+30s^2+(200+K)s+40K$$

排劳斯表：

s^3　　1　　$200+K$

s^2　　30　　$40K$

s^1　　$\dfrac{6000-10K}{30}$　　0

s^0　　$40K$

根据劳斯判据，系统稳定必满足：

$$\begin{cases}\dfrac{6000-10K}{30}>0\\ 40K>0\end{cases}$$

因此，$0<K<600$。

当 $K=0$ 时，系统在原点处有一极点，系统临界稳定；当 $K=600$ 时，系统有一对纯虚根，也是临界稳定。解辅助方程：$30s^2+24000=0$，可得 $s_{1,2}=\pm 28.28\text{j}$。

(2)运用劳斯判据判别系统的相对稳定性。系统在S左半平面的特征根距虚轴的距离，就是相对稳定性或稳定裕量。

利用劳斯判据，令 $s=z-\sigma_1$ 代入系统特征方程，写出 z 的多项式，然后用劳斯判据判定 z 多项式的根是否都在新虚轴的左侧。如果所有根均在新虚轴的左侧，则说明系统具有稳定裕量 σ_1。

例3-14　已知系统的特征方程为 $M(s)=0.025s^3+0.325s^2+s+K=0$，试判断使系统稳定的 K 的取值范围；如果要求系统特征根的实部不大于 -1（即系统具有 $\sigma_1=1$ 的稳定裕量）。请问 K 应如何调整？

解　特征方程化简后为

$$s^3+13s^2+40s+40K=0$$

排劳斯表：

s^3　　1　　40

s^2　　13　　$40K$

s^1　　$\dfrac{13\times 40-40K}{13}$

s^0　　$40K$

所以，$K>0$ 及 $K<13$，使系统稳定的 K 值范围是 $0<K<13$。

若要全部特征根在 $s=-1$ 的左侧，则虚轴向左平移一个单位，令 $s=z-1$ 代入原特征方程，可得

$$(z-1)^3+13(z-1)^2+40(z-1)+40K=0$$

整理得

$$z^3+10z^2+17z+(40K-28)=0$$

排劳斯表：

z^3　　1　　17

z^2　　10　　$40K-28$

z^1　　$\dfrac{170-(40K-28)}{10}$

z^0　　$40K-28$

第一列元素均大于0,可得$0.7<K<4.95$。

3.6 稳态误差

对于稳定的系统,稳态误差是衡量系统稳态响应质量的一个时域指标,它反映了系统跟踪控制信号的准确度或抑制干扰的能力。控制系统设计的任务之一就是要保证系统在稳定的前提下,尽量减小乃至消除稳态误差。

稳态误差定义为稳态条件下输出量的期望值与稳态值之间存在的误差。稳态误差可分为给定稳态误差(由给定信号引起的稳态误差)和扰动稳态误差(由扰动信号引起的稳态误差)。

3.6.1 给定稳态误差

误差一般有以下两种定义:

(1)从输出端定义:系统输出量的实际值与希望值之差。实际中常无法测量,一般只有数学意义。

(2)从输入端定义:系统的输入信号与主反馈信号之差。实际中可测量,所以具有物理意义。

在图3-18所示的结构图中,误差$e(t)$定义为输入量$r(t)$与主反馈量$b(t)$之间的差值,即$e(t)=r(t)-b(t)$。因此误差的拉氏变换为

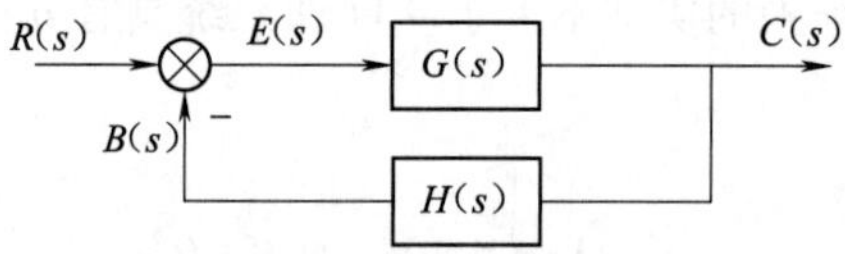

图3-18 反馈系统结构图

$$E(s)=R(s)-B(s)=R(s)-G(s)H(s)E(s)$$

设误差传递函数为

$$\Phi_e(s)=\frac{E(s)}{R(s)}=\frac{1}{1+G(s)H(s)}$$

$$E(s)=\Phi_e(s)\cdot R(s)=\frac{R(s)}{1+G(s)H(s)}$$

误差本身是时间的函数,其时域表达式为

$$e(t)=L^{-1}[E(s)]=L^{-1}[\Phi_e(s)R(s)]=e_{ts}(t)+e_{ss}(t)$$

式中,$e_{ts}(t)$是动态分量;$e_{ss}(t)$是稳态分量。稳态误差e_{ss}就是误差信号的稳态分量。对于稳定的系统,随着时间趋于无穷,误差的动态分量将趋于零。根据拉氏变换的终值定理,非单位反馈系统的稳态误差为

$$e_{ss}=\lim_{t\to\infty}e(t)=\lim_{s\to 0}s\cdot E(s)=\lim_{s\to 0}s\cdot\frac{R(s)}{1+G(s)H(s)} \tag{3-24}$$

说明:不稳定的系统没有稳态,也就没有所谓的稳态误差,也不能使用终值定理。从式(3-24)可以看出,控制系统的稳态误差与输入信号的形式和开环传递函数的结构有关。当输入信号形式确定后,系统的稳态误差就取决于以开环传递函数描述的系统结构。下面通过一个例子求系统在不同典型输入信号下的稳态误差。

例 3-15　一系统的开环传递函数为 $G(s)H(s)=\dfrac{10}{(s+1)(s+10)}$，求 $r(t)=1(t)$ 和 $r(t)=t$ 时的稳态误差。

解　首先由前述知识可判别该闭环系统稳定，因此存在稳态误差。根据式(3-24)，

$$e_{ss}=\lim_{s\to 0}s\frac{R(s)}{1+G(s)H(s)}=\lim_{s\to 0}s\frac{(s+1)(s+10)}{(s+1)(s+10)+10}R(s)$$

当 $r(t)=1(t)$ 时，$R(s)=\dfrac{1}{s}$，

$$e_{ss}=\lim_{s\to 0}s\frac{R(s)}{1+G(s)H(s)}=\lim_{s\to 0}s\cdot\frac{(s+1)(s+10)}{(s+1)(s+10)+10}\cdot\frac{1}{s}=\frac{1}{2}$$

当 $r(t)=t$ 时，$R(s)=\dfrac{1}{s^2}$，

$$e_{ss}=\lim_{s\to 0}s\frac{R(s)}{1+G(s)H(s)}=\lim_{s\to 0}s\cdot\frac{(s+1)(s+10)}{(s+1)(s+10)+10}\cdot\frac{1}{s^2}=\infty$$

可见，不同输入时系统的稳态误差也不同。此外，稳态误差还与系统的类型有关。

1. 系统的类型

稳态误差还与开环传递函数的结构形式（系统类型）有关。根据开环传递函数中串联的积分环节的个数，可将系统分为几种不同的类型。系统的开环传递函数可以表示为

$$G(s)H(s)=\frac{K\prod_{i=1}^{m}(\tau_i s+1)}{s^v\prod_{j=1}^{n-v}(T_j s+1)} \tag{3-25}$$

式中，K 是开环放大系数；v 是开环传递函数中串联的积分环节的个数，它决定系统的类型：

$v=0$，对应 0 型系统；

$v=1$，对应Ⅰ型系统；

$v=2$，对应Ⅱ型系统；

⋮　　⋮

v 越大，系统的稳态误差越小，但系统的稳定性越差，通常采用的是 0 型，Ⅰ型和Ⅱ型系统。

2. 稳态误差系数和稳态误差的计算

下面讨论对于不同的输入信号，不同类型系统的稳态误差。

1）单位阶跃信号作用下的稳态误差

对于单位阶跃输入，$R(s)=\dfrac{1}{s}$，系统的稳态误差为

$$e_{ss}=\lim_{s\to 0}sE(s)=\lim_{s\to 0}\frac{s}{1+G(s)H(s)}\cdot\frac{1}{s}=\frac{1}{1+\lim\limits_{s\to 0}G(s)H(s)}$$

定义稳态位置误差系数 $K_p=\lim\limits_{s\to 0}G(s)H(s)$，则有 $e_{ss}=\dfrac{1}{1+K_p}$。

0 型系统：$K_p=\lim\limits_{s\to 0}G(s)H(s)=\lim\limits_{s\to 0}\dfrac{K\prod_{i=1}^{m}(\tau_i s+1)}{s^0\prod_{j=1}^{n}(T_j s+1)}=K$，$e_{ss}=\dfrac{1}{1+K_p}=\dfrac{1}{1+K}$。

Ⅰ型及以上系统：$K_p=\lim\limits_{s\to 0}G(s)H(s)=\lim\limits_{s\to 0}\dfrac{K\prod_{i=1}^{m}(\tau_i s+1)}{s^v\prod_{j=1}^{n-v}(T_j s+1)}=\infty\ (v\geqslant 1)$，$e_{ss}=\dfrac{1}{1+K_p}=0$。

0 型系统对阶跃信号的稳态误差为一恒定值，e_{ss} 大小基本上与开环放大系数 K 成反比，K 越大，e_{ss} 越小，但总有误差，除非 K 为无穷大。所以，0 型系统又称有差系统。为了降低稳态误差，在稳定条件允许的前提下，可增大开环放大系数 K。Ⅰ型及以上系统对阶跃信号的稳态误差为 0，因此，若要消除阶跃信号作用下的稳态误差，开环传递函数中至少要有一个积分环节。但是，积分环节过多会导致系统不稳定。

2）单位斜坡信号作用下的稳态误差

对于单位斜坡输入，$R(s)=\frac{1}{s^2}$，系统的稳态误差为

$$e_{ss}=\lim_{s\to 0}s\cdot E(s)=\lim_{s\to 0}\frac{s}{1+G(s)H(s)}\cdot\frac{1}{s^2}=\frac{1}{\lim\limits_{s\to 0}sG(s)H(s)}$$

定义稳态速度误差系数 $K_v=\lim\limits_{s\to 0}sG(s)H(s)$，则有 $e_{ss}=\frac{1}{K_v}$。

0 型系统：$K_v=\lim\limits_{s\to 0}sG(s)H(s)=\lim\limits_{s\to 0}s\dfrac{K\prod\limits_{i=1}^{m}(\tau_i s+1)}{\prod\limits_{j=1}^{n}(T_j s+1)}=0$，$e_{ss}=\frac{1}{K_v}=\infty$。

Ⅰ型系统：$K_v=\lim\limits_{s\to 0}sG(s)H(s)=\lim\limits_{s\to 0}s\dfrac{K\prod\limits_{i=1}^{m}(\tau_i s+1)}{s\prod\limits_{j=1}^{n-1}(T_j s+1)}=K$，$e_{ss}=\frac{1}{K_v}=\frac{1}{K}$。

Ⅱ型及以上系统：$K_v=\lim\limits_{s\to 0}sG(s)H(s)=\lim\limits_{s\to 0}s\dfrac{K\prod\limits_{i=1}^{m}(\tau_i s+1)}{s^v\prod\limits_{j=1}^{n-v}(T_j s+1)}=\infty$，$(v\geqslant 2)$，$e_{ss}=\frac{1}{K_v}=0$。

Ⅰ型系统的输出能跟踪斜坡输入信号，但总有一定误差，其大小与 K 成反比。为了使误差不超过规定值，则 K 值必须足够大。Ⅱ型及以上系统对斜坡信号的稳态误差为 0，可完全跟踪斜坡信号，因此，要消除斜坡信号作用下的稳态误差，开环传递函数中至少要包含两个积分环节。

3）单位抛物线输入时的稳态误差

对于单位抛物线输入 $R(s)=\frac{1}{s^3}$，此时系统的稳态误差为

$$e_{ss}=\lim_{s\to 0}s\cdot E(s)=\lim_{s\to 0}\frac{s}{1+G(s)H(s)}\cdot\frac{1}{s^3}=\frac{1}{\lim\limits_{s\to 0}s^2G(s)H(s)}$$

定义稳态加速度误差系数 $K_a=\lim\limits_{s\to 0}s^2G(s)H(s)$，则有 $e_{ss}=\frac{1}{K_a}$。

0 型和Ⅰ型系统：$K_a=\lim\limits_{s\to 0}s^2G(s)H(s)=\lim\limits_{s\to 0}s^2\dfrac{K\prod\limits_{i=1}^{m}(\tau_i s+1)}{s^v\prod\limits_{j=1}^{n-v}(T_j s+1)}=0$，$e_{ss}=\frac{1}{K_a}=\infty$。

Ⅱ型系统：$K_a=\lim\limits_{s\to 0}s^2G(s)H(s)=\lim\limits_{s\to 0}s^2\dfrac{K\prod\limits_{i=1}^{m}(\tau_i s+1)}{s^2\prod\limits_{j=1}^{n-2}(T_j s+1)}=K$，$e_{ss}=\frac{1}{K_a}=\frac{1}{K}$。

Ⅲ型及以上系统：$K_a=\lim\limits_{s\to 0}s^2G(s)H(s)=\lim\limits_{s\to 0}s^2\dfrac{K\prod\limits_{i=1}^{m}(\tau_i s+1)}{s^v\prod\limits_{j=1}^{n-v}(T_j s+1)}=\infty$，$(v\geqslant 3)$，$e_{ss}=\frac{1}{K_a}=0$。

当输入为单位抛物线信号时,0 型和Ⅰ型系统无法跟踪抛物线信号,在跟踪过程中,误差越来越大,稳态误差为无穷大。Ⅱ型系统能够跟踪抛物线信号,但有一常值误差,其大小与 K 成反比。Ⅲ型及以上系统的稳态误差为 0,可完全跟踪抛物线信号,因此,要消除抛物线信号作用下的稳态误差,开环传递函数中至少要有 3 个积分环节。

根据上述内容,得到表 3-2。表 3-2 概括了 0 型、Ⅰ型和Ⅱ型系统在各种输入下的稳态误差,注意表中的输入信号均为单位输入信号,K 是开环放大系数。表 3-2 中的结论仅适用于输入信号作用下系统的稳态误差,不适用于扰动作用下系统的稳态误差;稳态误差和稳态误差系数只有对稳定的系统才有意义。

表 3-2　各输入下稳态误差

$r(t)$	1		t		$\frac{1}{2}t^2$	
系统	K_p	e_{ss}	K_v	e_{ss}	K_a	e_{ss}
0 型	K	$\frac{1}{1+K}$	0	∞	0	∞
Ⅰ型	∞	0	K	$\frac{1}{K}$	0	∞
Ⅱ型	∞	0	∞	0	K	$\frac{1}{K}$

例 3-16　已知单位反馈控制系统的开环传递函数为

$$G(s)H(s)=\frac{100}{(0.1s+1)(s+5)}$$

试求:(1)稳态位置误差系数、稳态速度误差系数和稳态加速度误差系数;

(2)输入 $r(t)=2+2t+2t^2$ 时的稳态误差。

解　由系统的闭环特征式 $M(s)=0.1s^2+1.5s+105=0$,可用劳斯判据判别该系统闭环稳定。由于该开环传递函数不是时间常数形式,将其改为

$$G(s)H(s)=\frac{20}{(0.1s+1)\left(\frac{1}{5}s+1\right)}$$

因此,可利用误差系数的定义求出

$K_p=\lim\limits_{s\to0}G(s)H(s)=20,K_v=\lim\limits_{s\to0}sG(s)H(s)=0,K_a=\lim\limits_{s\to0}s^2G(s)H(s)=0$

或由表 3-2 直接写出,该系统是 0 型系统,因此,可得 $K_p=K=20,K_v=0,K_a=0$。

计算线性系统对多类输入信号的稳态误差,可使用线性系统的齐次性和叠加性。

$$e_{ss}=e_{ssp}+e_{ssv}+e_{ssa}=2\cdot\frac{1}{1+20}+2\cdot\infty+4\cdot\infty=\infty$$

例 3-17　某系统的开环传递函数为 $G(s)H(s)=\dfrac{10}{s(s+1)(s+2)}$,试求此系统的稳态误差系数 K_p,K_v,K_a。

解　系统的闭环特征式 $M(s)=s^3+3s^2+2s+10=0$,由劳斯判据可知:

$$\begin{array}{lll} s^3 & 1 & 2 \\ s^2 & 3 & 10 \\ s^1 & -\frac{4}{3} & \\ s^0 & 10 & \end{array}$$

劳斯表首列符号改变,闭环系统不稳定。因此,稳态误差系数无意义。

例 3-18 设控制系统如图 3-19 所示,输入信号 $r(t)=2+3t$,试求稳态误差 $e_{ss}<0.5$ 时 K 的取值范围。

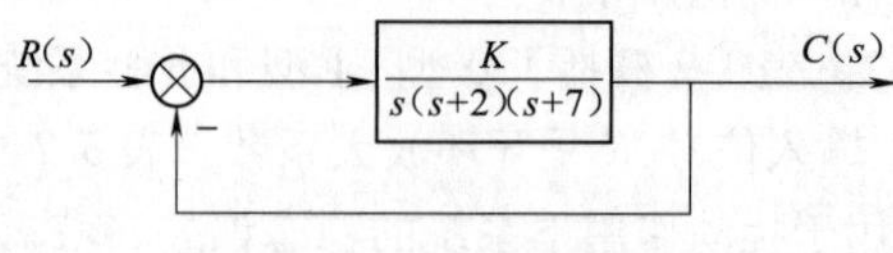

图 3-19 例 3-18 结构图

解 系统存在稳态误差,则系统必须满足闭环稳定的条件。系统闭环特征方程为 $M(s)=s(s+2)(s+7)+K=s^3+9s^2+14s+K=0$,排劳斯表:

$$
\begin{array}{lll}
s^3 & 1 & 14 \\
s^2 & 9 & K \\
s^1 & -\dfrac{1}{9}(K-126) & \\
s^0 & K &
\end{array}
$$

根据劳斯判据,系统必须满足 $\begin{cases} K>0 \\ -(K-126)>0 \end{cases}$,即 $0<K<126$。下面计算系统的稳态误差:

$G(s)H(s)=\dfrac{K}{s(s+2)(s+7)}=\dfrac{\dfrac{K}{14}}{s\left(\dfrac{1}{2}s+1\right)\left(\dfrac{1}{7}s+1\right)}$。此系统是 Ⅰ 型系统,因此在 $r(t)=2+3t$ 时,

$e_{ss}=2\cdot 0+3\cdot\dfrac{14}{K}<0.5$,$K>84$。所以,$84<K<126$。

3.6.2 动态误差系数及误差级数

用稳态误差系数求得的稳态误差只有 3 个值:零、常数值或是无穷大。稳态误差不是时间 t 的函数,无法反映随时间变化的规律。为此,引入动态误差系数的概念。

误差传递函数为

$$\Phi_e(s)=\frac{E(s)}{R(s)}=\frac{1}{1+G(s)H(s)}$$

将上式中的分子和分母按 s 的升幂级数排列可得

$$\Phi_e(s)=\frac{E(s)}{R(s)}=\frac{\alpha_0+\alpha_1 s+\alpha_2 s^2+\cdots+\alpha_n s^n}{\beta_0+\beta_1 s+\beta_2 s^2+\cdots+\beta_n s^n}$$

用分子多项式除以分母多项式,可把上式写为如下的 s 的升幂级数:

$$\frac{E(s)}{R(s)}=\frac{1}{k_0}+\frac{1}{k_1}s+\frac{1}{k_2}s^2+\cdots$$

所以,

$$E(s)=\frac{1}{k_0}R(s)+\frac{1}{k_1}sR(s)+\frac{1}{k_2}s^2R(s)+\cdots \tag{3-26}$$

式中,k_0 为动态位置误差系数;k_1 为动态速度误差系数;k_2 为动态加速度误差系数。

对式(3-26)进行拉氏反变换,可得

$$e(t)=\frac{1}{k_0}r(t)+\frac{1}{k_1}r'(t)+\frac{1}{k_2}r''(t)+\frac{1}{k_3}r'''(t)+\cdots \tag{3-27}$$

式(3-27)就是系统的误差级数,它能反映误差的变化规律。系统的稳态误差为

$$e_{ss}=\lim_{t\to\infty}e(t)=\lim_{t\to\infty}\left[\frac{1}{k_0}r(t)+\frac{1}{k_1}r'(t)+\frac{1}{k_2}r''(t)+\frac{1}{k_3}r'''(t)+\cdots\right]$$

例 3-19 求以下两个系统在输入 $r(t)=1+2t+t^2$ 时的误差级数及稳态误差:

(1)$G_1(s)H_1(s)=\dfrac{10}{s(s+1)}$;

(2)$G_2(s)H_2(s)=\dfrac{10}{s(2s+1)}$。

解 这两个系统都是稳定的系统,稳态误差系数均相同,即 $k_p=\infty$,$k_v=10$,$k_a=0$,当 $r(t)=1+2t+t^2$ 时,这两个系统的稳态误差均为∞。但实际上这两个系统的误差级数是不同的。

这两个系统的误差传递函数分别为

$$\Phi_{e1}(s)=\frac{E(s)}{R(s)}=\frac{1}{1+G_1(s)H_1(s)}=\frac{s+s^2}{10+s+s^2}$$

$$\Phi_{e2}(s)=\frac{E(s)}{R(s)}=\frac{1}{1+G_1(s)H_1(s)}=\frac{s+2s^2}{10+s+2s^2}$$

用分子多项式除以分母多项式,可得 s 的升幂级数:

$$\begin{array}{r|l}
 & 0.1s+0.09s^2+\cdots \\ \hline
10+s+s^2 & s+s^2 \\
 & \underline{s+0.1s^2+0.1s^3} \\
 & 0.9s^2-0.1s^3 \\
 & \underline{0.9s^2+0.09s^3+0.09s^4} \\
 & -0.19s^3-0.09s^4 \\
 & \vdots \qquad \vdots
\end{array}$$

因此,$\Phi_{e1}(s)=0.1s+0.09s^2+\cdots$。对比动态误差系数的定义,可得

$$k_0=\infty,k_1=\frac{1}{0.1}=10,k_2=\frac{1}{0.09}=\frac{100}{9}$$

对于第二个系统,同理可得 $\Phi_{e2}(s)=0.1s+0.19s^2+\cdots$。对比动态误差系数的定义,可得

$$k_0=\infty,k_1=\frac{1}{0.1}=10,k_2=\frac{1}{0.19}=\frac{100}{19}$$

输入信号 $r(t)=1+2t+t^2$,则 $r'(t)=2+2t$,$r''(t)=2$,三阶及以上的导数全为0。因此,

$$e_1(t)=\frac{1}{k_0}r(t)+\frac{1}{k_1}r'(t)+\frac{1}{k_2}r''(t)+\cdots=0+0.1\times(2+2t)+0.09\times2=0.38+0.2t$$

$$e_2(t)=\frac{1}{k_0}r(t)+\frac{1}{k_1}r'(t)+\frac{1}{k_2}r''(t)+\cdots=0+0.1\times(2+2t)+0.19\times2=0.58+0.2t$$

系统稳态误差为

$$e_{ss1}=\lim_{t\to\infty}e(t)=\lim_{t\to\infty}(0.38+0.2t)=\infty$$

$$e_{ss2}=\lim_{t\to\infty}e(t)=\lim_{t\to\infty}(0.58+0.2t)=\infty$$

可见,这两个系统虽然稳态误差都是无穷大,但是在 $t=0$ 和 $t\to\infty$ 的过程中,其误差的变化情

况是不一样的。

3.6.3 扰动稳态误差

系统经常处于各种扰动作用下，如负载力矩的变化、电源电压和频率的波动、环境温度的变化等。因此，系统在扰动作用下的稳态误差数值，反映了系统的抗干扰能力。存在扰动时的系统结构图如图3-20所示。

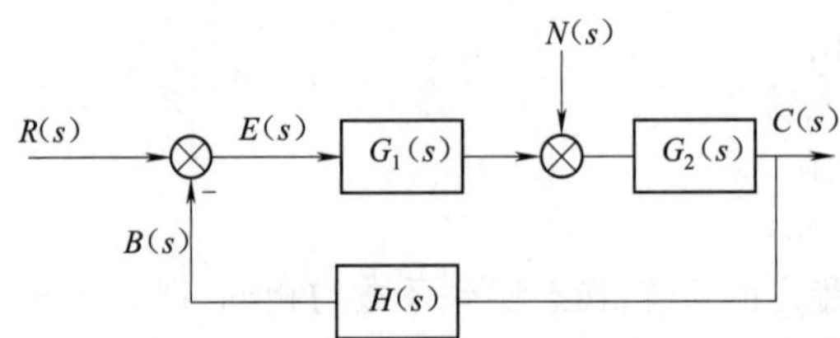

图3-20 存在扰动时的系统结构图

当仅考虑由扰动引起的稳态误差时，可令给定量 $R(s)=0$，因此，

$$C(s)=\frac{G_2(s)}{1+G_1(s)G_2(s)H(s)}N(s)$$

$$E(s)=-H(s)C(s)$$

所以

$$E(s)=-\frac{G_2(s)H(s)}{1+G_1(s)G_2(s)H(s)}N(s)$$

若 $E(s)$ 满足拉氏变换终值定理条件，可利用终值定理求扰动作用下的稳态误差：

$$e_{ssn}=\lim_{s\to 0}sE(s)=\lim_{s\to 0}\frac{-G_2(s)H(s)}{1+G_1(s)G_2(s)H(s)}sN(s) \tag{3-28}$$

当扰动为单位阶跃信号，即 $N(s)=\frac{1}{s}$ 时，由扰动引起的稳态误差为

$$e_{ssn}=\lim_{s\to 0}\frac{-G_2(s)H(s)}{1+G_1(s)G_2(s)H(s)}s\cdot\frac{1}{s}=\lim_{s\to 0}\frac{-G_2(s)H(s)}{1+G_1(s)G_2(s)H(s)}$$

当 $\lim\limits_{s\to 0}G_1(s)G_2(s)H(s)>>1$ 时（当系统类型 $v\geqslant 1$ 或0型系统的开环放大系数 $K>>1$），

$$e_{ssn}\approx\lim_{s\to 0}\frac{-G_2(s)H(s)}{G_1(s)G_2(s)H(s)}=-\frac{1}{G_1(0)}$$

由上式看出，扰动稳态误差只与 $N(s)$ 前面的传递函数 $G_1(s)$ 有关，且只要具有一个以上的积分环节，扰动引起的稳态误差就为零。扰动作用点前的系统前向通道传递系数越大，由扰动引起的稳态误差就越小。所以，为了降低由扰动引起的稳态误差，可以增大扰动作用点前的前向通道传递系数或者在扰动作用点以前引入积分环节，但这样不利于系统的稳定性。

例3-20 在图3-20所示的结构图中，$G_1(s)=\frac{5}{s(s+1)}$，$G_2(s)=\frac{2}{0.1s+1}$，$H(s)=1$，请求出当 $r(t)=t$ 及 $n(t)=-1(t)$ 时系统的稳态误差。

解 在控制信号 $r(t)$ 和扰动信号 $n(t)$ 同时作用下，系统的稳态误差为给定稳态误差和扰动稳态误差的代数和。

控制信号作用下，令 $N(s)=0$，此时，

$$\frac{E(s)}{R(s)}=\frac{1}{1+G_1(s)G_2(s)}=\frac{s(0.1s+1)(s+1)}{s(0.1s+1)(s+1)+10}$$

而 $r(t)=t$，即 $R(s)=\frac{1}{s^2}$，因此，给定稳态误差为

$$e_{ssr}=\lim_{s\to 0}sE(s)=\lim_{s\to 0}s\frac{s(0.1s+1)(s+1)}{s(0.1s+1)(s+1)+10}\cdot\frac{1}{s^2}=0.1$$

扰动信号作用下，令 $R(s)=0$，此时，

$$\frac{E(s)}{N(s)}=-\frac{G_2(s)H(s)}{1+G_1(s)G_2(s)H(s)}=\frac{-\frac{2}{0.1s+1}}{1+\frac{5}{s(s+1)}\cdot\frac{2}{0.1s+1}}$$

而 $n(t)=-1(t)$，即 $N(s)=-\frac{1}{s}$，此时，扰动稳态误差为

$$e_{ssn}=\lim_{s\to 0}sE(s)=\lim_{s\to 0}s\frac{-\frac{2}{0.1s+1}}{1+\frac{5}{s(s+1)}\cdot\frac{2}{0.1s+1}}\cdot\frac{-1}{s}=0$$

因此，总稳态误差为 $e_{ss}=e_{ssr}+e_{ssn}=0.1+0=0.1$。

3.7　减小稳态误差的方法

通过3.5节的分析，可采用以下方法来减小稳态误差：

(1)增大系统的开环放大系数。但值不能任意增大，否则系统不稳定。

(2)提高开环传递函数中串联积分环节的个数，但同样 v 一般不超过2。

(3)采用复合控制进行补偿的方法：指作用于控制对象的控制信号中，除了偏差信号外，还引入与扰动或给定量有关的补偿信号，以提高系统的控制精度，减小误差。这种控制称为复合控制或前馈控制。

①给定量补偿。图3-21给出了给定量补偿的结构图，该系统有两个通道，由 $G_r(s)$ 和 $G_2(s)$ 组成的通道是按开环控制的前馈补偿通道，由 $G_1(s)$ 和 $G_2(s)$ 及主反馈组成的通道是按闭环控制的主控通道。

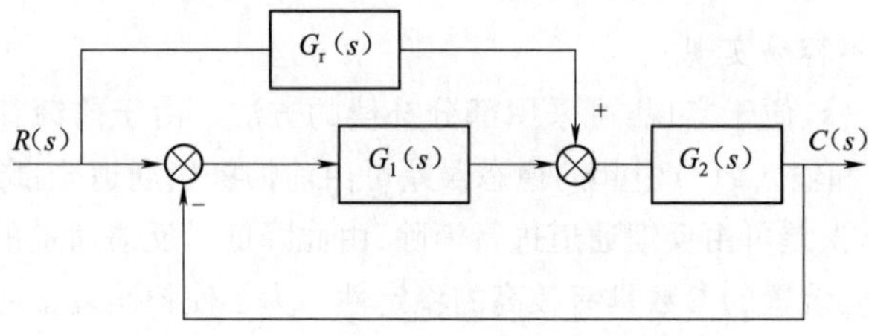

图3-21　给定量补偿的结构图

由图3-21可知：

$$C(s)=\frac{[G_r(s)+G_1(s)]G_2(s)}{1+G_1(s)G_2(s)}R(s)$$

$$E(s)=R(s)-C(s)=\frac{1-G_r(s)G_2(s)}{1+G_1(s)G_2(s)}R(s)$$

若要误差为零,即 $E(s)=0$,则 $G_r(s)=\frac{1}{G_2(s)}$。此时,$C(s)=R(s)$。在任何时刻,无论什么输入信号,输出信号都可以完全无误地重现输入信号,跟踪误差为0,这种补偿方式称为完全补偿,但完全补偿在工程实际中很难实现。

例如,在图3-21中,若 $G_1(s)=\frac{k_1}{T_1s+1}$,$G_2(s)=\frac{k_2}{s(T_2s+1)}$,$r(t)=t$。在不引入补偿装置时,系统的开环传递函数为 $G(s)H(s)=G_1(s)G_2(s)=\frac{k_1k_2}{s(T_1s+1)(T_2s+1)}$,该系统是Ⅰ型系统,在 $r(t)=t$ 时,稳态误差为 $e_{ss}=\frac{1}{k_1k_2}$。引入给定信号的补偿信号 $G_r(s)$,选 $G_r(s)=\frac{1}{G_2(s)}=\frac{s(T_2s+1)}{k_2}$,此时 $E(s)=0$,实现了完全补偿。但由于一般物理系统的传递函数是分母的阶次高于或等于分子的阶次,因此,物理上不容易实现。

②扰动量补偿。如果系统的扰动量是可以测量的,同时扰动对系统的影响是明确的,则可以按扰动量进行补偿,系统结构图如图3-22所示。

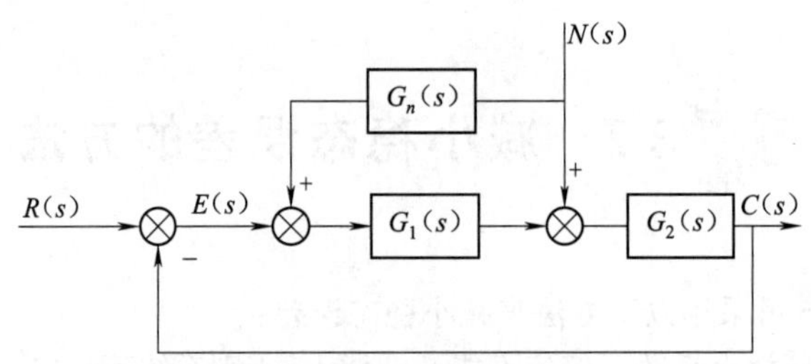

图3-22　扰动量补偿系统结构图

由图3-22可知,在扰动作用下的输出为

$$C(s)=\frac{G_2(s)+G_n(s)G_1(s)G_2(s)}{1+G_1(s)G_2(s)}\cdot N(s)$$

$$E(s)=-C(s)=-\frac{G_2(s)+G_n(s)G_1(s)G_2(s)}{1+G_1(s)G_2(s)}\cdot N(s)$$

若要使稳态误差为零,即 $E(s)=0$,则 $G_n(s)=-\frac{1}{G_1(s)}$。此时,可以完全消除扰动信号对系统输出的影响,但物理上不容易实现。

为了使 $G_r(s)$ 和 $G_n(s)$ 便于实现,可采用部分补偿的方法。由于前馈补偿通道和反馈通道同时存在,可测扰动 $n(t)$ 和输入 $r(t)$ 引起的稳态误差可由前馈补偿通道全部或部分补偿,其他扰动和未补偿掉的部分稳态误差可由反馈通道进行消除,由此降低对反馈通道的要求。前馈补偿属于开环控制,因此要求补偿装置的参数具有较高的稳定性。为了使补偿装置的传递函数具有较为简单的形式,可把前馈补偿信号加在靠近系统输出的位置,但需要前馈补偿通道具有功率放大能力,而且会使前馈补偿通道的结构变得复杂。因此,一般将前馈信号加在偏差信号之后的综合放大器输入端。

小　　结

时域分析法是一种时间域内研究系统在典型输入信号的作用下,其输出响应随时间变化规律的方法。对于任何一个稳定的控制系统,输出响应包含两个部分:暂态分量和稳态分量,其中稳态分量取决于输入信号。

一阶系统的阶跃响应是一条缓慢单调上升的曲线,无振荡、无超调,系统过渡过程时间只与时间常数T有关。二阶系统的阶跃响应随阻尼比 ξ 取值的不同而呈现不同的响应特征。在工业应用中,通常将控制系统设计为处于欠阻尼工作状态,以使系统具有较快的响应速度。高阶系统的时域响应可表示成一阶和二阶系统响应的合成。利用主导极点的概念,可以将高阶系统进行降阶处理,通常可近似为二阶系统。

线性定常系统稳定的充要条件是系统的所有闭环特征根均具有负实部。线性系统的稳定性是系统的固有特性,取决于系统自身的结构和参数,而与输入信号无关。劳斯判据可用于判别线性系统的稳定性及相对稳定性。

稳态误差是系统的稳态性能指标,它与系统的结构和参数有关,也与输入信号的形式和大小有关。当系统不稳定时,稳态误差没有意义。可通过增大系统的开环放大系数或提高系统的类型来减小稳态误差,但是,开环放大系数过大会破坏系统的稳定性,系统的类型过高,同样也会降低系统的稳定性。为解决这个矛盾,可通过给定信号补偿和扰动信号补偿来降低稳态误差。

习题(基础题)

1. 二阶系统的阶跃响应有哪些类型? 由什么参数决定?
2. 二阶系统的动态过程有哪些指标?
3. 如何利用劳斯判据判别系统的稳定性?
4. 什么是稳态误差? 如何减少系统的稳态误差?
5. 某一阶系统的闭环传递函数为 $\Phi(s)=\dfrac{3}{2s+1}$,当输入为单位阶跃信号时,请求出其过渡过程时间 $t_s(2\%)$。
6. 某一阶系统的结构图如图3-23所示,试求该系统在单位阶跃响应下的过渡过程时间 $t_s(2\%)$,若要求 $t_s(2\%)\leqslant 0.1$,系统的反馈系数应如何调整?

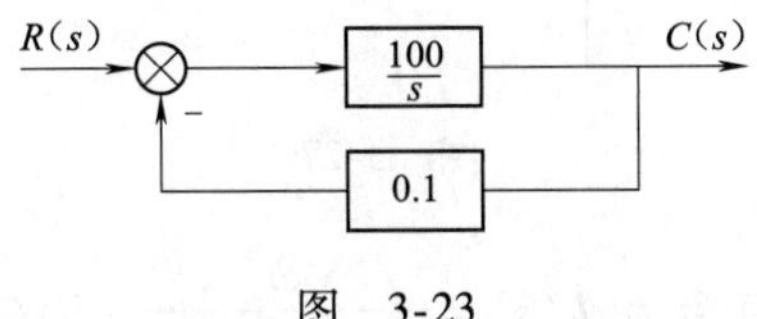

图　3-23

7. 有一位置随动系统，其结构图如图 3-24 所示，其中 $K=4$，试求：

(1) 系统的阻尼比 ξ 和自然振荡角频率 ω_n；

(2) 系统的超调量 $\delta\%$ 和过渡过程时间 t_s；

(3) 若要求 $\xi=0.707$，则应如何调整参数 K?

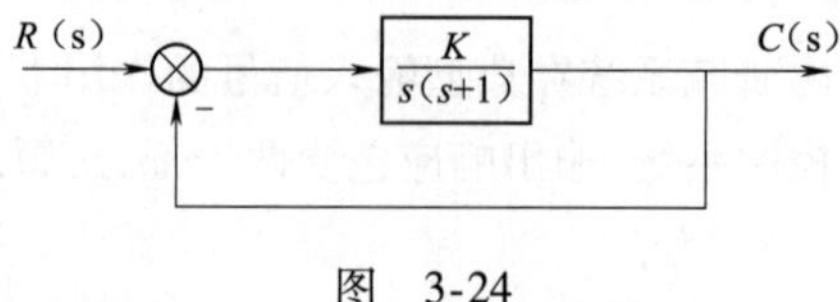

图 3-24

8. 为了改善图 3-24 所示系统的暂态响应性能，满足在单位阶跃输入下，系统超调量 $\delta\% \leqslant 5\%$ 的要求，现加入微分负反馈 τs，如图 3-25 所示，求微分时间常数 τ。

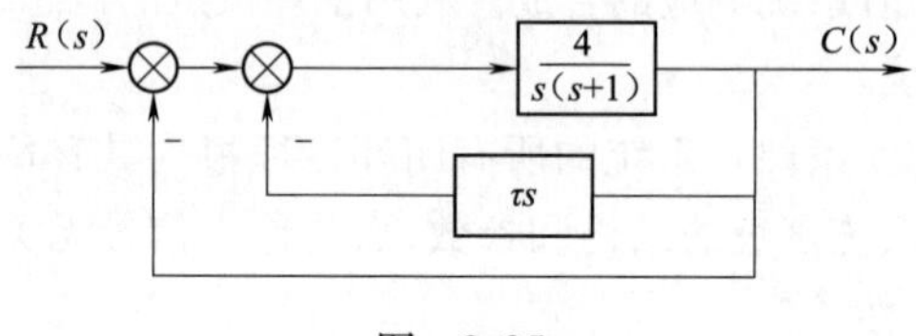

图 3-25

9. 已知二阶系统框图如图 3-26 所示。要求系统单位阶跃响应的超调量 $\delta\%=9.5\%$，且峰值时间 $t_p=0.5$ s。

(1) 求出 K_1 与 τ 的值；

(2) 计算在上述情况下系统的上升时间 t_r 和过渡过程时间 $t_s(2\%)$。

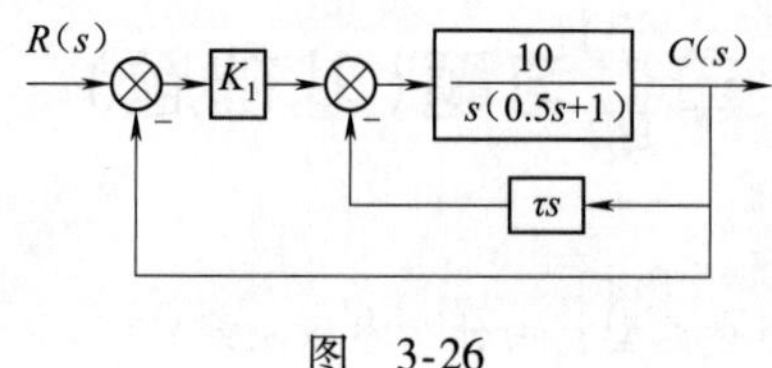

图 3-26

10. 设二阶系统的单位阶跃响应曲线如图 3-27 所示。如果该系统为单位负反馈系统，试确定其开环传递函数及闭环传递函数。

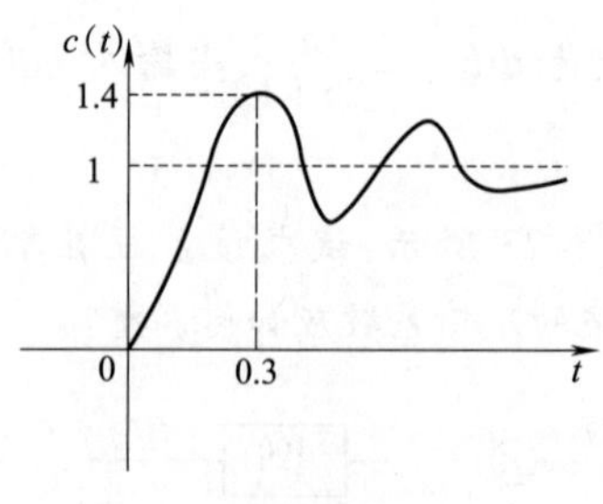

图 3-27

11. 已知控制系统闭环传递函数为 $\Phi(s)=\dfrac{\omega_n^2}{s^2+2\xi\omega_n s+\omega_n^2}$，请在 S 平面上分别绘出满足以下条

件的系统特征根可能所在的区域：

(1)$0.707\leqslant\xi<1,\omega_n\geqslant2$；

(2)$0.5\leqslant\xi\leqslant0.707,\omega_n\leqslant2$。

12. 设系统的闭环特征方程分别为

(1)$s^4+2s^3+s^2+2s+1=0$；

(2)$s^5+2s^4-s-2=0$；

(3)$s^6+2s^5+8s^4+12s^3+20s^2+16s+16=0$；

(4)$s^6+s^5-2s^4-3s^3-7s^2-4s-4=0$。

试用劳斯判据判别系统的稳定性，并给出系统特征根的大致分布情况。

13. 某单位负反馈系统的开环传递函数为 $G(s)H(s)=\dfrac{K(s+1)}{s^3+as^2+2s+1}$，当调节系数 K 至某一数值时，系统产生 $\omega=2$ rad/s 的等幅振荡，试确定系统的参数 K 和 a 的值。

14. 检验系统特征方程 $2s^3+10s^2+13s+4=0$ 是否有根在 S 平面的右半平面，并检验有几个根在直线 $s=-1$ 的右边。

15. 已知单位反馈系统的开环传递函数如下：

(1)$G(s)H(s)=\dfrac{10}{s(0.1s+1)(0.5s+1)}$；(2)$G(s)H(s)=\dfrac{10(s+a)}{s^2(s+1)(s+5)}$　($a=0.5$ 和 $a=2$)。

试求：(1)稳态位置误差系数 K_p、稳态速度误差系数 K_v 和稳态加速度误差系数 K_a；

(2)求当输入信号为 $r(t)=1+4t+t^2$ 时系统的稳态误差。

16. 已知单位反馈系统的开环传递函数为 $G(s)H(s)=\dfrac{K}{s(s^2+8s+25)}$，试确定当 $r(t)=2t$ 时，使稳态误差 $e_{ss}\leqslant0.5$ 的 K 取值范围。

17. 设单位负反馈系统的开环传递函数为 $G(s)H(s)=\dfrac{100}{s(0.1s+1)}$，求 $r(t)=t^2$ 时系统的误差级数。

18. 控制系统的结构图如图 3-28 所示，当输入 $r(t)=\dfrac{1}{2}t^2$ 时，请问 a 和 b 取何值，可使系统的稳态误差为零。

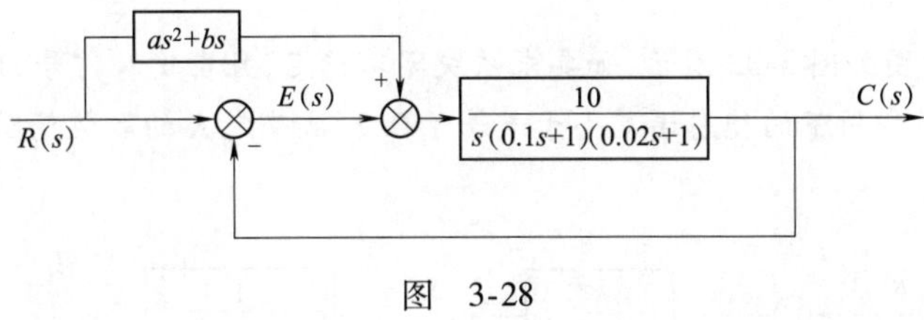

图 3-28

习题(提高题)

1. 4 个二阶系统的闭环极点分布如图 3-29 所示，试判别 4 个系统的超调量 $\delta\%$、过渡过程时间

t_s、峰值时间 t_p 和上升时间 t_r 之间的大小排序关系，请写出推导过程。

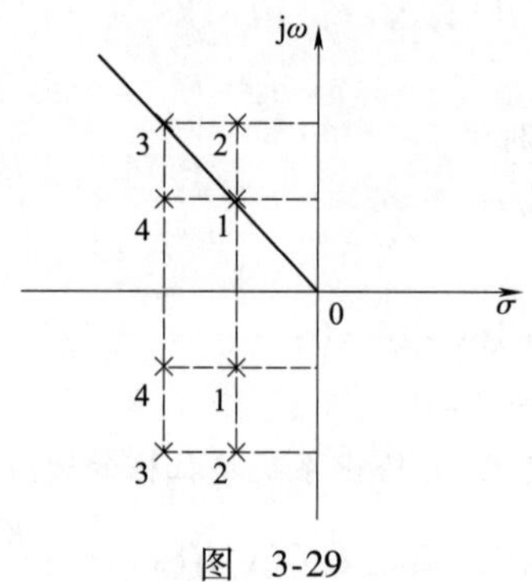

图 3-29

2. 已知系统结构图如图 3-30 所示，其中 $K_1>0, K_2>0, \beta\geqslant 0$。试分析：

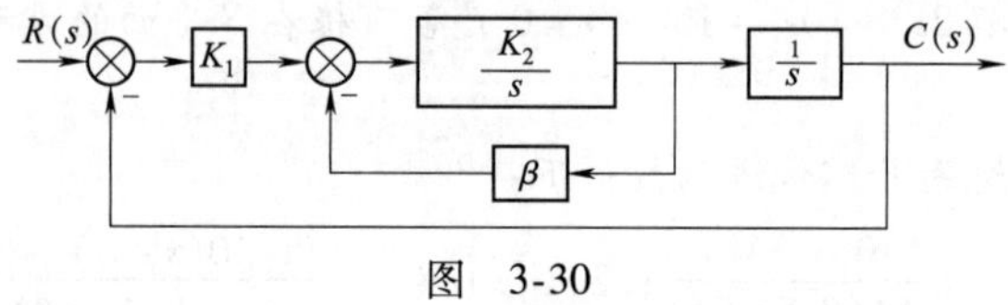

图 3-30

(1) β 值增大对系统稳定性的影响；

(2) β 值增大对系统动态性能的影响；

(3) β 值增大对系统斜坡响应的影响。

3. 设典型二阶系统的单位阶跃响应曲线如图 3-31 所示，试确定系统的传递函数。

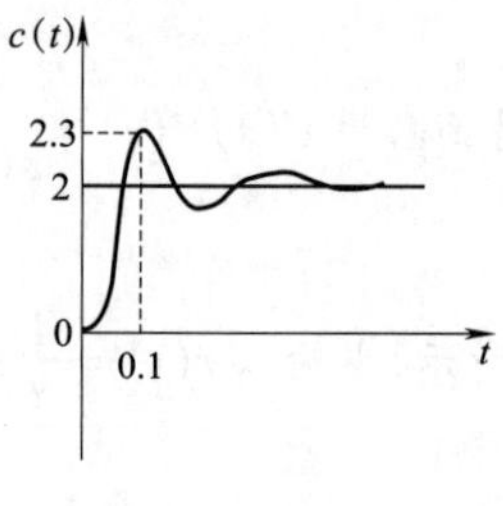

图 3-31

4. 控制系统结构图如图 3-32 所示，如要求系统闭环稳定，且在输入信号 $r(t)=1(t)$ 和扰动信号 $n(t)=-1(t)$ 同时作用下的稳态误差小于或等于 0.2，试确定 K 的取值范围。

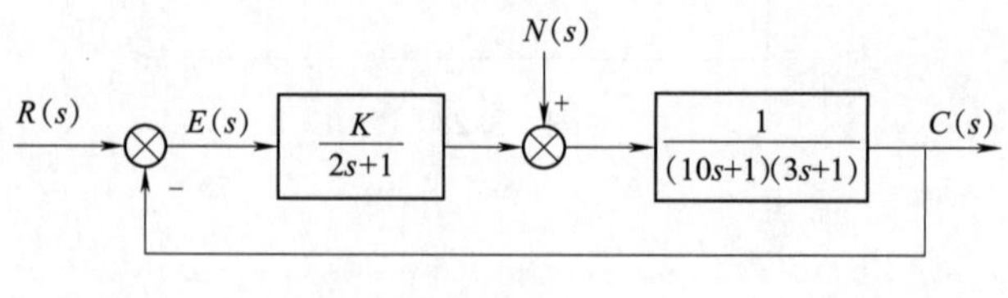

图 3-32

5. 控制系统结构图如图 3-33 所示。

(1) 当 $r(t)=1(t)$ 和扰动信号 $n(t)=1(t)$ 同时作用时，求系统的稳态误差 e_{ss}。

(2) 若要减少稳态误差 e_{ss}，应如何调整 K_1, K_2？

(3) 如果分别在扰动作用点之前或之后加入积分环节，请定性分析对稳态误差 e_{ss} 有何影响？

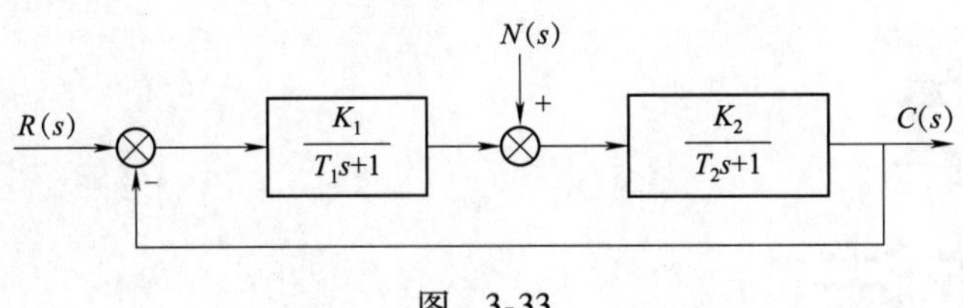

图　3-33

第 4 章
根轨迹法

引 言

控制系统的稳定性由闭环极点唯一确定，而控制系统的动态特性则由闭环极点、闭环零点共同决定。因此，分析控制系统的性能时，需要知道闭环零极点在 S 平面上的位置，就需要求解闭环特征方程的根。对于高阶系统，求根计算量大，比较麻烦，而且无法看出系统参数的变化对闭环极点分布的影响，对系统分析和设计十分不利。

根轨迹法是分析、设计线性控制系统的一种常用工程方法，由 Evans（伊凡思）在 1948 年提出。本章主要阐述根轨迹的定义、幅值和相角条件、绘制根轨迹的基本法则、参数根轨迹以及利用根轨迹分析系统性能。

内容结构

根轨迹法
- 根轨迹的定义
- 根轨迹的幅值和相角条件
- 根轨迹的绘制法则
- 参数根轨迹
- 利用根轨迹分析系统性能

学习目标

(1) 了解根轨迹的基本概念，熟练掌握根轨迹的幅值和相角条件；

(2) 掌握根轨迹的绘制法则，能够熟练地绘制系统根轨迹及参数根轨迹；

(3) 学会应用主导极点、偶极子等概念通过根轨迹近似分析系统的性能。

4.1 根轨迹的定义

根轨迹法不直接求解特征方程，它利用系统开环极点、开环零点在 S 平面上的分布，通过图解的方法求出闭环极点的位置，它能表示闭环极点和系统参数的全部数值关系。根轨迹就是系统开环传递函数的每一个参数从零变化到无穷大时，闭环系统特征方程的根在 S 平面上的变化轨迹。

下面通过一个例子说明什么是根轨迹。某单位反馈控制系统的结构图如图 4-1 所示，其开环

传递函数为

$$G(s)H(s) = \frac{K_g}{s(s+1)}$$

闭环传递函数为

$$\Phi(s) = \frac{K_g}{s^2 + s + K_g}$$

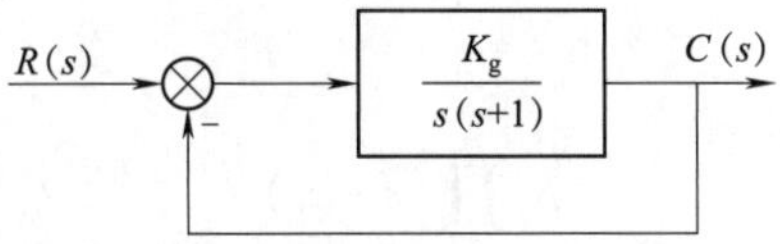

图 4-1　反馈控制系统的结构图

系统闭环特征方程 $M(s) = s^2 + s + K_g = 0$，得到两个闭环极点：

$s_{1,2} = -\frac{1}{2} \pm \frac{1}{2}\sqrt{1-4K_g}$

当 K_g 取不同值时，系统闭环极点的取值如表 4-1 所示。

表 4-1　K_g 取不同值时的闭环极点

K_g	0	$\frac{1}{4}$	$\frac{3}{4}$	1	…
s_1	0	$-\frac{1}{2}$	$-\frac{1}{2}+\frac{\sqrt{2}}{2}\mathrm{j}$	$-\frac{1}{2}+\frac{\sqrt{3}}{2}\mathrm{j}$	…
s_2	−1	$-\frac{1}{2}$	$-\frac{1}{2}+\frac{\sqrt{2}}{2}\mathrm{j}$	$-\frac{1}{2}-\frac{\sqrt{3}}{2}\mathrm{j}$	…

以表 4-1 中的数据在 S 平面上作图，可得到 K_g 由 0→∞ 时系统的根轨迹，如图 4-2 所示，在图中用 × 表示系统的开环极点。根轨迹直观地显示了参数 K_g 变化时，闭环极点的变化情况，一旦 K_g 值确定，闭环极点 s_1 和 s_2 便可唯一地在根轨迹上确定，然后可以分析系统的性能。从图 4-2 中可以看出，当 $K_g > 0$ 时，系统的闭环极点均在 S 平面的左半平面，闭环系统稳定。当 $0 < K_g < 0.25$ 时，系统的闭环极点为两个不等的负实根，系统工作在过阻尼状态。当 $K_g = 0.25$ 时，系统的闭环极点为两个相同的负实根，系统工作在临界阻尼状态。当 $K_g > 0.25$ 时，系统的闭环极点为两个实部为负的共轭复根，系统工作在欠阻尼状态。

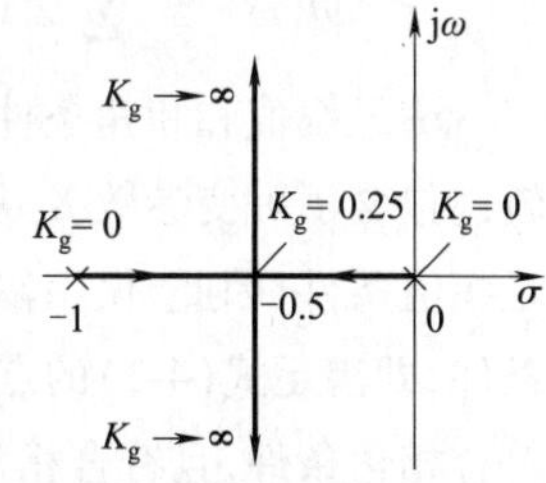

图 4-2　图 4-1 所示系统的根轨迹

上例用了求解闭环特征方程的方式来绘制根轨迹。然而，对于高阶系统，用求根的方法绘制系统根轨迹，显然是不适用的。因此，希望能有简便的图解方法，根据已知的开环传递函数能够迅速绘出闭环系统的根轨迹。下面给出绘制根轨迹所依据的条件。

4.2　根轨迹的幅值和相角条件

设控制系统的开环传递函数为

$$G(s)H(s) = \frac{K_g N(s)}{D(s)} = \frac{K_g(s-z_1)(s-z_2)\cdots(s-z_m)}{(s-p_1)(s-p_2)\cdots(s-p_m)} = \frac{K_g\prod_{i=1}^{m}(s-z_i)}{\prod_{j=1}^{n}(s-p_j)} \tag{4-1}$$

式中，z_i 是系统的开环零点；p_j 是系统的开环极点；K_g 是根轨迹增益。

负反馈系统的闭环特征方程为

$$1+G(s)H(s)=0$$

代入后可得

$$1+\frac{K_g\prod_{i=1}^{m}(s-z_i)}{\prod_{j=1}^{n}(s-p_j)}=0$$

调整成如下形式

$$\frac{\prod_{i=1}^{m}(s-z_i)}{\prod_{j=1}^{n}(s-p_j)}=-\frac{1}{K_g}$$

令 $s=\sigma+j\omega$ 代入上式后是一个复数。可将根轨迹方程表示为幅值和相角的形式：

幅值条件：$\left|\frac{\prod_{i=1}^{m}(s-z_i)}{\prod_{j=1}^{n}(s-p_j)}\right| = \frac{\prod_{i=1}^{m} l_i}{\prod_{j=1}^{n} L_j} = \frac{\text{开环有限零点到 } s \text{ 点(闭环极点)的矢量长度之积}}{\text{开环极点到 } s \text{ 点(闭环极点)的矢量长度之积}} = \frac{1}{K_g}$ (4-2)

相角条件：

$$\theta(\omega)=\sum_{i=1}^{m}\angle(s-z_i)-\sum_{j=1}^{n}\angle(s-p_j)=\pm180^{\circ}(1+2\mu)\quad(\mu=0,1,2,\cdots) \tag{4-3}$$

满足幅值和相角条件的 s 值，就是闭环特征方程的根，即闭环极点，也就是根轨迹上的点。根轨迹包含了可变参数 K_g 从 $0\to\infty$ 时特征方程的全部根，因此，对于任意的 s 值，总有一个 K_g 能满足幅值条件，因此，仅用幅值条件无法判断 s 点是否在根轨迹上。所以绘制根轨迹的依据是相角条件，即满足式(4-3)的点构成的轨迹才是根轨迹。相角条件是根轨迹的充要条件，根轨迹上的点符合相角条件，且符合相角条件的点一定在根轨迹上。

利用幅值条件可以在已知具体的闭环零极点位置时，方便地计算 K_g 的值。

4.3 绘制根轨迹的基本法则

本节讨论根轨迹增益 K_g(或开环增益 K)变化时绘制根轨迹的法则。熟练地掌握这些法则，可以帮助我们方便快速地绘制系统的根轨迹，这对于分析和设计系统是非常有益的。绘制根轨迹需要将开环传递函数转换为如式(4-1)所示的零极点形式。在绘制根轨迹时，“×”表示开环极点，“○”表示开环有限值零点。粗线表示根轨迹，箭头表示某一参数增加的方向。

1. 根轨迹的对称性和连续性

实际系统的特征方程都是实系数方程，其特征根必为实数或共轭复数，因此根轨迹必然对称于实轴。系统特征方程是代数方程，当代数方程中的某些系数或根轨迹增益 K_g 从零连续变到无穷时，其特征根也连续变化，因此根轨迹具有连续性。

法则 1：根轨迹连续并且对称于实轴。

2. 根轨迹的分支数

根轨迹是开环系统某一参数从零变到无穷时，闭环极点在 S 平面上的变化轨迹。因此，根轨迹的分支数必与闭环特征方程根的数目一致，即根轨迹分支数等于系统的阶次。

法则 2：根轨迹的分支数等于控制系统特征方程的阶次，等于开环零点数 m、开环极点数 n 中的较大者，一般系统的 $n \geqslant m$，因此根轨迹分支数就等于闭环极点的数目，也等于开环极点的数目。

3. 根轨迹的起点和终点

根轨迹的起点、终点分别是指根轨迹增益 $K_g=0$ 和 $K_g \to \infty$ 时闭环极点在 S 平面上的位置。

由 $1+G(s)H(s)=0$，即 $1+\dfrac{K_g(s-z_1)(s-z_2)\cdots(s-z_m)}{(s-p_1)(s-p_2)\cdots(s-p_n)}=0$，化简可得：

$$(s-p_1)(s-p_2)\cdots(s-p_n)+K_g(s-z_1)(s-z_2)\cdots(s-z_m)=0 \tag{4-4}$$

当 $K_g=0$ 时，$s=p_i(i=1,2,\cdots,n)$，即开环极点就是闭环极点，可认为根轨迹起源于开环极点。

将式(4-4)改为 $\dfrac{(s-p_1)(s-p_2)\cdots(s-p_n)}{K_g}+(s-z_1)(s-z_2)\cdots(s-z_m)=0$

当 $K_g \to \infty$ 时，$(s-z_1)(s-z_2)\cdots(s-z_m)=0$，即 $s=z_j(j=1,2,\cdots,m)$，此时闭环极点与开环零点重合，说明根轨迹终止于开环零点。若开环零点的数目 m 小于开环极点的数目 n，则有 $n-m$ 个开环零点位于无穷远处，该类开环零点称为无限零点，有 $n-m$ 条根轨迹趋于无穷远。

法则 3：根轨迹起源于开环极点，终止于开环零点；如果开环零点个数 m 少于开环极点个数 n，则有 $n-m$ 条根轨迹趋向于无穷远处。

4. 根轨迹的渐近线

根轨迹的渐近线是研究根轨迹是按什么走向趋向无穷远。

法则 4：当系统开环极点的数目 n 大于开环零点的数目 m 时，有 $n-m$ 条根轨迹分支趋于无穷远处，共有 $n-m$ 条趋于无穷远的渐近线。这些渐近线与实轴交于一点，坐标为$(\sigma_k, \mathrm{j}0)$，渐近线与实轴正方向的夹角为 ϕ，具体计算公式如下：

$$\begin{cases} \phi = \dfrac{\mp 180°(1+2\mu)}{n-m} (\mu=0,1,2,\cdots,n-m-1) \\ \sigma_k = \dfrac{\sum\limits_{i=1}^{n} p_i - \sum\limits_{j=1}^{m} z_j}{n-m} \end{cases} \tag{4-5}$$

图 4-3 给出了不同的 $n-m$ 值时，系统的根轨迹渐近线走向（虚线部分）。

例 4-1　单位反馈系统的开环传递函数为 $G(s)H(s)=\dfrac{K_g(s+1)}{s(s+4)(s^2+2s+2)}$，试根据已知的基本法则，绘制根轨迹的渐近线。

解　该系统有 4 个开环极点：$p_1=0$，$p_2=-4$，$p_3=-1+\mathrm{j}$，$p_4=-1-\mathrm{j}$。$n=4$。

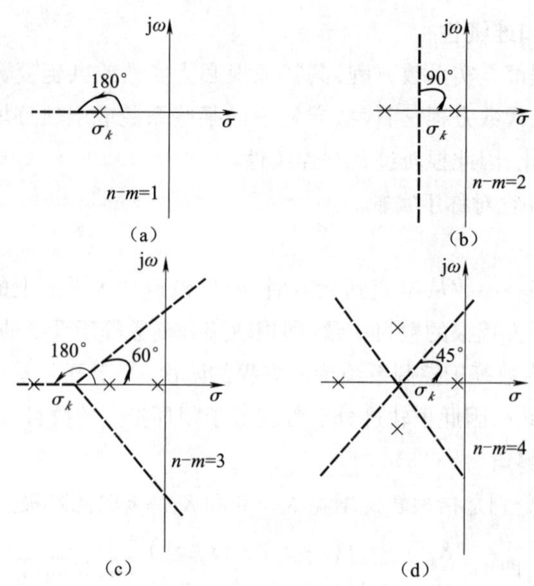

图 4-3 不同的 $n-m$ 值时的根轨迹渐近线走向

1 个开环零点：$z_1=-1, m=1$

因此，系统有 4 条根轨迹分支，且有 $n-m=3$ 条根轨迹趋于无穷远处，其渐近线与实轴的交点及夹角如下，三条渐近线如图 4-4 所示。

$$\begin{cases} \sigma_k = \dfrac{-4-1+j-1-j-(-1)}{4-1} = -\dfrac{5}{3} \\ \phi = \dfrac{\mp 180°(1+2\mu)}{4-1}(\mu=0,1,2) = 60°, 180°, -60° \end{cases}$$

5. 实轴上的根轨迹段

若实轴上的某一段是根轨迹，则一定满足相角条件，下面以实例说明。设系统开环传递函数为 $G(s)H(s)=\dfrac{K_g(s-z_1)}{(s-p_1)(s-p_2)(s-p_3)}$，其中 p_1,p_2 是共轭复数极点，开环零极点在 S 平面上的位置如图 4-5 所示。

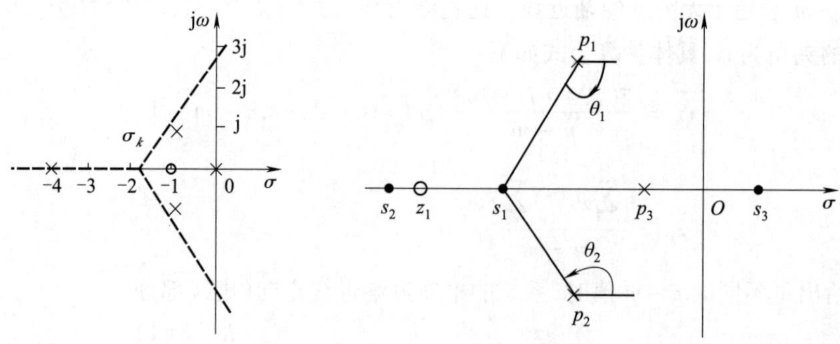

图 4-4 例 4-1 的渐近线

图 4-5 实轴上的根轨迹段确定

首先在 z_1 和 p_3 之间取一个试验点 s_1，用根轨迹的相角条件检查该点是不是根轨迹上的点。

$$\angle G(s)H(s) = \angle(s_1-z_1) - \angle(s_1-p_1) - \angle(s_1-p_2) - \angle(s_1-p_3) = 0° - \theta_1 - \theta_2 - 180°$$

而 $\theta_1=-\theta_2$，因此，$\angle G(s)H(s)=-180°$，满足根轨迹的相角条件，说明 s_1 是根轨迹上的点。

在$(-\infty,z_1)$之间取一个试验点s_2，则有

$$\angle G(s)H(s)=\angle(s_2-z_1)-\angle(s_2-p_1)-\angle(s_2-p_2)-\angle(s_2-p_3)=\angle(s_2-z_1)-\angle(s_2-p_3)$$
$$=180^\circ-180^\circ=0^\circ$$

不满足根轨迹的相角条件，说明s_2不是根轨迹上的点。

同理，在$(p_3,+\infty)$之间取一个试验点s_3，则有

$$\angle G(s)H(s)=\angle(s_3-z_1)-\angle(s_3-p_1)-\angle(s_3-p_2)-\angle(s_3-p_3)=\angle(s_3-z_1)-\angle(s_3-p_3)$$
$$=0^\circ-0^\circ=0^\circ$$

不满足根轨迹的相角条件，说明s_3不是根轨迹上的点。

观察这3个试验点的位置，可得以下结论：

法则5：在实轴上存在根轨迹的条件是，其右侧开环实数零极点总数为奇数的线段，共轭复数的开环零点和极点对确定实轴上的根轨迹段没有影响。

例4-2 设系统的开环传递函数为$G(s)H(s)=\dfrac{K_g(s+1)(s+2)}{s(s+3)(s+4)}$，试确定实轴上的根轨迹段。

解 开环极点$p_1=0,p_2=-3,p_3=-4$，开环零点：$z_1=-1$，$z_2=-2$。此系统一共有3条根轨迹分支。根据法则5，实轴上的根轨迹段区间为$[-1,0]$，$[-3,-2]$和$(-\infty,-4]$，如图4-6所示。

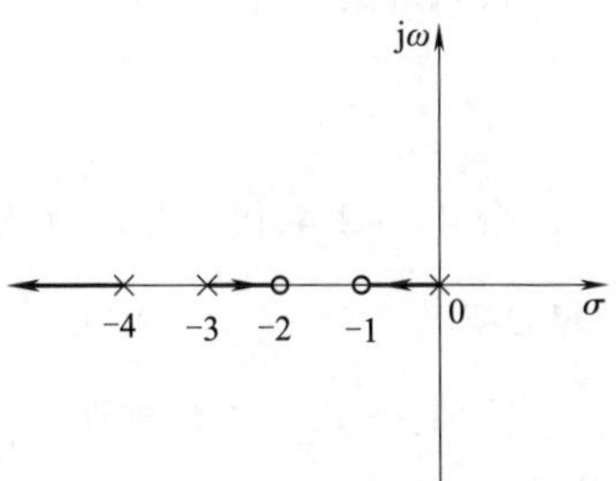

图4-6 例4-2实轴上的根轨迹段

6. 分离点和会合点

若根轨迹起源于开环实数极点，当根轨迹增益K_g较小时，根轨迹在实轴上行走；当K_g超过某一数值时，根轨迹将离开实轴进入S复平面，此点称为分离点。若根轨迹起源于开环复数极点，当根轨迹增益K_g较小时，根轨迹在S复平面行走；当K_g超过某一数值时，根轨迹可能与实轴相交，并进入实轴，此点称为会合点。

法则6：如果实轴上相邻开环极点之间存在根轨迹，则在此区间上必有分离点。如果实轴上相邻开环零点之间存在根轨迹，则在此区间上必有会合点。

根轨迹与实轴的分离点或会合点满足以下方程：

$$D'(s)N(s)-N'(s)D(s)=0 \tag{4-6}$$

或

$$\sum_{i=1}^{n}\frac{1}{d-p_i}=\sum_{j=1}^{m}\frac{1}{d-z_j} \tag{4-7}$$

若系统无开环零点，则$\sum\limits_{i=1}^{n}\dfrac{1}{d-p_i}=0$。

根据式(4-6)或式(4-7)求出的解不一定都是分离点或会合点，还需要看该解是不是位于实轴的根轨迹区间段上。

例4-3 已知某单位负反馈系统的开环传递函数为$G(s)H(s)=\dfrac{K_g}{s(s+1)(s+5)}$，试确定是否有分离点，如果有，请求出该值。

解 此系统在实轴上的根轨迹段为$(-\infty,-5]$，$[-1,0]$。由于相邻的开环极点之间有根轨迹，则必有分离点。因此根据式(4-6)求解。

$$\frac{\mathrm{d}}{\mathrm{d}s}s(s+1)(s+5)=0$$

化简得 $3s^2+12s+5=0$，该方程有 2 个解：$s_1=-0.4725$，$s_2=-3.5275$，由于 s_2 不在根轨迹上，因此，分离点为 s_1。

对于高阶方程，可采用试探法求解。下面通过具体的示例进行说明。

例 4-4 已知某单位负反馈系统的开环传递函数为 $G(s)H(s)=\dfrac{K_g(s+1)}{s(s+2)(s+3)}$，试确定是否有分离点，如果有，请求出该值。

解 此系统实轴上的根轨迹段为 $[-1,0]$，$[-3,-2]$。其中在 $[-3,-2]$ 区间存在分离点。由于 $\dfrac{\mathrm{d}}{\mathrm{d}s}\left[\dfrac{(s+1)}{s(s+2)(s+3)}\right]=0$ 是一个一元三次方程，求根不方便，因此此时可用试探法进行求解。

根轨迹的分离点必定在 $[-3,-2]$ 这个区间内，该点满足式(4-7)，即

$$\frac{1}{s+1}=\frac{1}{s}+\frac{1}{s+2}+\frac{1}{s+3}$$

令 $s=-2.4$，代入上式，判别 $\dfrac{1}{-2.4+1}$ 是否等于 $\dfrac{1}{-2.4}+\dfrac{1}{-2.4+2}+\dfrac{1}{-2.4+3}$，化简得 $-0.714\neq-1.247$。

同理，令 $s=-2.5$，判别 $\dfrac{1}{-2.5+1}$ 是否等于 $\dfrac{1}{-2.5}+\dfrac{1}{-2.5+2}+\dfrac{1}{-2.5+3}$，化简得 $-0.7\neq-0.4$。

同理，令 $s=-2.47$，判别 $\dfrac{1}{-2.47+1}$ 是否等于 $\dfrac{1}{-2.47}+\dfrac{1}{-2.47+2}+\dfrac{1}{-2.47+3}$，化简得 $-0.68\approx-0.635$。

因此，分离点坐标可取 $s=-2.47$。

7. 根轨迹的出射角和入射角

根轨迹离开开环复数极点处的切线方向与实轴正方向的夹角称为出射角，如图 4-7(a) 所示。

根轨迹进入开环复数零点处的切线方向与实轴正方向的夹角称为入射角，如图 4-7(b) 所示。

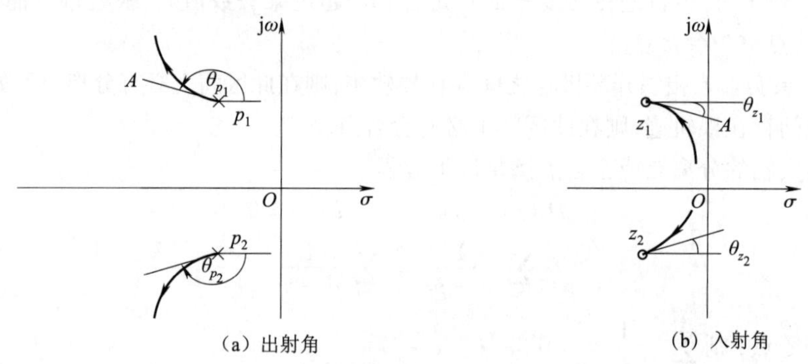

图 4-7 根轨迹的出射角和入射角

利用根轨迹的相角条件可以证明根轨迹的出射角 θ_p 和入射角 θ_z 计算公式。以出射角为例，在图 4-8 中，在根轨迹曲线上取试验点 s_1，与复数极点 p_1 的距离为 ε。当 $\varepsilon\to0$ 时，可近似地认为 s_1 在切线上，切线的倾角就等于复数极点 p_1 的出射角，即 $s_1=p_1$，$\theta_{p_1}=\angle(s_1-p_1)$。根轨迹上的点需要满足根轨迹的相角条件，可得

$$\begin{aligned}&\angle(s_1-z_1)-\angle(s_1-p_1)-\angle(s_1-p_2)-\angle(s_1-p_3)-\angle(s_1-p_4)\\&=\angle(p_1-z_1)-\theta_{p_1}-\angle(p_1-p_2)-\angle(p_1-p_3)-\angle(p_1-p_4)\\&=\pm180^\circ\end{aligned}$$

由此可得

$\theta_{p_1} = \pm 180° + \angle(p_1 - z_1) - \angle(p_1 - p_2) - \angle(p_1 - p_3) - \angle(p_1 - p_4)$

由上式推向一般，可得根轨迹出射角计算公式为

$$\theta_{p_1} = 180° - \left[\sum_{i=2}^{n} \angle(p_1 - p_i) - \sum_{j=1}^{m} \angle(p_1 - z_j) \right] \tag{4-8}$$

同理，可得根轨迹的入射角计算公式为

$$\theta_{z_1} = 180° + \left[\sum_{i=1}^{n} \angle(z_1 - p_i) - \sum_{j=2}^{m} \angle(z_1 - z_j) \right] \tag{4-9}$$

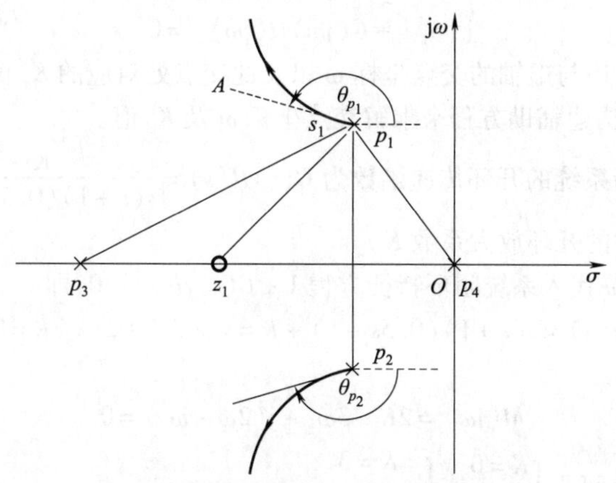

图4-8 根轨迹的出射角计算图

法则7：始于开环复数极点处的根轨迹的出射角按式(4-8)计算，止于开环复数零点处的根轨迹的入射角按式(4-9)计算。

例4-5 已知系统开环传递函数为 $G(s)H(s) = \dfrac{K_g}{s(s+2.73)(s^2+2s+2)}$，试确定根轨迹离开共轭复数极点的出射角。

解 系统的开环极点 $p_1 = -1 + \mathrm{j}$，$p_2 = -1 - \mathrm{j}$，$p_3 = 0$，$p_4 = -2.73$。p_1，p_2 为共轭复根，存在出射角。如图4-9所示，根据出射角计算公式

$$\begin{aligned}\theta_{p_1} &= 180° - \left[\sum_{i=2}^{n} \angle(p_1 - p_i) - \sum_{j=1}^{m} \angle(p_1 - z_j) \right] \\ &= 180° - [\angle(p_1 - p_2) + \angle(p_1 - p_3) + \angle(p_1 - p_4)] \\ &= 180° - (90° + 135° + 30°) = -75°\end{aligned}$$

根据对称性，可得 $\theta_{p_2} = 75°$。

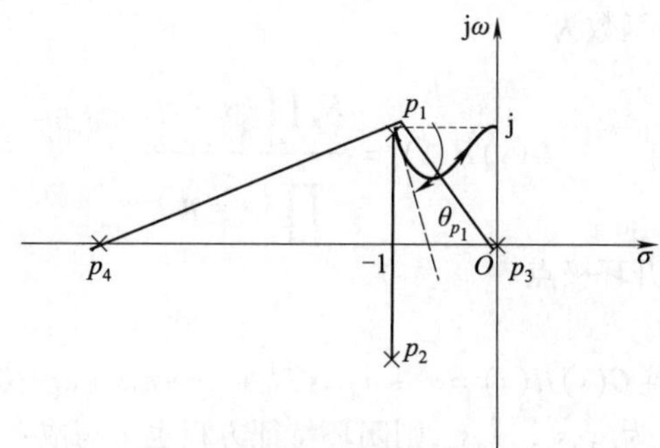

图4-9 例4-5出射角求取

8. 根轨迹与虚轴的交点

随着根轨迹增益 K_g 的不断增大,有些系统的根轨迹会从 S 平面的左半平面进入右半平面,根轨迹与虚轴有交点,在该点处,特征根为一对纯虚根,系统处于临界稳定状态。

法则 8:求根轨迹与虚轴的交点坐标有以下两种方法。

(1)令 $s=\mathrm{j}\omega$ 代入系统闭环特征方程 $1+G(s)H(s)=0$,可得

$\mathrm{Re}[1+G(\mathrm{j}\omega)H(\mathrm{j}\omega)]+\mathrm{jIm}[1+G(\mathrm{j}\omega)H(\mathrm{j}\omega)]=0$

因此,令实部和虚部均等于零,即

$$\begin{cases}\mathrm{Re}[1+G(\mathrm{j}\omega)H(\mathrm{j}\omega)]=0\\ \mathrm{Im}[1+G(\mathrm{j}\omega)H(\mathrm{j}\omega)]=0\end{cases}$$

解上式,可求出根轨迹与虚轴的交点坐标 ω 以及此交点处对应的 K_g 值。

(2)利用劳斯判据,构建辅助方程来求解交点坐标 ω 及 K_g 值。

例 4-6 已知负反馈系统的开环传递函数为 $G(s)H(s)=\dfrac{K}{s(s+1)(0.5s+1)}$,试确定根轨迹与虚轴的交点,并计算此时的开环放大系数 K。

解 方法 1:令 $s=\mathrm{j}\omega$ 代入系统闭环特征方程 $1+G(s)H(s)=0$,即

$$M(s)=s(s+1)(0.5s+1)+K=s^3+3s^2+2s+2K=0$$

化简得

$$M(\mathrm{j}\omega)=2K-3\omega^2+\mathrm{j}(2\omega-\omega^3)=0$$

因此,$\begin{cases}2K-3\omega^2=0\\ 2\omega-\omega^3=0\end{cases}$,可得$\begin{cases}K=0\\ \omega=0\end{cases}$或$\begin{cases}K=3\\ \omega=\pm\sqrt{2}\end{cases}$

$K=0$ 时对应于根轨迹的起点,在坐标原点,因此,根轨迹与虚轴的交点为 $\pm\sqrt{2}\mathrm{j}$,此时开环放大系数 $K=3$。

方法 2:利用劳斯判据,由系统闭环特征方程排劳斯表,即

$$\begin{array}{lll} s^3 & 1 & 2 \\ s^2 & 3 & 2K \\ s^1 & 2-\dfrac{2K}{3} & \\ s^0 & K & \end{array}$$

由于根轨迹与虚轴相交时,系统处于临界稳定状态,因此,可得 $2-\dfrac{2K}{3}=0$,$K=3$。由 s^2 行构建辅助方程,$p(s)=3s^2+2K=0$,解得 $s=\pm\sqrt{2}\mathrm{j}$。即根轨迹与虚轴的交点为 $\pm\sqrt{2}\mathrm{j}$。

9. 闭环系统的和与积

设控制系统的开环传递函数为

$$G(s)H(s)=\frac{K_g\prod_{i=1}^{m}(s-z_i)}{\prod_{j=1}^{n}(s-p_j)}$$

式中,$p_1,p_2,\cdots,p_n$ 是系统的开环极点。

系统的闭环特征方程为

$$1+G(s)H(s)=s^n+a_{n-1}s^{n-1}+\cdots+a_1s+a_0=0$$

设系统的 n 个闭环极点为 $s_1,s_2,\cdots,s_n$,则闭环特征方程也可写成:

$$1+G(s)H(s)=(s-s_1)(s-s_2)\cdots(s-s_n)=0$$

在 $n-m\geqslant 2$ 时，根据代数方程根和系数的关系可得

闭环系统的和：

$$\sum_{i=1}^{n} s_i = -a_{n-1} = \sum_{i=1}^{n} p_i \tag{4-10}$$

闭环系统的积：

$$\prod_{i=1}^{n}(-s_i) = a_0 \tag{4-11}$$

在系统稳定时，式(4-11)也可写成 $\prod_{i=1}^{n}|s_i| = a_0$。

表明在 $n-m\geqslant 2$ 时，系统的所有闭环特征根之和等于常数，也等于开环极点之和。对于 $n\geqslant m$ 的系统，所有闭环特征根之积乘以 $(-1)^n$ 等于闭环特征方程的常数项。

从式(4-10)可以看出，当 $n-m\geqslant 2$ 时，为了保持闭环特征根之和为常数，随着根轨迹增益 K_g 的增大，一部分根轨迹分支向左移动，则必有另一部分根轨迹分支向右移动。

法则9：如果特征方程的阶次 $n-m\geqslant 2$，则一些根轨迹分支右行时，另一些根轨迹分支必左行。

利用闭环系统的和与积可在已知系统的部分闭环极点的情况下，求出其余闭环极点在 S 平面上的分布位置及对应的 K_g 值。

例4-7 已知单位负反馈系统的开环传递函数 $G(s)H(s)=\dfrac{K_g}{s(s+1)(s+2)}$，其根轨迹与虚轴相交时两个闭环极点为 $s_{1,2}=\pm\sqrt{2}\mathrm{j}$，请确定与之对应的第三个闭环极点及此时的参数 K_g，并写出此时系统的闭环传递函数。

解 此系统 $n=3, m=0, n-m>2$。$p_1=0, p_2=-1, p_3=-2$。根据闭环系统的和，可得 $s_1+s_2+s_3=p_1+p_2+p_3=-3$。而 $s_{1,2}=\pm\sqrt{2}\mathrm{j}$，因此，$s_3=-3$。根据闭环系统的积，$K_g=|s_1|\cdot|s_2|\cdot|s_3|=\sqrt{2}\times\sqrt{2}\times 3=6$。

此外，由于已知 $s_{1,2}=\pm\sqrt{2}\mathrm{j}$，也可以根据根轨迹的幅值条件来求取此时的 K_g。

$$\frac{1}{K_g}=\frac{\text{开环有限零点到 } s \text{ 点(闭环极点)的矢量长度之积}}{\text{开环极点到 } s \text{ 点(闭环极点)的矢量长度之积}}=\frac{1}{\sqrt{2}\times\sqrt{3}\times\sqrt{6}}=\frac{1}{6}$$

所以，$K_g=6$。

此时，系统的闭环传递函数为 $\Phi(s)=\dfrac{K_g}{(s-s_1)(s-s_2)(s-s_3)}=\dfrac{6}{(s^2+2)(s+3)}$

根轨迹的绘制法则在绘制根轨迹时十分有用，表4-2汇总了这9个法则。

表4-2 绘制根轨迹的法则

序号	内 容	法 则
1	对称性	根轨迹对称于实轴
2	根轨迹的分支数	等于开环极点的数目
3	根轨迹的起点和终点	起始于开环极点，终止于开环零点(包括无限零点)
4	根轨迹的渐近线	与实轴交于一点，其坐标为 $\begin{cases}\phi=\dfrac{\mp 180^\circ(1+2\mu)}{n-m}(\mu=0,1,2,\cdots,n-m-1)\\ \sigma_k=\dfrac{\sum_{i=1}^{n}p_i-\sum_{j=1}^{m}z_j}{n-m}\end{cases}$

续表

序号	内　容	法　则
5	实轴上的根轨迹段	在实轴的某一区间内存在根轨迹，则其右边开环传递函数的实数零点、极点数之和必为奇数
6	分离点或会合点（必要条件）	如果实轴上相邻开环极点之间存在根轨迹，则在此区间上必有分离点；如果实轴上相邻开环零点之间存在根轨迹，则在此区间上必有会合点。 $D'(s)N(s)-N'(s)D(s)=0$
7	根轨迹的出射角和入射角	复极点处的出射角： $\theta_{p_1}=180°-[\sum_{i=2}^{n}\angle(p_1-p_i)-\sum_{j=1}^{m}\angle(p_1-z_j)]$ 复零点处的入射角： $\theta_{z_1}=180°+[\sum_{i=1}^{n}\angle(z_1-p_i)-\sum_{j=2}^{m}\angle(z_1-z_j)]$
8	根轨迹与虚轴的交点	满足闭环特征方程 $1+G(j\omega)H(j\omega)=0$ 的 $j\omega$ 值或由劳斯判据求取
9	根轨迹的走向	当 $n-m\geqslant 2$ 时，一些根轨迹分支右行，则必有另一些根轨迹分支左行

下面给出具体的根轨迹绘制示例。

例 4-8 已知系统的开环传递函数为 $G(s)H(s)=\dfrac{K_g}{s(s+4)(s+6)}$，试绘制当 K_g 由 0→∞ 时的根轨迹。

解 （1）确认根轨迹的起点、终点、根轨迹的分支数：

$p_1=0,p_2=-4,p_3=-6,n=3,m=0$，有 3 条根轨迹分支，起点为 p_1,p_2,p_3，终点为∞，∞，∞。

（2）由于有趋于无穷远的根轨迹，因此，需要知道根轨迹以什么样的方向趋于无穷远，需要计算根轨迹的渐近线与实轴的交点及与实轴正方向的夹角。

$$\begin{cases}\phi=\dfrac{\mp 180°(1+2\mu)}{n-m}(\mu=0,1,2)=60°,180°,-60°\\[2ex]\sigma_k=\dfrac{\sum_{i=1}^{n}p_i-\sum_{j=1}^{m}z_j}{n-m}=\dfrac{0-4-6}{3}=-3.33\end{cases}$$

（3）实轴上的根轨迹段：[-4,0]，(-∞，-6]。

（4）由于相邻的开环极点之间存在根轨迹，则必有分离点。计算分离点坐标：

$$\frac{d}{ds}s(s+4)(s+6)=0$$

$$3s^2+20s+24=0$$

解得 $s_1=-1.57,s_2=-5.1$（舍去）

（5）由于此控制系统没有共轭复数的零极点，因此无须计算出射角和入射角。在 S 平面上开始画根轨迹草图，发现随着 K_g 的不断增大，根轨迹会进入 S 右半平面，因此需要计算根轨迹与虚轴的交点。

令 $s=j\omega$ 代入 $s(s+4)(s+6)+K_g=0$，得

$$\begin{cases}10\omega^2 - K_g = 0\\ \omega^3 - 24\omega = 0\end{cases}，解得\begin{cases}\omega = \pm 4.9\\ K_g = 240\end{cases} 或\begin{cases}\omega = 0\\ K_g = 0\end{cases}（舍去）。$$

画出根轨迹图如图 4-10 所示。

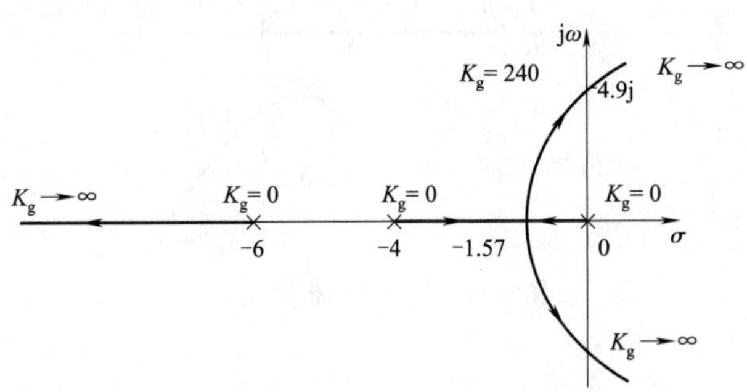

图 4-10　例 4-8 的根轨迹图

例 4-9　单位负反馈系统的开环传递函数为 $G(s)H(s) = \dfrac{K_g}{s(s+3)(s^2+2s+2)}$，试绘制当 K_g 由 0→∞ 时的根轨迹。

解　(1)确认根轨迹的起点、终点、根轨迹的分支数：

$p_1 = 0,\ p_2 = -1 + \mathrm{j},\ p_3 = -1 - \mathrm{j},\ p_4 = -3,\ n = 4,\ m = 0$，有 4 条根轨迹分支，起点为 p_1, p_2, p_3, p_4，终点为∞，∞，∞，∞。

(2)由于有趋于无穷远的根轨迹，因此，要知道根轨迹以什么样的方向趋于无穷远，需要计算根轨迹的渐近线与实轴的交点及与实轴正方向的夹角。

$$\begin{cases}\phi = \dfrac{\mp 180^\circ(1+2\mu)}{n-m}(\mu = 0,1,2,3) = \mp 45^\circ,\ \mp 135^\circ\\ \sigma_k = \dfrac{\sum\limits_{i=1}^{n} p_i - \sum\limits_{j=1}^{m} z_j}{n-m} = \dfrac{0 - 1 + \mathrm{j} - 1 - \mathrm{j} - 3}{4} = -\dfrac{5}{4}\end{cases}$$

(3)实轴上的根轨迹段：[−3，0]。

(4)由于相邻的开环极点之间有根轨迹，则必有分离点。

$$\frac{\mathrm{d}}{\mathrm{d}s}s(s+3)(s^2+2s+2) = 0$$

解得 $s_1 = -2.3, s_{2,3} = -0.725 \pm 0.365\mathrm{j}$（舍去）。

(5)此控制系统有共轭复数极点，因此需计算出射角。

$\theta_{p_2} = 180^\circ - \angle(p_2 - p_1) - \angle(p_2 - p_3) - \angle(p_2 - p_4) = 180^\circ - 135^\circ - 90^\circ - 26.6^\circ = -71.6^\circ$

$\theta_{p_3} = 71.6^\circ$

(6)在 S 平面上开始画根轨迹草图，发现随着 K_g 的不断增大，根轨迹会进入 S 右半平面，因此需要计算根轨迹与虚轴的交点。

令 $s = \mathrm{j}\omega$ 代入 $s(s+3)(s^2+2s+2) + K_g = 0$，得

$$\begin{cases}-5\omega^3 + 6\omega = 0\\ \omega^4 - 8\omega^2 + K_g = 0\end{cases}，解得\begin{cases}\omega = \pm 1.1\\ K_g = 8.16\end{cases} 或\begin{cases}\omega = 0\\ K_g = 0\end{cases}（舍去）。$$

画出根轨迹图如图 4-11 所示。

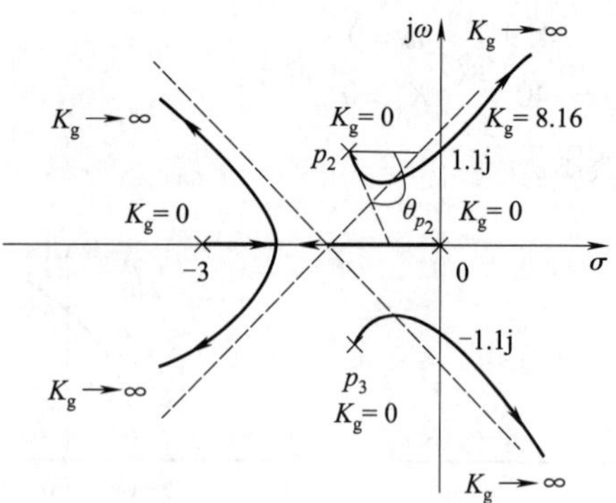

图 4-11　例 4-9 的根轨迹图

4.4　参数根轨迹

绘制系统根轨迹时，可变参数不一定都是系统的根轨迹增益 K_g，其可变参数可以是控制系统的任何一个参数，例如，某个开环零点或极点。将以 K_g 以外的参数作为变量的根轨迹，称为参数根轨迹或广义根轨迹。本节只探讨一个参数发生变化的情况，多个参数变化的根轨迹（根轨迹簇）不做讨论。

参数根轨迹的绘制法则和普通根轨迹的法则完全相同，只是在绘制之前，需要执行一步预处理，即需要将系统的闭环特征方程 $1+G(s)H(s)=0$ 进行等效变换。假设系统的可变参数是 K'，利用闭环系统特征方程求出等效的开环传递函数，即

$$1+G(s)H(s)=1+\frac{K_gN(s)}{D(s)}=1+\frac{K'P(s)}{Q(s)} \tag{4-12}$$

通过等效变换，将可变参数 K' 转移到根轨迹增益的位置上，得到新的开环传递函数，从而可利用前面所述的 9 个法则进行根轨迹的绘制。

例 4-10　已知负反馈系统的开环传递函数为

$$G(s)H(s)=\frac{\frac{1}{4}(s+a)}{s^2(s+1)}$$

试绘制以 a 为可变参数的根轨迹。

解　这是一个参数根轨迹，首先需要对闭环特征方程进行等效变换，即

$$s^2(s+1)+\frac{1}{4}(s+a)=0$$

将包含可变参数 a 的项写在一起，得 $s\left(s^2+s+\frac{1}{4}\right)+\frac{1}{4}a=0$

两边同时除以 $s\left(s^2+s+\frac{1}{4}\right)$，得 $1+\frac{\frac{1}{4}a}{s\left(s^2+s+\frac{1}{4}\right)}=0$，由此得到新的开环传递函数为 $G'(s)H'(s)=\frac{\frac{1}{4}a}{s\left(s^2+s+\frac{1}{4}\right)}$，可用普通根轨迹的绘制法则绘制根轨迹。

(1)根轨迹的起点、终点和分支数：$p_1=0$，$p_2=p_3=-\frac{1}{2}$，$n=3$，$m=0$，共有3条根轨迹分支，起点：p_1,p_2,p_3，终点：∞,∞,∞。

(2)由于有趋于无穷远的根轨迹，因此，需要知道根轨迹以什么样的方向趋于无穷远，需要计算根轨迹的渐近线与实轴的交点及与实轴正方向的夹角。

$$\begin{cases}\phi=\dfrac{\mp180^\circ(1+2\mu)}{n-m}(\mu=0,1,2)=60^\circ,180^\circ,-60^\circ\\[2ex] \sigma_k=\dfrac{\sum\limits_{i=1}^{n}p_i-\sum\limits_{j=1}^{m}z_j}{n-m}=\dfrac{0-\frac{1}{2}-\frac{1}{2}}{3}=-0.33\end{cases}$$

(3)实轴上的根轨迹段：$\left[-\frac{1}{2},0\right]$，$\left(-\infty,-\frac{1}{2}\right]$。

(4)由于相邻的开环极点之间有根轨迹，则必有分离点。

$$\frac{\mathrm{d}}{\mathrm{d}s}s\left(s^2+s+\frac{1}{4}\right)=0$$

$$3s^2+2s+\frac{1}{4}=0$$

解得 $s_1=-\frac{1}{6}$，$s_2=-\frac{1}{2}$。

(5)在 S 平面上开始画根轨迹草图，发现随着 a 的不断增大，根轨迹会进入 S 右半平面，因此需要计算根轨迹与虚轴的交点。

令 $s=\mathrm{j}\omega$ 代入 $s\left(s^2+s+\frac{1}{4}\right)+\frac{1}{4}a=0$，可得

$$\begin{cases}-\omega^3+\frac{1}{4}\omega=0\\ -\omega^2+\frac{1}{4}a=0\end{cases}$$

解得 $\begin{cases}\omega=0\\a=0\end{cases}$ 或 $\begin{cases}\omega=\pm\frac{1}{2}\\a=1\end{cases}$。

画出根轨迹如图4-12所示。

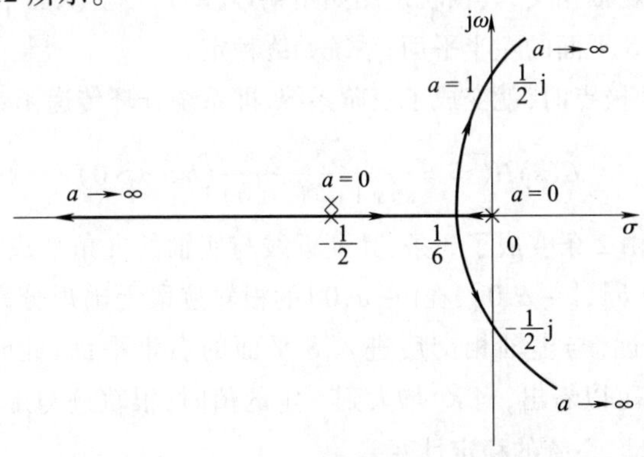

图4-12　例4-11的根轨迹图

4.5 开环零极点增加对根轨迹的影响

系统根轨迹的整体格局是由开环传递函数的零点、极点所共同决定的。开环零、极点位置不同,根轨迹的走向差异很大。

1. 增加开环极点

以二阶系统为例进行说明。设系统的开环传递函数为

$$G(s)H(s)=\frac{K_g}{s(s+a)}(a>0) \tag{4-13}$$

先简略绘制此二阶系统的根轨迹。

(1)根轨迹的起点为$p_1=0$, $p_2=-a$, $n=2$, $m=0$,共有2条根轨迹分支,根轨迹的终点为∞,∞。

(2)由于有趋于无穷远的根轨迹,因此,需要知道根轨迹以什么样的方向趋于无穷远,需要计算根轨迹的渐近线与实轴的交点及与实轴正方向的夹角。

$$\begin{cases}\phi=\dfrac{\mp 180°(1+2\mu)}{n-m}(\mu=0,1)=90°,-90° \\ \sigma_k=\dfrac{\sum\limits_{i=1}^{n}p_i-\sum\limits_{j=1}^{m}z_j}{n-m}=\dfrac{0-a}{2}=-\dfrac{a}{2}\end{cases}$$

(3)实轴上的根轨迹段:$[-a,0]$。

(4)由于相邻的开环极点之间有根轨迹,则必有分离点。

$$\frac{\mathrm{d}}{\mathrm{d}s}s(s+a)=0$$

$$s_1=-\frac{a}{2}$$

在S平面上开始画根轨迹草图。随着K_g的不断增大,此二阶系统的根轨迹沿$s_1=-\dfrac{a}{2}$的垂直线趋于无穷远,不会与虚轴相交,其根轨迹图如图4-13(a)所示。从图中可以看出,不论K_g取多大,系统的根轨迹始终在S平面的左半平面,系统始终稳定。

当二阶系统增加一个极点时,就变成了三阶系统,即系统开环传递函数为

$$G(s)H(s)=\frac{K_g}{s(s+a)(s+b)}(b>a>0)$$

此时,根轨迹分支数由2条变成了3条,其渐近线与实轴的夹角变成了60°,180°,-60°,实轴上的根轨迹段为$(-\infty,-b]$,$[-a,0]$,在$[-a,0]$的根轨迹段上出现分离点,两条根轨迹分支沿±60°的渐近线趋于无穷远,与虚轴相交后进入S平面的右半平面,此时根轨迹的大致形状如图4-13(b)所示。从图中可以看出,当K_g增大到一定的值时,根轨迹与虚轴相交并进入S平面的右半平面,分离点向左移动,系统的稳定性变差。

当二阶系统增加2个实数极点时,变成了四阶系统,其开环传递函数为

$$G(s)H(s)=\frac{K_1}{s(s+a)(s+b)(s+c)}(c>b>a>0)$$

此时，根轨迹分支数由 2 条变成了 4 条，其渐近线与实轴的夹角变成了 ±45°，±135°，大致根轨迹形状如图 4-13(c)所示，从图中可以看出，右行根轨迹向右弯曲的程度更加厉害，当 K_g 增大到一定的值时，系统变得不稳定。

当二阶系统增加 2 个共轭复数极点时，变成了四阶系统，其开环传递函数为

$$G(s)H(s)=\frac{K_1}{s(s+a)(s+b+c\mathrm{j})(s+b-c\mathrm{j})}\quad(b>a>0,c>0)$$

此时，根轨迹分支数由 2 条变成了 4 条，其渐近线与实轴的夹角变成了 ±45°，±135°，出现 1 个分离点，大致根轨迹形状如图 4-13(d)所示。同样，当 K_g 增大到一定的值时，系统变得不稳定。

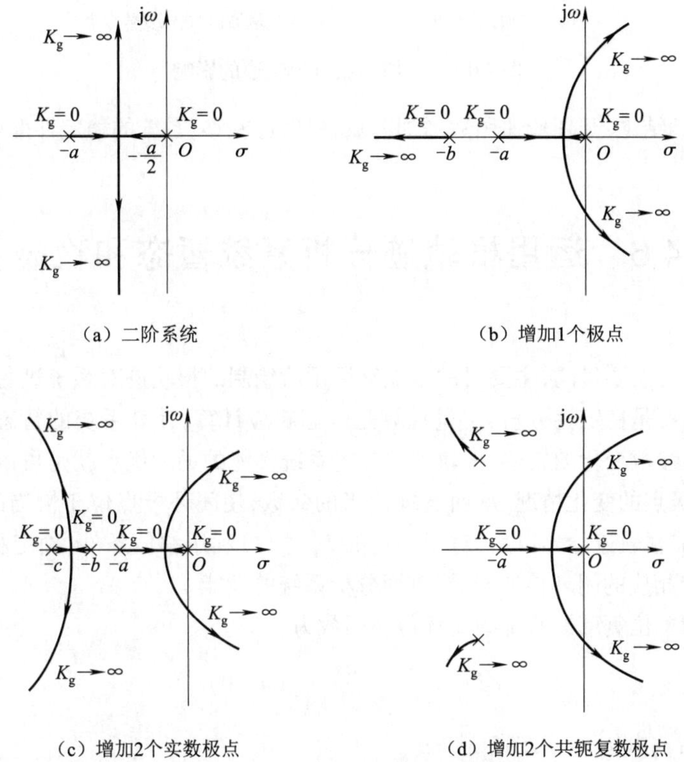

图 4-13　增加极点对根轨迹的影响

因此，可以得到结论：开环传递函数增加极点，根轨迹向右移动，系统的稳定性变差。

2. 增加开环零点

在图 4-13(a)所示的二阶系统上增加一个零点，其开环传递函数为

$$G(s)H(s)=\frac{K_g(s+b)}{s(s+a)}(b>a>0)$$

其根轨迹是一个圆，大致形状如图 4-14(a)所示。从图中可以看出，增加零点后，根轨迹向左弯曲，系统的稳定性变好。若增加一对共轭复数零点，其开环传递函数为

$$G(s)H(s)=\frac{K_g(s+b+c\mathrm{j})(s+b-c\mathrm{j})}{s(s+a)}(b>a>0)$$

根轨迹大致形状如图4-14(b)所示。从图中可以看出,增加一对共轭复数零点也产生类似的影响,根轨迹的复数部分向左弯曲,分离点也向左移动,系统的相对稳定性变好。

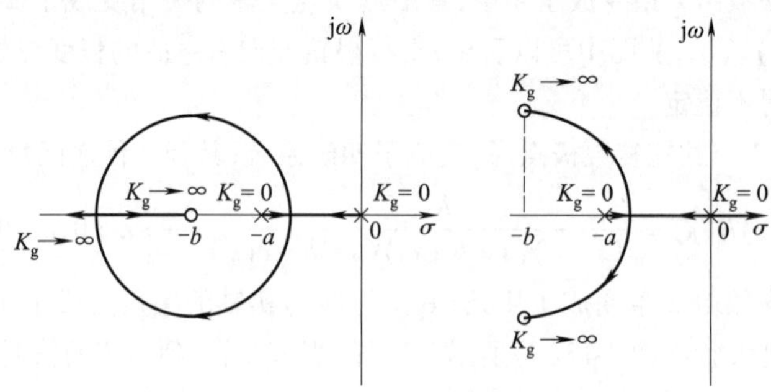

图4-14 增加零点对根轨迹的影响

因此,可以得到结论:开环传递函数增加零点,根轨迹左移,系统的稳定性变好。

4.6 运用根轨迹分析系统暂态和稳态性能

绘制根轨迹不是主要目的,主要目的是能够运用所绘制的根轨迹对系统进行定性分析和定量计算。定性分析主要是稳定性分析,定量计算是暂态响应计算,计算系统的暂态性能指标。根轨迹是闭环特征根随参数变化的轨迹,根轨迹法分析系统性能的最大优点就是可以直观地看出系统参数变化时,闭环极点的变化情况,从而选择适当的参数,使闭环极点位于恰当的位置,获得理想的系统性能。例如,根轨迹绘出以后,对于一定的 K_g 值,可利用幅值条件,确定相应的特征根(闭环极点),从而确定相应的闭环传递函数,进而分析系统的性能。

例4-11 已知单位负反馈系统的闭环传递函数为

$$\Phi(s)=\frac{as}{s^2+as+16}(a>0)$$

要求:(1)绘出 a 由 $0\to\infty$ 时的根轨迹。

(2)判断 $(-\sqrt{3},\mathrm{j})$ 点是否在根轨迹上。

(3)求出使闭环系统阻尼比 $\xi=0.5$ 时的 a 值。

(4)求出系统工作在稳定、过阻尼、临界阻尼及欠阻尼状态下的 a 的取值范围。

解 (1)由系统闭环传递函数求出系统开环传递函数为

$$G(s)H(s)=\frac{as}{s^2+16}=\frac{as}{(s+4\mathrm{j})(s-4\mathrm{j})}$$

①确定根轨迹的起点、终点、分支数:$p_1=4\mathrm{j}$,$p_2=-4\mathrm{j}$,$z_1=0$,$n=2$,$m=1$。有两条根轨迹分支,起点分别是 p_1,p_2,终点是 z_1,∞。

②根轨迹有一条渐近线,其与实轴的夹角是180°。

③实轴上的根轨迹段为 $(-\infty,0]$。

④由于相邻的开环零点之间有根轨迹,则必有会合点。

$$\frac{\mathrm{d}}{\mathrm{d}s}\left(\frac{s}{s^2+16}\right)=0$$

$$(s^2+16)'s-(s^2+16)=0$$

$s_1=-4$ $s_2=4$(舍去)

⑤计算出射角：

$$\theta_{p_1}=180^\circ-\angle(p_1-p_2)+\angle(p_1-z_1)=180^\circ-90^\circ+90^\circ=180^\circ$$

$$\theta_{p_2}=-180^\circ$$

画出根轨迹如图4-15(a)所示，根轨迹的共轭复根部分是一个半圆。

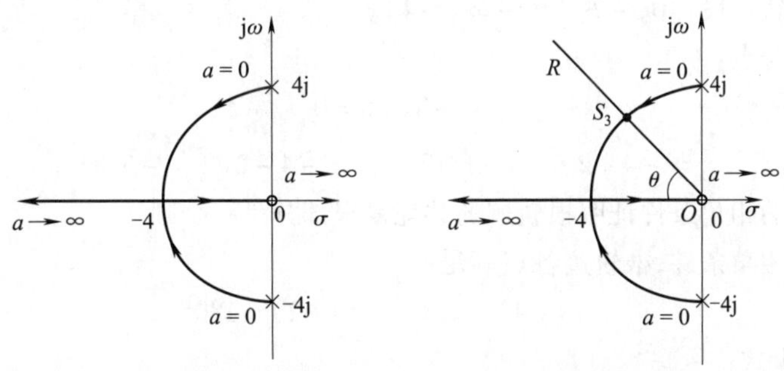

图4-15 例4-11根轨迹图及等阻尼线

(2)判断某点是否在根轨迹上，需要判别该点是否满足根轨迹的相角条件：

$$\angle s-\angle(s+4\mathrm{j})-\angle(s-4\mathrm{j})\text{是否等于}180^\circ$$

$$\angle(-\sqrt{3}+\mathrm{j})-\angle(-\sqrt{3}+5\mathrm{j})-\angle(-\sqrt{3}-3\mathrm{j})\text{是否等于}180^\circ$$

$$\arctan\left(-\frac{1}{\sqrt{3}}\right)-\arctan\left(-\frac{5}{\sqrt{3}}\right)-\arctan\left(\frac{3}{\sqrt{3}}\right)\neq180^\circ$$

因此，该点不在根轨迹上。

(3)由$\xi=0.5$可知，$\xi=\cos\theta=0.5$，因此可知阻尼角$\theta=60^\circ$。确定a值有两种方法：第一种是作图法，过原点作一条等阻尼线OR，该阻尼线与负实轴成60°，与根轨迹相交于一点s_3[见图4-15(b)]，可测量该点的横纵坐标，得$s_3=-2+3.46\mathrm{j}$，根据根轨迹的幅值条件，可得$a=4$。第二种方法是解析法。令$s_3=x(-1+\sqrt{3}\mathrm{j})$，则与之对应的共轭复根为$s_4=x(-1-\sqrt{3}\mathrm{j})$。

由系统的闭环特征方程可得

$$\begin{aligned}M(s)&=(s-s_3)(s-s_4)\\&=(s+x-\sqrt{3}\mathrm{j})(s+x+\sqrt{3}\mathrm{j})\\&=s^2+2xs+4x^2\\&=s^2+as+16\end{aligned}$$

根据对应系数相等，可得：$x=2$，$a=4$。

(4)在会合点$s_1=-4$处，此时的$a=8$。因此：

当$a=8$时，系统有两个相等的实根，$\xi=1$，系统工作在临界阻尼状态。

当$a>8$时，系统有两个不等的实根，$\xi>1$，系统工作在过阻尼状态。

当$0<a<8$时，系统有两个共轭复根，$0<\xi<1$，系统工作在欠阻尼状态。

当$a>0$时，系统稳定。

例 4-12 已知负反馈系统的开环传递函数为 $G(s)H(s)=\dfrac{K_g(s+4)}{s(s+2)}$。

(1)绘制 K_g 由 $0\to\infty$ 时的根轨迹,并证明其共轭复根部分的根轨迹是一个圆。

(2)求出系统工作在稳定过阻尼状态时系统开环放大系数 K 的取值范围。

(3)求出系统最小阻尼比时的闭环极点。

解 (1)绘制根轨迹:

①确定根轨迹的起点、终点、分支数:$z_1=-4,p_1=0,p_2=-2,n=2,m=1$。有两条根轨迹分支,起点 p_1,p_2,终点 z_1,∞。

②实轴上的根轨迹段:$[0,-2]$和$(-\infty,-4]$。

③分离点和会合点:

$$s^2+8s+8=0$$

$$s_1=-4+2\sqrt{2}=-1.17 \qquad s_2=-4-2\sqrt{2}=-6.83$$

下面用根轨迹的相角条件证明根轨迹的共轭复根部分是一个圆。

根据根轨迹的相角条件,根轨迹各点满足:

$$\angle(s+4)-\angle s-\angle(s+2)=180°$$

令 $s=\sigma+j\omega$,代入上式

$$\angle(\sigma+4+j\omega)-\angle(\sigma+j\omega)-\angle(\sigma+2+j\omega)=180°$$

$$\arctan\left(\frac{\omega}{\sigma+4}\right)-\arctan\left(\frac{\omega}{\sigma}\right)=180°+\arctan\left(\frac{\omega}{\sigma+2}\right)$$

根据反正切三角函数公式

$$\arctan(x)-\arctan(y)=\arctan\left(\frac{x-y}{1+xy}\right)$$

可得

$$\arctan\left[\frac{\dfrac{\omega}{\sigma+4}-\dfrac{\omega}{\sigma}}{1+\dfrac{\omega^2}{\sigma(\sigma+4)}}\right]=180°+\arctan\left(\frac{\omega}{\sigma+2}\right)$$

化简后可得

$$(\sigma+4)^2+\omega^2=(2\sqrt{2})^2$$

表明复数部分是一个圆,其圆心为$(-4,j0)$点,半径为$2\sqrt{2}$。其大致根轨迹形状如图 4-16(a)所示。

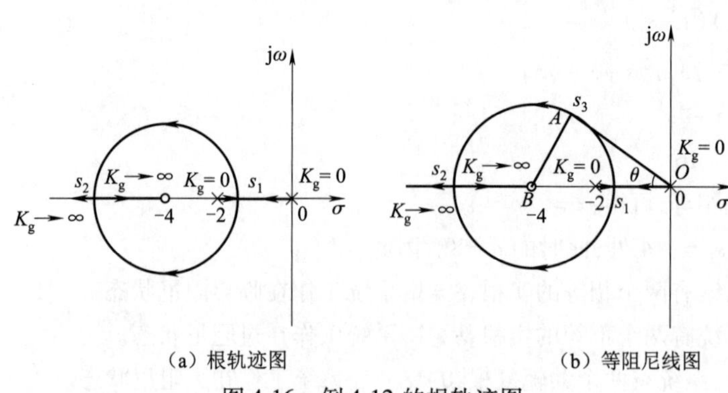

图 4-16 例 4-12 的根轨迹图

(2)系统在分离点 s_1 和会合点 s_2 时的根轨迹增益可用根轨迹幅值条件求出,即

$$\frac{1}{K_{g1}}=\frac{|s_1+4|}{|s_1|\cdot|s_1+2|}=\frac{2.83}{1.17\times0.83},K_{g1}=0.34$$

同理,

$$\frac{1}{K_{g2}}=\frac{|s_2+4|}{|s_2|\cdot|s_2+2|}=\frac{2.83}{6.83\times4.83},K_{g2}=11.7$$

由于 $K=2K_g$,因此,当 $0<K<0.68$ 以及 $K>23.4$ 时,系统工作在过阻尼状态,此时系统有两个不等的实根。

(3)过原点作与根轨迹圆弧部分相切的直线,相切于 A 点,如图4-16(b)所示。在直角三角形 OAB 中,$\sin\theta=\frac{2\sqrt{2}}{4}=\frac{\sqrt{2}}{2}$, $\theta=45°$。

最小阻尼比为 $\xi=\cos\theta=\frac{\sqrt{2}}{2}=0.707$,系统具有最佳特性。此时闭环极点的坐标为

$$s_3=-OA\cos\theta+\mathrm{j}OA\sin\theta=-4(\cos\theta\cos\theta+\mathrm{j}\cos\theta\sin\theta)=-2+2\mathrm{j}$$

与之对应的另一个共轭复数极点为 $s_4=-2-2\mathrm{j}$。

例4-13　已知单位反馈系统的开环传递函数为 $G(s)H(s)=\frac{K_g}{s(s+1)(s+2)}$,其根轨迹如图4-17所示,要求系统的闭环极点为一对共轭复数极点,其阻尼比为 $\xi=0.5$,试用根轨迹法确定开环增益,并近似分析系统的时域性能。

解　由图4-17可知,系统有3条根轨迹分支,根轨迹的分离点为 $s=-0.42$,根轨迹与虚轴的交点为 $\pm\sqrt{2}\mathrm{j}$,此时的 $K_g=6$。

由于 $\theta=\arccos\xi=\arccos0.5=60°$,因此,在根轨迹上,过原点作一条等阻尼线 OA,该阻尼线与负实轴成60°角,交根轨迹于一点,可用作图法测量得到该点的坐标为 $s_1=-0.33+\mathrm{j}0.572$,其共轭复根为 $s_2=-0.33-\mathrm{j}0.572$。根据闭环系统的和,可得此时系统的第三个极点为 $s_3=-2.34$。

也可以用解析法求取这两个点的坐标。设 $s_1=x(-1-\sqrt{3}\mathrm{j})$,$s_2=x(-1+\sqrt{3}\mathrm{j})$,系统的闭环特征方程为

$$\begin{aligned}M(s)&=(s-s_1)(s-s_2)(s-s_3)=(s+x-x\sqrt{3}\mathrm{j})(s+x+x\sqrt{3}\mathrm{j})(s-s_3)\\&=s^3+(2x-s_3)s^2+(4x^2-2xs_3)s-4x^2s_3\\&=s(s+1)(s+2)+K_g=s^3+3s^2+2s+K_g\end{aligned}$$

对应系数相等,可得 $x=\frac{1}{3}$,$s_3=-2.34$,$K_g=1.04$。开环增益 $K=\frac{1}{2}K_g=0.52$。此时两个共轭复根为 $s_{1,2}=-0.33\pm\mathrm{j}0.58$。可以看出,两种方法得到的交点坐标数值接近。

当 $\xi=0.5$ 时,系统的3个闭环极点为 $s_{1,2}=-0.33\pm\mathrm{j}0.58$,$s_3=-2.34$。其中,两个共轭复根与虚轴的距离为0.33,实根与虚轴的距离为2.34,因此,主导极点为两个共轭复根 $s_{1,2}$,三阶系统可降阶为二阶系统。此时,由系统的主导极点可知 $\xi\omega_n=0.33$,由此 $\omega_n=0.66$,因此,系统的闭环传递函数可近似表示为

$$\Phi(s)=\frac{0.4356}{s^2+0.66s+0.4356}$$

可以近似地运用典型二阶系统的特性来估算系统的时域性能指标:

超调量：
$$\delta\% = e^{\frac{-\xi\pi}{\sqrt{1-\xi^2}}} \times 100\% = 16.3\%$$

过渡过程时间：
$$t_s(5\%) = \frac{3}{\xi\omega_n} = 9.09\ \mathrm{s}$$

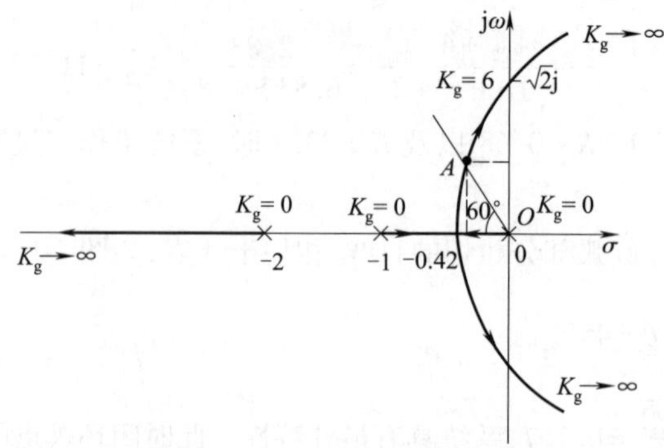

图 4-17　例 4-13 的根轨迹图

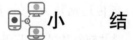

小　　结

根轨迹是开环传递函数中的某个参数连续变化时，闭环特征根在 S 平面上的轨迹。根轨迹不仅可以分析开环放大系数对系统性能的影响（常规根轨迹），也能分析某个零极点的位置发生变化时，对系统性能的影响（参数根轨迹）。

绘制根轨迹时，主要依据是根轨迹的相角条件和幅值条件，利用根轨迹的九大绘制法则来绘制。根轨迹的相角条件可用于证明某个点是否在根轨迹上。根轨迹的幅值条件可用于求取特殊点处的系统开环放大系数。

根轨迹揭示了系统的稳定性、阻尼系数、响应特性等和系统参数之间的关系，利用根轨迹图可对控制系统进行合适的主导极点配置，以实现期望的性能。

习题（基础题）

1. 绘制根轨迹的依据是什么？
2. 如何确定根轨迹的分支数有几条？
3. 根轨迹的起点和终点是什么？
4. 如何判断实轴上是否存在分离点和会合点？
5. 如果 $n-m>2$，根轨迹的走向具有什么特点？
6. 已知负反馈系统的开环传递函数如下所示，试画出 K_g 由 $0\to\infty$ 时的根轨迹图。

(1) $G(s)H(s) = \dfrac{K_g(s+1)}{s^2+3s+3.25}$

(2) $G(s)H(s)=\dfrac{K_g(s+2)}{s(s-4)}$

(3) $G(s)H(s)=\dfrac{K_g}{s(s^2+2s+2)}$

(4) $G(s)H(s)=\dfrac{K_g}{s^2(s+1)}$

7. 已知负反馈系统的开环传递函数为 $G(s)H(s)=\dfrac{K_g}{(s+1)(s+2)(s+4)}$：

(1) 绘制 K_g 由 $0\to\infty$ 时的根轨迹图；

(2) 证明 $s_1=-1+\sqrt{3}\text{j}$ 在该系统的根轨迹上；

(3) 求出此时的 K_g 值和开环增益。

8. 已知负反馈系统的开环传递函数为 $G(s)H(s)=\dfrac{10(as+1)}{s(s+2)}$，请绘制以 a 为可变参数的根轨迹。

9. 已知负反馈系统的开环传递函数为 $G(s)H(s)=\dfrac{10}{s(s+a)}$，请绘制以 a 为可变参数的根轨迹。

10. 已知系统的开环传递函数为 $G(s)H(s)=\dfrac{K_g(s+2)}{s^2+2s+2}$：

(1) 试绘制 K_g 由 $0\to\infty$ 时的根轨迹图；

(2) 求闭环系统稳定时 K_g 的取值范围；

(3) 求系统工作在欠阻尼工作状态时的开环增益范围。

11. 已知系统的开环传递函数为 $G(s)H(s)=\dfrac{K(s+1)}{s(2s+1)}$。

(1) 试绘制 K 由 $0\to\infty$ 时的根轨迹图；

(2) 确定系统阶跃响应无超调时的开环增益 K 的取值范围；

(3) 确定系统的最小阻尼比。

习题（提高题）

1. 已知负反馈系统的开环传递函数为 $G(s)H(s)=\dfrac{s+a}{s(s+1)^2}$：

(1) 试绘制 a 由 $0\to\infty$ 时的根轨迹图；

(2) 当输入 $r(t)=1.2t$ 时，确定使系统稳态误差 $e_{ss}\leqslant 0.6$ 的 a 取值范围。

2. 已知负反馈系统的开环传递函数为 $G(s)H(s)=\dfrac{K_g}{s(s+2)(s+7)}$：

(1) 试绘制 K_g 由 $0\to\infty$ 时的根轨迹图；

(2) 确定闭环系统临界稳定和临界阻尼时的 K_g 值；

(3) 求出 $\xi=0.707$ 时的 K_g 值和所有闭环极点。

3. 已知系统结构图如图 4-18 所示：

(1) 画出 K_g 由 0→∞ 时的根轨迹图；

(2) 确定使闭环系统稳定的 K_g 取值范围；

(3) 若已知闭环系统的一个极点为 $s_1 = -1$，试确定此时的闭环传递函数。

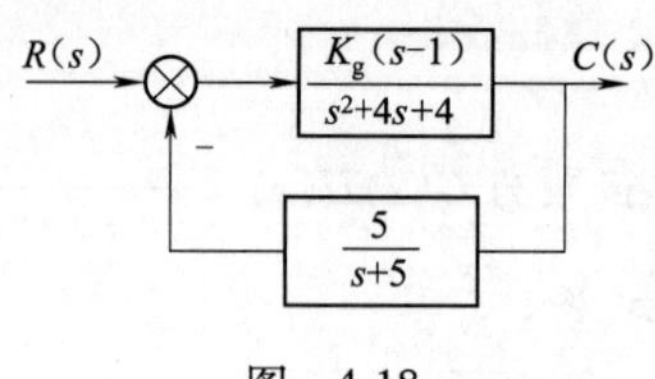

图 4-18

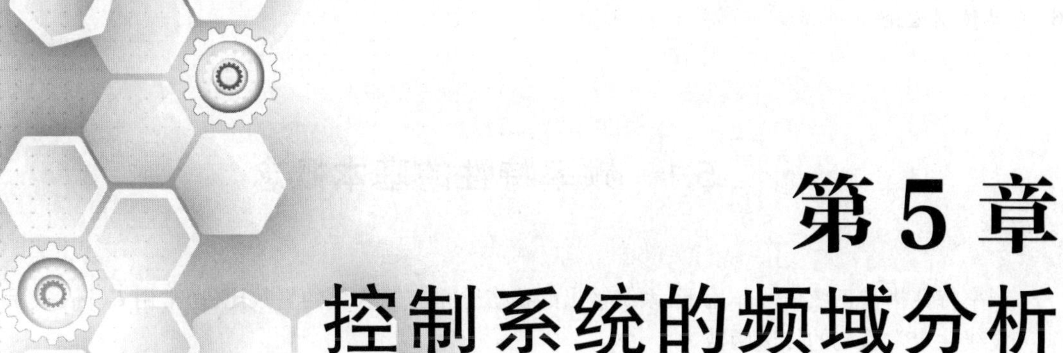

第5章 控制系统的频域分析

引言

频域分析法又称频率响应法或频率特性法,它采用频率特性作为数学模型来分析和设计系统,是工程上常用的一种间接分析方法。它能够根据系统的开环频率特性分析系统的闭环性能,能够简单迅速地判断某些环节或者参数对系统的暂态特性和稳态特性的影响,并能指明系统改进的方向。频率特性法具有以下特点:

(1)频率特性具有明确的物理意义,它可以用实验的方法来确定,这对于难以列写微分方程的元器件或系统来说,具有重要的实际意义。

(2)频率特性法是一种图解方法,计算量小,比较简单、直观,易于在工程上使用。

(3)频率特性法不仅适用于线性定常系统,还可推广应用于部分非线性系统的分析。

本章主要介绍频率特性的基本概念、典型环节的频率特性、奈氏稳定判据和系统的相对稳定性。

内容结构

- 控制系统的频域分析
  - 频率特性的定义
  - 开环频率特性图
    - 奈氏图的绘制
    - Bode 图的绘制
  - 奈氏稳定判据
    - 应用于奈氏图
    - 应用于 Bode 图
  - 系统的相对稳定性
    - 相位裕量
    - 幅值裕量
  - 时域指标和频域指标之间的关系

学习目标

(1)了解频率特性的基本概念,掌握其不同的表示方法;

(2)了解典型环节的频率特性;

(3)熟练掌握 Bode 图和奈氏图的绘制方法;

(4)理解和掌握奈氏稳定判据,熟练运用奈氏稳定判据判断系统的稳定性;

(5)掌握系统相位裕量和幅值裕量的物理含义和计算方法;

(6)建立开环频率特性和系统性能指标之间的对应关系,能够定性地分析系统的性能。

5.1 频率特性的基本概念

频率特性指在正弦信号作用下，系统输出的稳态分量与输入量的复数比，通常用 $G(\mathrm{j}\omega)$ 表示。

设线性定常系统的传递函数为

$$G(s)=\frac{b_ms^m+b_{m-1}s^{m-1}+\cdots+b_0}{s^n+a_{n-1}s^{n-1}+\cdots+a_0}=\frac{b_ms^m+b_{m-1}s^{m-1}+\cdots+b_0}{(s-p_1)(s-p_2)\cdots(s-p_n)}$$

式中，$p_1,p_2,\cdots,p_n$ 是系统的极点（可以是实数极点，也可以是共轭复数极点）。若系统稳定，则 p_1，$p_2,\cdots,p_n$ 具有负实部，并假设它们之间没有重根。

设输入量为正弦信号，即 $r(t)=X\sin\omega t$，则有

$$R(s)=\frac{X\omega}{(s+\mathrm{j}\omega)(s-\mathrm{j}\omega)}$$

则输出 $C(s)=G(s)R(s)=\dfrac{b_ms^m+b_{m-1}s^{m-1}+\cdots+b_0}{(s-p_1)(s-p_2)\cdots(s-p_n)}\cdot\dfrac{X\omega}{(s+\mathrm{j}\omega)(s-\mathrm{j}\omega)}$

将上式写成部分分式的形式，可得

$$C(s)=\frac{a_1}{s+\mathrm{j}\omega}+\frac{a_2}{s-\mathrm{j}\omega}+\frac{c_1}{s-p_1}+\cdots+\frac{c_n}{s-p_n} \tag{5-1}$$

式中，$a_1,a_2,c_1,\cdots,c_n$ 是待定系数。对上式两边取拉氏反变换，可得到系统在正弦信号作用下的输出为

$$c(t)=a_1\mathrm{e}^{-\mathrm{j}\omega t}+a_2\mathrm{e}^{\mathrm{j}\omega t}+c_1\mathrm{e}^{p_1t}+\cdots+c_n\mathrm{e}^{p_nt}=a_1\mathrm{e}^{-\mathrm{j}\omega t}+a_2\mathrm{e}^{\mathrm{j}\omega t}+\sum_{i=1}^{n}c_i\mathrm{e}^{p_it} \tag{5-2}$$

对于稳定的系统，$p_1,p_2,\cdots,p_n$ 具有负实部，则当 $t\to\infty$ 时，$\lim\limits_{t\to\infty}\mathrm{e}^{p_it}=0$。式(5-2)中与负实部极点有关的指数项将衰减到零。因此，系统的输入量是正弦信号时，其输出量的稳态分量为

$$c_{\mathrm{ss}}(t)=\lim_{t\to\infty}c(t)=a_1\mathrm{e}^{-\mathrm{j}\omega t}+a_2\mathrm{e}^{\mathrm{j}\omega t} \tag{5-3}$$

若系统具有重极点 p_j，输出 $c(t)$ 中包含类似 $t^{d_j}\mathrm{e}^{p_jt}$ 的项，同样，当 p_j 具有负实部时，类似 $t^{d_j}\mathrm{e}^{p_jt}$ 的项也在 $t\to\infty$ 时趋于零，因此，对于稳定的系统而言，无论系统是否有重极点，式(5-3)始终成立。

根据留数定理，可求出

$$a_1=\lim_{s\to-\mathrm{j}\omega}(s+\mathrm{j}\omega)G(s)\frac{X\omega}{s^2+\omega^2}=-\frac{X}{2\mathrm{j}}G(-\mathrm{j}\omega) \tag{5-4}$$

$$a_2=\lim_{s\to\mathrm{j}\omega}(s-\mathrm{j}\omega)G(s)\frac{X\omega}{s^2+\omega^2}=\frac{X}{2\mathrm{j}}G(\mathrm{j}\omega) \tag{5-5}$$

将式(5-4)和式(5-5)代入式(5-3)，联合 $G(\mathrm{j}\omega)=|G(\mathrm{j}\omega)|\mathrm{e}^{\mathrm{j}\varphi(\omega)}$，$G(-\mathrm{j}\omega)=|G(\mathrm{j}\omega)|\mathrm{e}^{-\mathrm{j}\varphi(\omega)}$，可得

$$c_{\mathrm{ss}}(t)=X|G(\mathrm{j}\omega)|\frac{\mathrm{e}^{\mathrm{j}[\omega t+\varphi(\omega)]}-\mathrm{e}^{-\mathrm{j}[\omega t+\varphi(\omega)]}}{2\mathrm{j}}=X|G(\mathrm{j}\omega)|\sin[\omega t+\varphi(\omega)]=X_{\mathrm{c}}\sin[\omega t+\varphi(\omega)] \tag{5-6}$$

式中，$X_{\mathrm{c}}=X|G(\mathrm{j}\omega)|$，$\varphi(\omega)=\angle G(\mathrm{j}\omega)$。

式(5-6)表明，对于稳定的线性定常系统，若传递函数为 $G(s)$，当输入量是正弦信号时，其稳态响应 $c_{\mathrm{ss}}(t)$ 是与输入量同频率的正弦信号，仅幅值和相角不同，幅值增大了 $|G(\mathrm{j}\omega)|$ 倍，相角超前了 $\varphi(\omega)$ 弧度。

由此,根据频率特性的定义,可得系统的频率特性为

$$G(\mathrm{j}\omega)=\frac{C(\mathrm{j}\omega)}{R(\mathrm{j}\omega)}=\frac{X_{\mathrm{c}}\sin[\omega t+\varphi(\omega)]}{X\sin(\omega t)}=|G(\mathrm{j}\omega)|\mathrm{e}^{\mathrm{j}\angle G(\mathrm{j}\omega)}=A(\omega)\mathrm{e}^{\mathrm{j}\varphi(\omega)} \tag{5-7}$$

式中,稳态输出的幅值 X_{c} 和输入信号的幅值 X 之比称为系统的幅频特性,记为 $A(\omega)=|G(\mathrm{j}\omega)|$,稳态输出和输入的相角差称为系统的相频特性,记为 $\varphi(\omega)=\angle G(\mathrm{j}\omega)$。幅频特性和相频特性统称为频率特性。因此,对于传递函数 $G(s)$,令 $s=\mathrm{j}\omega$ 得到的 $G(\mathrm{j}\omega)$ 就是系统的频率特性,它是与输入信号频率 ω 相关的复变量。

对于稳定的系统,若系统的传递函数 $G(s)$ 未知,则可以通过实验的方法得到系统的频率特性,即输入正弦信号 $r(t)=X\sin\omega t$,保持幅值 X 不变,在感兴趣的频率范围内,从小到大改变频率 ω,测量相应的系统稳态输出 $c_{\mathrm{ss}}(t)$ 的幅值 $X_{\mathrm{c}}(\omega)$,以及 $c_{\mathrm{ss}}(t)$ 与输入的相角差 $\varphi(\omega)$,则 $\dfrac{X_{\mathrm{c}}(\omega)}{X}$ 就是幅频特性 $|G(\mathrm{j}\omega)|$,而 $\varphi(\omega)$ 就是相频特性 $\angle G(\mathrm{j}\omega)$。

频率特性还可以写成实部和虚部相加的形式,即

$$G(\mathrm{j}\omega)=|G(\mathrm{j}\omega)|\mathrm{e}^{\mathrm{j}\angle G(\mathrm{j}\omega)}=A(\omega)\mathrm{e}^{\mathrm{j}\varphi(\omega)}=U(\omega)+\mathrm{j}V(\omega) \tag{5-8}$$

式中,$U(\omega)$ 为实频特性;$V(\omega)$ 为虚频特性;$A(\omega)=|G(\mathrm{j}\omega)|=\sqrt{U(\omega)^2+V(\omega)^2}$;$\varphi(\omega)=\angle G(\mathrm{j}\omega)=\arctan\dfrac{V(\omega)}{U(\omega)}$。

例 5-1 已知系统的传递函数为 $G(s)=\dfrac{2}{(s+2)(s+3)}$,请写出系统的幅频特性、相频特性、实频特性和虚频特性。

解 令 $s=\mathrm{j}\omega$,得到系统的频率特性:

$$G(\mathrm{j}\omega)=\frac{2}{(2+\mathrm{j}\omega)(3+\mathrm{j}\omega)}$$

因此,幅频特性:$A(\omega)=|G(\mathrm{j}\omega)|=\dfrac{2}{\sqrt{4+\omega^2}\cdot\sqrt{9+\omega^2}}$。

相频特性:$\varphi(\omega)=\angle G(\mathrm{j}\omega)=-\arctan\dfrac{\omega}{2}-\arctan\dfrac{\omega}{3}$。

$$G(\mathrm{j}\omega)=\frac{2}{(2+\mathrm{j}\omega)(3+\mathrm{j}\omega)}=\frac{2(2-\mathrm{j}\omega)(3-\mathrm{j}\omega)}{(4+\omega^2)(9+\omega^2)}=\frac{12-2\omega^2}{(4+\omega^2)(9+\omega^2)}+\frac{-10\mathrm{j}\omega}{(4+\omega^2)(9+\omega^2)}$$

因此,实频特性:$U(\omega)=\dfrac{12-2\omega^2}{(4+\omega^2)(9+\omega^2)}$。

虚频特性:$V(\omega)=\dfrac{-10\omega}{(4+\omega^2)(9+\omega^2)}$。

例 5-2 已知单位反馈系统的开环传递函数为 $G(s)H(s)=\dfrac{4}{(s+1)(s+2)}$,当输入 $r(t)=\sin(2t-10°)$ 时,求其稳态输出。

解 求系统的输出需要写出系统的闭环传递函数,即

$$\Phi(s)=\frac{4}{s^2+3s+6}$$

频率特性:$\Phi(\mathrm{j}\omega)=\dfrac{4}{(6-\omega^2)+3\omega\mathrm{j}}$

而输入信号 $r(t)=\sin(2t-10°)$,因此,$\omega=2$。

$$|\Phi(\mathrm{j}\omega)| = \frac{4}{\sqrt{(6-\omega^2)^2+(3\omega)^2}} = 0.6325$$

$$\angle\Phi(\mathrm{j}\omega) = -\arctan\frac{3\omega}{6-\omega^2} = -71.6^\circ$$

所以,稳态输出为

$$c(t) = 0.6325\sin(2t-10^\circ-71.6^\circ) = 0.6325\sin(2t-81.6^\circ)$$

5.2 系统的开环频率特性图

系统的传递函数比较复杂时,与之对应的频率特性的表达式也比较复杂,使用起来不太方便。实际中频率特性法总是采用图形表示法,用图形直观地显示 $G(\mathrm{j}\omega)$ 的幅值和相角随 ω 的变化情况。工程上常用的频率特性图有极坐标图和对数坐标图。首先介绍极坐标图。

5.2.1 极坐标图

极坐标图又称奈奎斯特(Nyquist)图,简称奈氏图。它是在直角坐标或极坐标平面上,以 ω 为变量,当 ω 由 $0\to\infty$ 时,系统的开环频率特性 $G(\mathrm{j}\omega)H(\mathrm{j}\omega)$ 的复数在复平面形成的轨迹。

绘制奈氏图的依据是式(5-8),主要是系统的相频特性(相角从正实轴开始,逆时针为正),同时参考幅频特性,在无法确定的情况下,可以用实频特性和虚频特性加以辅助。在大部分情况下,奈氏图不需要逐点准确绘图,只需要找出 $\omega=0$(或 $\omega\to 0$),$\omega\to\infty$ 时的 $G(\mathrm{j}\omega)H(\mathrm{j}\omega)$ 的位置,再加上 1~2 个关键的中间点,将它们连接起来,标上 ω 的变化情况即可。奈氏图的优点是在一张图上可以得到全部频率范围内的频率特性,利用奈氏图可以比较方便地对系统进行定性分析,但缺点是无法体现各个环节对系统的影响。

下面首先介绍典型环节奈氏图的绘制。

1. 典型环节奈氏图的绘制

1)比例环节

传递函数:$G(s)=K$;

频率特性:$G(\mathrm{j}\omega)=K$;

幅频特性:$|G(\mathrm{j}\omega)|=K$;

相频特性:$\angle G(\mathrm{j}\omega)=0^\circ$。

从表 5-1 中可以看出,对于比例环节,其幅频特性和相频特性不随 ω 的变化而变化。通过描点,得到图 5-1 所示的奈氏图,它是复平面实轴上的一个点,它到原点的距离为 K。

表 5-1 比例环节幅相频特性取值

ω	$\angle G(\mathrm{j}\omega)$	$\|G(\mathrm{j}\omega)\|$
0	0°	K
1	0°	K
∞	0°	K

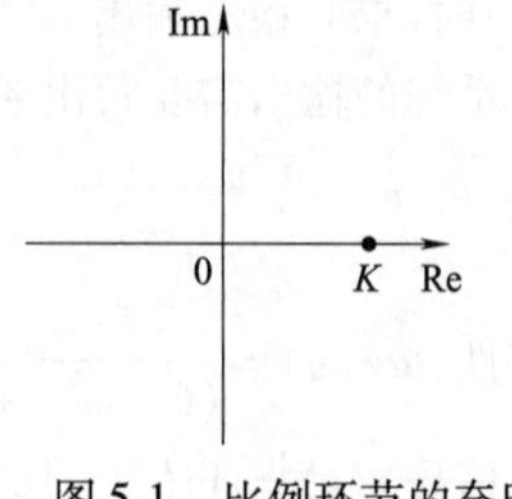

图 5-1 比例环节的奈氏图

2）积分环节

传递函数：$G(s)=\dfrac{1}{s}$；

频率特性：$G(\mathrm{j}\omega)=\dfrac{1}{\mathrm{j}\omega}$；

幅频特性：$|G(\mathrm{j}\omega)|=\dfrac{1}{\omega}$；

相频特性：$\angle G(\mathrm{j}\omega)=-90^\circ$。

从表 5-2 中可以看出，积分环节的相频特性是一个常数，而幅频特性随 ω 增大而减小。因此，积分环节是一条与虚轴负段相重合的直线，如图 5-2 所示。

表 5-2　积分环节幅相频特性取值

ω	$\angle G(\mathrm{j}\omega)$	$\lvert G(\mathrm{j}\omega)\rvert$
0	-90°	∞
1	-90°	1
∞	-90°	0

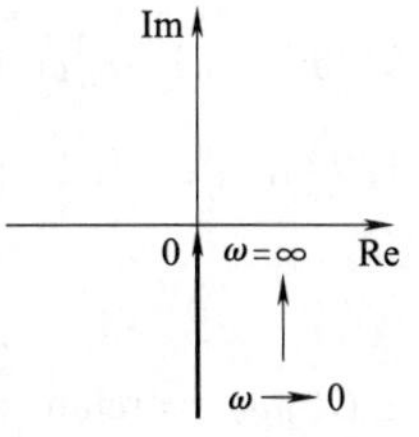

图 5-2　积分环节的奈氏图

3）纯微分环节

传递函数：$G(s)=s$；

频率特性：$G(\mathrm{j}\omega)=\mathrm{j}\omega$；

幅频特性：$|G(\mathrm{j}\omega)|=\omega$；

相频特性：$\angle G(\mathrm{j}\omega)=90^\circ$。

从表 5-3 中可以看出，纯微分环节的相频特性是一个常数，而幅频特性随 ω 增大而增大。因此，纯微分环节是一条与虚轴正段相重合的直线，如图 5-3 所示。

表 5-3　纯微分环节幅相频特性取值

ω	$\angle G(\mathrm{j}\omega)$	$\lvert G(\mathrm{j}\omega)\rvert$
0	90°	0
1	90°	1
∞	90°	∞

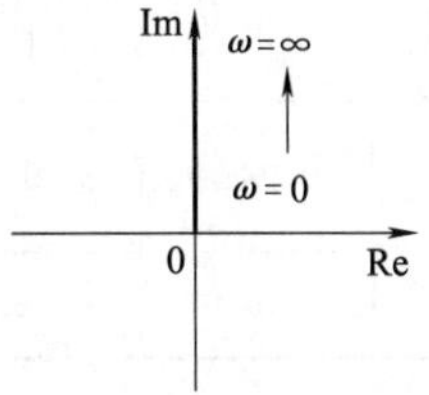

图5-3　纯微分环节的奈氏图

4）一阶微分环节

传递函数：$G(s)=\tau s+1$；

频率特性：$G(\mathrm{j}\omega)=\mathrm{j}\omega\tau+1$；

幅频特性：$|G(\mathrm{j}\omega)|=\sqrt{1+\omega^2\tau^2}$；

相频特性：$\angle G(\mathrm{j}\omega)=\arctan\omega\tau$。

从表 5-4 中可以看出，当 ω 从零变化到无穷时，相频特性从 0° 变化到 90°，其实频特性保持常数，因此，其奈氏图是通过 $(1,\mathrm{j}0)$ 点，且平行于正虚轴的一条直线，如图 5-4 所示。

表 5-4 一阶微分环节幅相频特性取值

ω	$\angle G(j\omega)$	$\lvert G(j\omega)\rvert$	$U(\omega)$	$V(\omega)$
0	0°	1	1	0
$\frac{1}{\tau}$	45°	$\sqrt{2}$	1	1
∞	90°	∞	1	∞

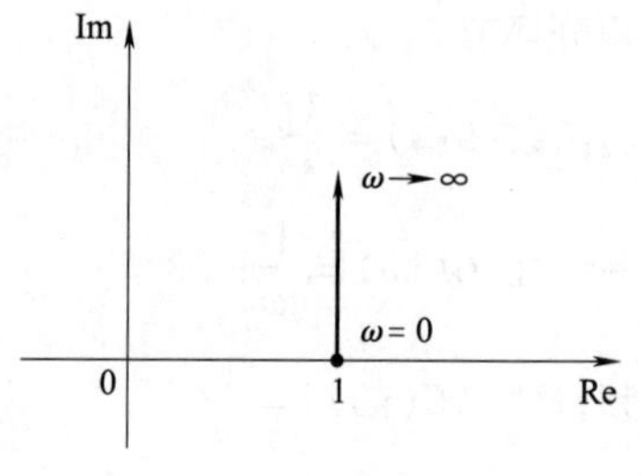

图 5-4 一阶微分环节的奈氏图

5)二阶微分环节

传递函数:$G(s)=\tau^2s^2+2\xi\tau s+1$;

频率特性:$G(j\omega)=(1-\tau^2\omega^2)+2\xi\tau\omega j$;

幅频特性:$\lvert G(j\omega)\rvert=\sqrt{(1-\tau^2\omega^2)^2+4\xi^2\omega^2\tau^2}$;

相频特性:$\angle G(j\omega)=\arctan\dfrac{2\xi\omega\tau}{1-\tau^2\omega^2}=\begin{cases}\arctan\dfrac{2\xi\omega\tau}{1-\tau^2\omega^2}, & \omega<\dfrac{1}{\tau}\\ 180°-\arctan\dfrac{2\xi\omega\tau}{\tau^2\omega^2-1}, & \omega\geqslant\dfrac{1}{\tau}\end{cases}$;

实频特性:$U(\omega)=1-\tau^2\omega^2$;

虚频特性:$V(\omega)=2\xi\tau\omega$。

从表 5-5 中可以看出,随着 ω 的增加,$G(j\omega)$的虚部是正的单调增加,而实部则由 1 开始单调递减。通过描点,可得到图 5-5 所示的奈氏图。

表 5-5 二阶微分环节幅相频特性取值

ω	$\angle G(j\omega)$	$\lvert G(j\omega)\rvert$	$U(\omega)$	$V(\omega)$
0	0°	1	1	0
$\frac{1}{\tau}$	90°	2ξ	0	2ξ
∞	180°	∞	$-\infty$	∞

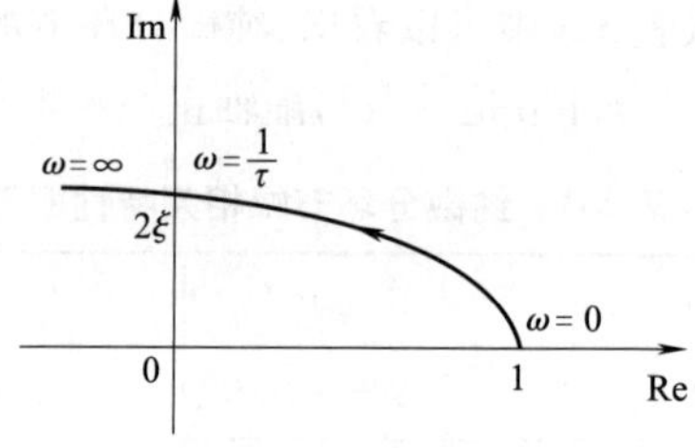

图 5-5 二阶微分环节的奈氏图

6)惯性环节

传递函数:$G(s)=\dfrac{1}{Ts+1}$;

频率特性:$G(j\omega)=\dfrac{1}{j\omega T+1}$;

幅频特性:$\lvert G(j\omega)\rvert=\dfrac{1}{\sqrt{1+\omega^2T^2}}$;

相频特性:$\angle G(j\omega)=-\arctan T\omega$;

实频特性:$U(\omega)=\dfrac{1}{1+\omega^2T^2}$;

虚频特性:$V(\omega)=\dfrac{-\omega T}{1+\omega^2T^2}$。

从表 5-6 中可以看出，随着 ω 的增加，惯性环节的幅值逐步衰减，最终趋于 0。相角的绝对值越来越大，但最终不会大于 90°，其奈氏图为一个半圆。可通过其实频特性和虚频特性进行证明，即

$$\left[U(\omega)-\frac{1}{2}\right]^2+V^2(\omega)=\left(\frac{1}{2}\right)^2$$

这是一个圆的方程，圆心在$\left(\frac{1}{2},\mathrm{j}0\right)$，半径是$\frac{1}{2}$。结合表 5-6，可知惯性环节的奈氏图是第四象限的半圆，如图 5-6 所示。

表 5-6　惯性环节幅相频特性取值

ω	$\angle G(\mathrm{j}\omega)$	$\lvert G(\mathrm{j}\omega)\rvert$	$U(\omega)$	$V(\omega)$
0	0°	1	1	0
$\frac{1}{T}$	-45°	$\frac{1}{\sqrt{2}}$	$\frac{1}{2}$	$-\frac{1}{2}$
∞	-90°	0	0	0

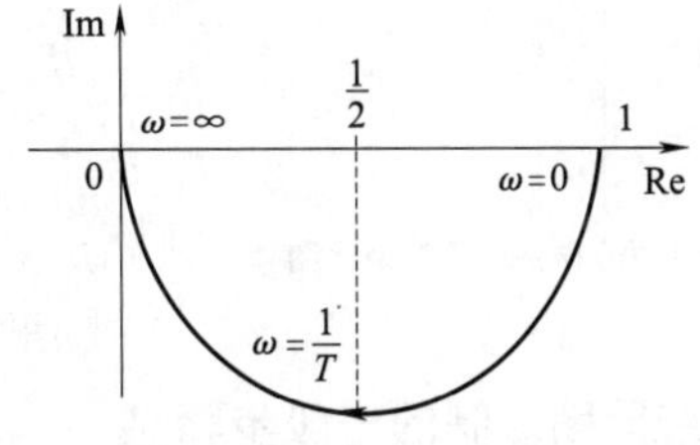

图 5-6　惯性环节的奈氏图

7）振荡环节

传递函数：$G(s)=\dfrac{1}{T^2s^2+2\xi Ts+1}$；

频率特性：$G(\mathrm{j}\omega)=\dfrac{1}{T^2(\mathrm{j}\omega)^2+2\xi T\mathrm{j}\omega+1}$；

幅频特性：$\lvert G(\mathrm{j}\omega)\rvert=\dfrac{1}{\sqrt{(1-T^2\omega^2)^2+(2\xi T\omega)^2}}$；

相频特性：$\angle G(\mathrm{j}\omega)=-\arctan\dfrac{2\xi T\omega}{1-T^2\omega^2}=\begin{cases}-\arctan\dfrac{2\xi T\omega}{1-T^2\omega^2}, & \omega\leqslant\dfrac{1}{T}\\ -\left(\pi-\arctan\dfrac{2\xi T\omega}{T^2\omega^2-1}\right), & \omega>\dfrac{1}{T}\end{cases}$；

实频特性：$U(\omega)=\dfrac{1-T^2\omega^2}{(1-T^2\omega^2)^2+(2\xi T\omega)^2}$；

虚频特性：$V(\omega)=\dfrac{2\xi T\omega}{(1-T^2\omega^2)^2+(2\xi T\omega)^2}$。

从表 5-7 中可以看出，随着 ω 的增加，振荡环节的相角从 0°到 -180°变化，幅值由 1 衰减到 0，通过描点可画出振荡环节的奈氏图如图 5-7(a)所示。从图中可以看出，奈氏曲线起源于(1，j0)点，顺时针经过第四象限后，与负虚轴交于$\left(0,-\frac{1}{2\xi}\mathrm{j}\right)$，然后进入第三象限，在原点与负实轴相切并终止于坐标原点。图 5-7(b)给出了不同阻尼比时的振荡环节的奈氏图。

表 5-7　振荡环节幅相频特性取值

ω	$\angle G(\mathrm{j}\omega)$	$\lvert G(\mathrm{j}\omega)\rvert$	$U(\omega)$	$V(\omega)$
0	0°	1	1	0
$\frac{1}{T}$	-90°	$\frac{1}{2\xi}$	0	$-\frac{1}{2\xi}$
∞	-180°	0	0	0

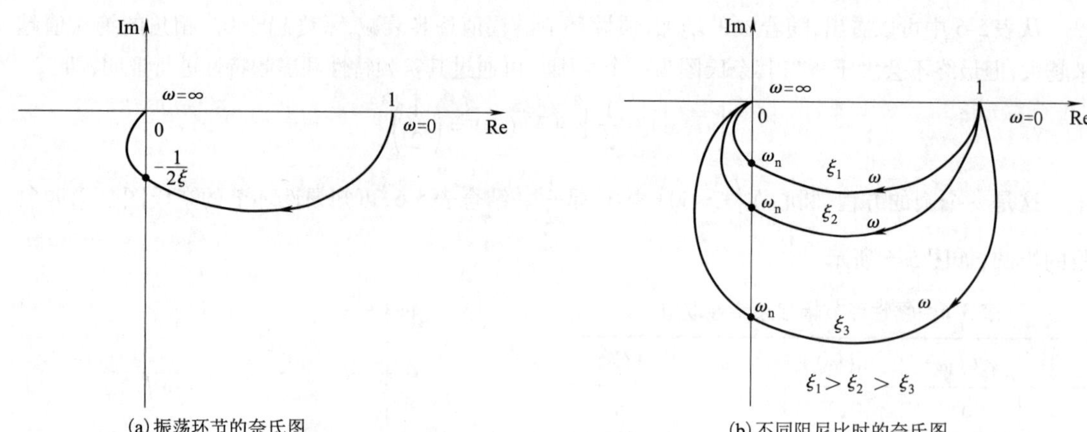

(a) 振荡环节的奈氏图

(b) 不同阻尼比时的奈氏图

图 5-7　振荡环节的奈氏图

2. 奈氏图绘制的一般步骤

通过典型环节奈氏图的绘制，可总结出绘制系统奈氏图的一般步骤。假设系统的所有时间常数均为正，开环传递函数为如下形式：

$$G(s)H(s)=\frac{K\prod_{i=1}^{m}(\tau_i s+1)}{s^v\prod_{j=1}^{n-v}(T_j s+1)}$$

则可采用以下步骤绘制奈氏图：

(1) 写出开环系统的幅频特性 $A(\omega)$、相频特性 $\varphi(\omega)$，必要时写出系统的实频特性 $U(\omega)$ 和虚频特性 $V(\omega)$。

(2) 利用幅频特性 $A(\omega)$、相频特性 $\varphi(\omega)$ 求出 $\omega\to 0$ 和 $\omega\to\infty$ 时的幅值和相角，确定奈氏图的起点和终点。

①奈氏曲线的起点 $(\omega=0)$ 与系统的类型 v 有关：$\angle G(\mathrm{j}0)H(\mathrm{j}0)=-90°\times v$。当 $v=0$ 时，与增益 K 有关，即 $|G(\mathrm{j}0)H(\mathrm{j}0)|=K$。不同类型的系统奈氏曲线的起点如图 5-8 所示。

②奈氏曲线的终点 $(\omega=\infty)$：对于 $n>m$ 的系统，以 $-(n-m)\times 90°$ 的角度趋于原点。当 $v=0$，$n=m$ 时，奈氏曲线以 0°趋于 $K\frac{\prod_{i=1}^{n}\tau_i}{\prod_{j=1}^{m}T_j}$。对于不同的 $n-m$ 值，当 $\omega=\infty$ 时的奈氏曲线如图 5-9 所示。

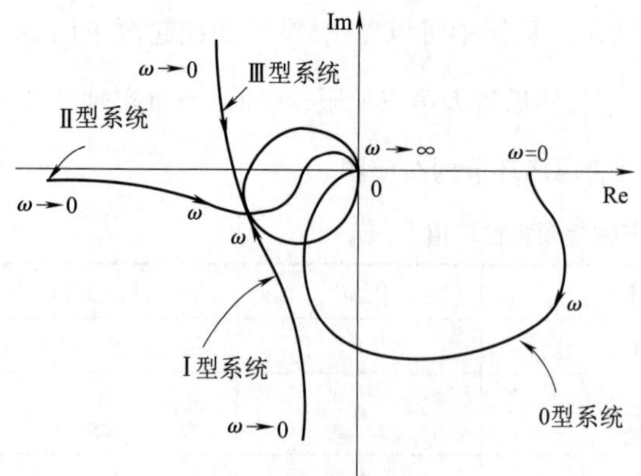

图 5-8　不同类型的系统奈氏曲线的起点

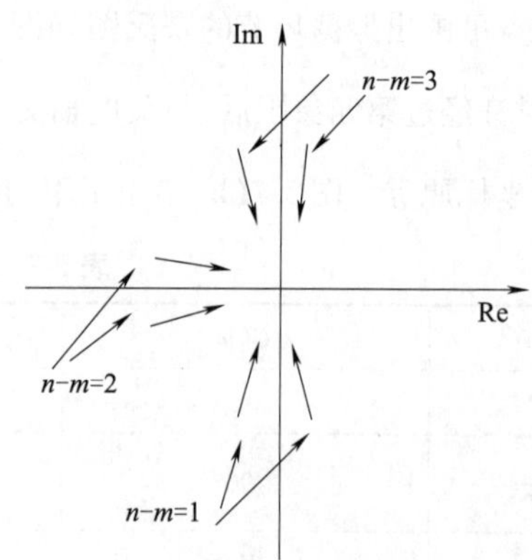

图 5-9　$\omega=\infty$ 时奈氏曲线的终点

(3)寻找几个关键的特殊点：利用实频特性 $U(\omega)$ 和虚频特性 $V(\omega)$ 求出奈氏曲线与实轴和虚轴的交点(包括交点对应的频率 ω)，特别是与实轴的交点对于系统稳定性的判别有重大意义。

令 $U(j\omega)=0$，求出 ω，代入 $V(\omega)$ 中，即可求出奈氏曲线与虚轴的交点以及对应的频率；

令 $V(j\omega)=0$，求出 ω，代入 $U(\omega)$ 中，即可求出奈氏曲线与实轴的交点以及对应的频率。

例 5-3 已知系统开环传递函数为 $G(s)H(s)=\dfrac{1}{s(Ts+1)}$，试绘制其极坐标图。

解 首先写出系统的频率特性、幅频特性和相频特性。

频率特性：$G(j\omega)H(j\omega)=\dfrac{1}{j\omega(1+j\omega T)}=-\dfrac{T}{1+\omega^2T^2}-j\dfrac{1}{\omega(1+\omega^2T^2)}$；

幅频特性：$A(\omega)=|G(j\omega)H(j\omega)|=\dfrac{1}{\omega\sqrt{1+T^2\omega^2}}$；

相频特性：$\varphi(\omega)=\angle G(j\omega)H(j\omega)=-90°-\arctan T\omega$；

实频特性：$U(\omega)=\dfrac{-T}{1+\omega^2T^2}$；

虚频特性：$V(\omega)=-\dfrac{1}{\omega(1+\omega^2T^2)}$。

可以通过频率特性的各种表示方法得到表 5-8，此外，也可从系统类型得知奈氏曲线的起点和终点，即系统为 I 型系统，$n-m=2$，因此，起点为 $\infty\angle-90°$，且 $\omega\to0$ 时，实频特性 $U(\omega)\to-T$，低频段有值为 $-T$ 的渐近线。高频段以 $-90°(n-m)=-180°$的方向进入坐标原点。根据实频特性和虚频特性的表达式，奈氏曲线没有与实轴和虚轴相交。因此，其奈氏曲线如图 5-10 所示。

表 5-8 例 5-3 幅相频特性取值

ω	$\angle G(j\omega)H(j\omega)$	$\|G(j\omega)H(j\omega)\|$	$U(\omega)$	$V(\omega)$
0	−90°	∞	$-T$	−∞
∞	−180°	0	0	0

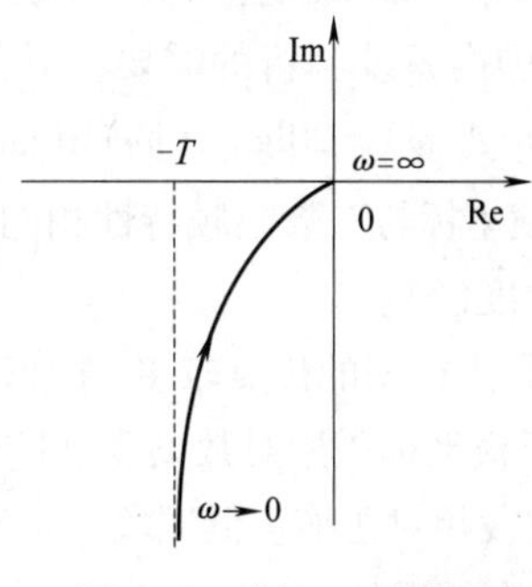

图 5-10 例 5-3 的奈氏曲线

例 5-4 已知系统的开环传递函数为 $G(s)H(s)=\dfrac{5}{s(s+1)(2s+1)}$，试绘制此系统的奈氏图。

解 此系统的频率特性：

$$G(j\omega)H(j\omega)=\frac{5}{j\omega(j\omega+1)(2j\omega+1)}$$

这是一个I型系统，由奈氏曲线的绘制规则可得起点为 $\infty\angle-90°$，奈氏曲线的终点为 $0\angle-270°$。同时，将频率特性改写成实部和虚部相加的形式：

$$\begin{aligned}G(j\omega)H(j\omega)&=\frac{5}{j\omega(j\omega+1)(2j\omega+1)}\\&=\frac{5j(1-2\omega^2-3j\omega)}{-\omega[(1-2\omega^2)^2+(3\omega)^2]}\end{aligned}$$

$$=\frac{15\omega+5j(1-2\omega^2)}{-\omega(1+5\omega^2+4\omega^4)}$$

$$=\frac{-15}{1+5\omega^2+4\omega^4}-\frac{5j(1-2\omega^2)}{\omega(1+5\omega^2+4\omega^4)}$$

实频特性：$U(\omega)=\frac{-15}{1+5\omega^2+4\omega^4}$。

虚频特性：$V(\omega)=\frac{5(1-2\omega^2)}{\omega(1+5\omega^2+4\omega^4)}$。

令 $V(\omega)=0$，即 $1-2\omega^2=0$。可得 $\omega=\frac{1}{\sqrt{2}}$，代入 $U(\omega)$ 可得曲线与实轴的交点为 $U\left(\frac{1}{\sqrt{2}}\right)=\frac{-15}{1+5\times\frac{1}{2}+4\times\frac{1}{4}}=\frac{-15\times2}{9}\approx-3.33$。

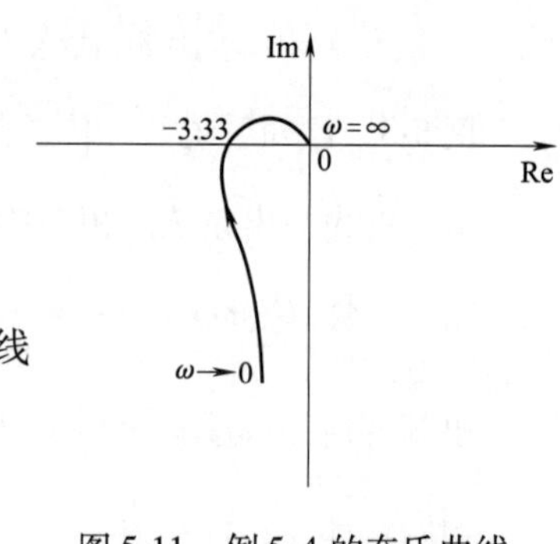

图 5-11 例 5-4 的奈氏曲线

其奈氏曲线如图 5-11 所示。

5.2.2 对数坐标图

频率特性的对数坐标图又称 Bode（伯德）图或对数频率特性图，它包含对数幅频特性图和对数相频特性图，画在半对数纸上。其对数幅频特性的横坐标为 ω，采用对数分度，即横轴上标示的是 ω，但实际以 $\lg\omega$ 为刻度进行分段，如图 5-12 所示。ω 的坐标刻度是 10^n，$n=\cdots,-2,-1,0,1,2,\cdots$。例如，如果系统工作在 $\omega=0.3\sim80$，坐标刻度可取 0.1、1、10 和 100，就能满足该范围内系统分析的需要。对数幅频特性的纵坐标为 $L(\omega)=20\lg A(\omega)=20\lg|G(j\omega)H(j\omega)|$，单位为 dB。对数相频特性的横坐标与对数幅频特性相同，按对数刻度，标以频率值 ω，纵坐标为 $\varphi(\omega)=\angle G(j\omega)H(j\omega)$，单位为度（°）。

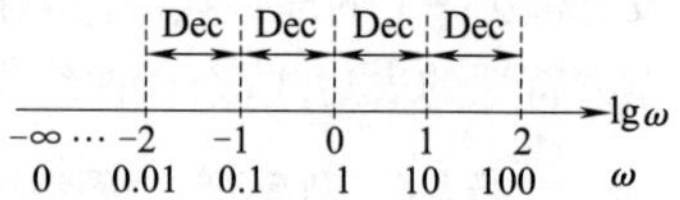

图 5-12 ω 标度（Dec 表示 10 倍频）

采用对数坐标图的优点较多，主要表现在：

(1)由于横坐标采用对数刻度，可以将很宽的频率范围展示在一张图上，同时将低频段相对展宽，而将高频段相对压缩。低频段频率特性的形状对于控制系统性能的研究具有较重要的意义，因此，有利于分析系统。

(2)通过对数处理可将乘除运算变成加减运算。

例如，n 个环节串联时：

$$\begin{aligned}G(j\omega)&=G_1(j\omega)G_2(j\omega)\cdots G_n(j\omega)\\&=A_1(\omega)e^{j\varphi_1(\omega)}A_2(\omega)e^{j\varphi_2(\omega)}\cdots A_n(\omega)e^{j\varphi_n(\omega)}\\&=A_1(\omega)A_2(\omega)\cdots A_n(\omega)e^{j[\varphi_1(\omega)+\varphi_2(\omega)+\cdots+\varphi_n(\omega)]}\end{aligned}$$

对数幅频特性：

$$\begin{aligned}L(\omega)&=20\lg|G(j\omega)|=20\lg A_1(\omega)A_2(\omega)\cdots A_n(\omega)\\&=20\lg A_1(\omega)+20\lg A_2(\omega)+\cdots+20\lg A_n(\omega)\\&=L_1(\omega)+L_2(\omega)+\cdots+L_n(\omega)\end{aligned}\tag{5-9}$$

$$\varphi(\omega)=\varphi_1(\omega)+\varphi_2(\omega)+\cdots+\varphi_n(\omega)\tag{5-10}$$

因此，当绘制由多个典型环节串联而成的系统的对数幅频特性图时，只要将各环节对数坐标图的纵坐标相加即可,其对数相频特性也等于各环节的相频特性之和,画图过程变得更简单。

(3)在对数坐标图上,所有典型环节的对数幅频特性乃至系统的对数幅频特性均可用分段直线近似表示。这种近似具有相当的精确度。若对分段直线进行修正,即可得到精确的特性曲线。

(4)若将实验所得的频率特性数据整理并用分段直线画出对数频率特性,很容易写出实验对象的频率特性表达式或传递函数。

下面先介绍典型环节的对数坐标图,然后再介绍一般开环传递函数的对数坐标图的绘制方法。

1. 典型环节的对数坐标图

1)比例环节

传递函数:$G(s)=K$;

频率特性:$G(\mathrm{j}\omega)=K$;

对数幅频特性:$L(\omega)=20\lg|G(\mathrm{j}\omega)|=20\lg K=\begin{cases}0, & K=1\\ 20\lg K>0, K>1\\ 20\lg K<0, 0<K<1\end{cases}$;

对数相频特性:$\varphi(\omega)=\angle G(\mathrm{j}\omega)=0°$。

比例环节的对数坐标图如图 5-13 所示。对数幅频特性是一条幅值为 $20\lg K$,且平行于横轴的直线,当 $K>1$ 时直线位于横轴上方,当 $K<1$ 时直线位于横轴下方,当 $K=1$ 时与横轴重合。比例环节的相频特性是一条与横轴重合的直线。

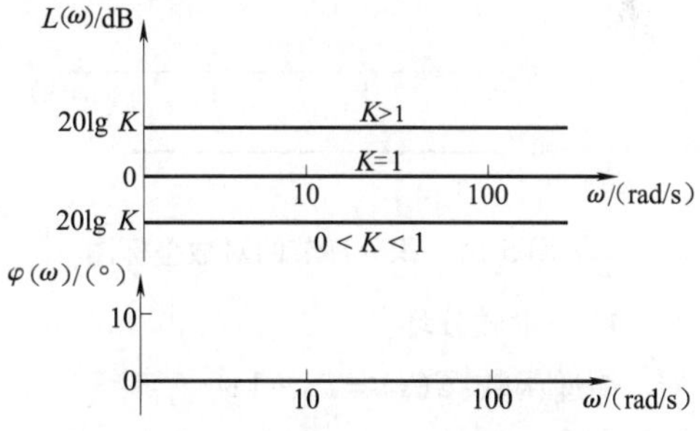

图 5-13　比例环节的对数坐标图

2)积分环节

传递函数:$G(s)=\dfrac{1}{s}$;

频率特性:$G(\mathrm{j}\omega)=\dfrac{1}{\mathrm{j}\omega}$;

对数幅频特性:$L(\omega)=20\lg|G(\mathrm{j}\omega)|=20\lg\dfrac{1}{\omega}=-20\lg\omega$;

对数相频特性:$\varphi(\omega)=\angle G(\mathrm{j}\omega)=-90°$。

绘制对数幅频特性图时,根据两点确定一条直线,因此可选择两个特殊点。例如,可取 $\omega=0.1$ 时,$L(\omega)=-20\lg\omega=20$ dB 以及 $\omega=1$ 时,$L(\omega)=0$ dB。在该直线上,频率 ω 由 0.1 增大 10 倍,变为 1 时,纵坐标数值减少 20 dB,因此该直线斜率为 −20 dB/dec。相频特性恒为 −90°,是一条平行于横轴的直线。积分环节的对数坐标图如图 5-14 所示。在对数幅频特性图中,可根据下面的求斜率公式求出某一点处的频率:

$$\text{直线段斜率}=\frac{L(\omega_2)-L(\omega_1)}{\lg\omega_2-\lg\omega_1}$$

如果 n 个积分环节串联,则传递函数为 $G(s)=\dfrac{1}{s^n}$,对数幅频特性为

$$L(\omega)=20\lg|G(\mathrm{j}\omega)|=20\lg\frac{1}{\omega^n}=-20n\lg\omega$$

这是一条斜率为 $-20n$ dB/dec 的直线,并且当 $\omega=1$ 时,$L(\omega)=0$ dB,即在 $\omega=1$ 时穿越横轴。

对数相频特性为 $\varphi(\omega)=\angle G(\mathrm{j}\omega)=-n\cdot 90°$，它与 ω 的值无关，是一条通过纵轴 $-n\cdot 90°$ 并平行于横轴的直线。

3）纯微分环节

传递函数：$G(s)=s$；

频率特性：$G(\mathrm{j}\omega)=\mathrm{j}\omega$；

对数幅频特性：$L(\omega)=20\lg|G(\mathrm{j}\omega)|=20\lg\omega$；

对数相频特性：$\varphi(\omega)=\angle G(\mathrm{j}\omega)=90°$。

例如，可取 $\omega=0.1$ 时，$L(\omega)=-20$ dB 以及 $\omega=1$ 时，$L(\omega)=0$ dB 绘制对数幅频特性图。在该直线上，频率 ω 由 0.1 增大 10 倍变为 1 时，纵坐标数值增大 20 dB，因此该直线斜率为 20 dB/dec。相频特性是一条通过纵轴 90°且平行于横轴的直线。纯微分环节的对数坐标图如图 5-15 所示，在 $\omega=1$ 处，直线穿越横轴。

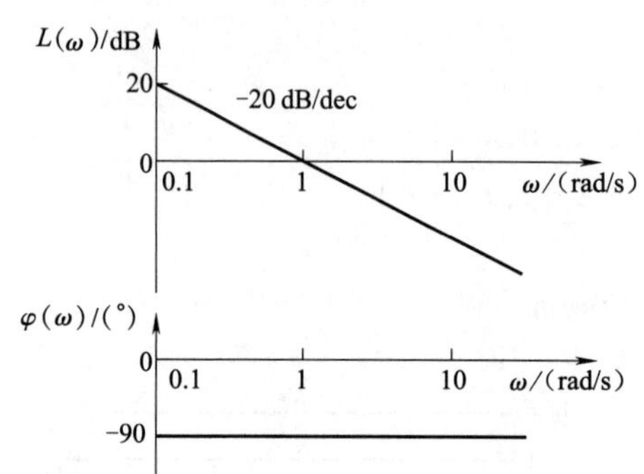

图 5-14　积分环节的对数坐标图

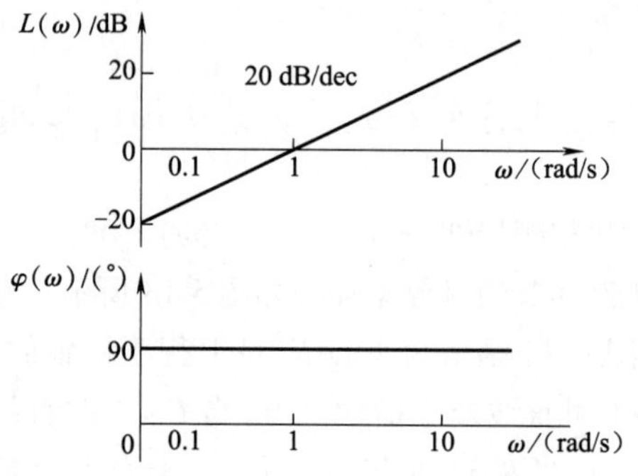

图 5-15　纯微分环节的对数坐标图

4）一阶微分环节

传递函数：$G(s)=\tau s+1$；

频率特性：$G(\mathrm{j}\omega)=\mathrm{j}\omega\tau+1$；

对数幅频特性：$L(\omega)=20\lg|G(\mathrm{j}\omega)|=20\lg\sqrt{1+\omega^2\tau^2}$；

对于上式，在 $\omega\ll\dfrac{1}{\tau}$，即 ω 处于低频段时，$\omega\tau\ll 1$，因此，可略去 $\omega\tau$，可得

$$L(\omega)=20\lg|G(\mathrm{j}\omega)|=20\lg\sqrt{1+\omega^2\tau^2}\approx 20\lg 1=0\ \mathrm{dB} \tag{5-11}$$

在 $\omega\gg\dfrac{1}{\tau}$，即高频段时，$\omega\tau\gg 1$，可略去 1，可得

$$L(\omega)=20\lg|G(\mathrm{j}\omega)|=20\lg\sqrt{1+\omega^2\tau^2}\approx 20\lg\omega\tau=20\lg\omega+20\lg\tau \tag{5-12}$$

式（5-11）表示在 $\omega\ll\dfrac{1}{\tau}$ 时，对数幅频特性的近似直线段为 0 dB 线。式（5-12）表示在 $\omega\gg\dfrac{1}{\tau}$ 时，近似直线段斜率为 20 dB/dec，这两条直线段相交于横轴上的 $\omega=\dfrac{1}{\tau}$ 点处。其交点坐标 $\omega=\dfrac{1}{\tau}$ 称为转折频率。这两条直线形成的折线称为一阶微分环节的渐近线，渐近线与实际曲线的误差计算如下：

$\omega\tau=1\left(即\ \omega=\dfrac{1}{\tau}\right)$时，$20\lg\sqrt{1+\omega^2\tau^2}-20\lg 1=20\lg\sqrt{2}\ \mathrm{dB}\approx 3\ \mathrm{dB}$

$\omega\tau=\dfrac{1}{2}$时，$20\lg\sqrt{1+\omega^2\tau^2}-20\lg 1=20\lg\dfrac{\sqrt{5}}{2}\ \text{dB}\approx 1\ \text{dB}$

$\omega\tau=2$ 时，$20\lg\sqrt{1+\omega^2\tau^2}-20\lg\omega\tau\approx 1\ \text{dB}$

其最大误差发生在 $\omega=\dfrac{1}{\tau}$时，可见用渐近线代替实际对数幅频特性曲线的误差并不大，如果需要精确绘制对数幅频特性曲线，可按误差对渐近线进行修正。在 $\omega=\dfrac{1}{\tau}$处提高 3 dB，在 $\omega=\dfrac{1}{\tau}$的二倍频和二分之一倍频处提高 1 dB，用曲线绘制即可。

对数相频特性：$\varphi(\omega)=\angle G(\mathrm{j}\omega)=\arctan\omega\tau$。

根据上式，当 $\omega=\dfrac{1}{\tau}$时，$\varphi(\omega)=45°$；当 $\omega=0$ 时，$\varphi(\omega)=0°$；当 $\omega\to\infty$ 时，$\varphi(\omega)=90°$。一阶微分环节的对数坐标图如图 5-16 所示，其中直线表示渐近线，曲线表示经误差修正后的精确曲线。

5）惯性环节

传递函数：$G(s)=\dfrac{1}{1+Ts}$；

频率特性：$G(\mathrm{j}\omega)=\dfrac{1}{1+\mathrm{j}\omega T}$；

对数幅频特性：$L(\omega)=20\lg|G(\mathrm{j}\omega)|=-20\lg\sqrt{1+\omega^2T^2}$。

对于上式，在 $\omega\ll\dfrac{1}{T}$，即低频段时，可略去 ωT，可得

$$L(\omega)=20\lg|G(\mathrm{j}\omega)|=-20\lg\sqrt{1+\omega^2T^2}\approx-20\lg 1\ \text{dB}=0\ \text{dB} \tag{5-13}$$

在 $\omega\gg\dfrac{1}{T}$，即高频段时，可略去 1，可得

$$L(\omega)=20\lg|G(\mathrm{j}\omega)|=-20\lg\sqrt{1+\omega^2T^2}\approx-20\lg\omega T=-20\lg\omega-20\lg T \tag{5-14}$$

式(5-13)表示在 $\omega\ll\dfrac{1}{T}$时近似直线段为 0 dB 线，式(5-14)表示在 $\omega=\dfrac{1}{T}$时，$L(\omega)=0$ dB，$\omega\gg\dfrac{1}{T}$时的近似直线段斜率为 -20 dB/dec，这两条直线段相交于横轴上的 $\omega=\dfrac{1}{T}$点处。转折频率为 $\omega=\dfrac{1}{T}$。与一阶微分环节的分析类似，渐近线与实际曲线的最大误差发生 $\omega=\dfrac{1}{T}$处，此时误差为

$$-20\lg\sqrt{1+\omega^2T^2}-20\lg 1=-20\lg\sqrt{2}\ \text{dB}\approx-3\ \text{dB}$$

如果需要精确绘制对数幅频特性，可按误差对渐近线进行修正，在 $\omega=\dfrac{1}{T}$处减小 3 dB。

对数相频特性：$\varphi(\omega)=\angle G(\mathrm{j}\omega)=-\arctan\omega T$。

根据上式，当 $\omega=\dfrac{1}{T}$时，$\varphi(\omega)=-45°$；当 $\omega=0$ 时，$\varphi(\omega)=0°$；当 $\omega\to\infty$ 时，$\varphi(\omega)=-90°$。惯性环节的对数坐标图如图 5-17 所示，其中直线表示渐近线，曲线表示精确曲线。

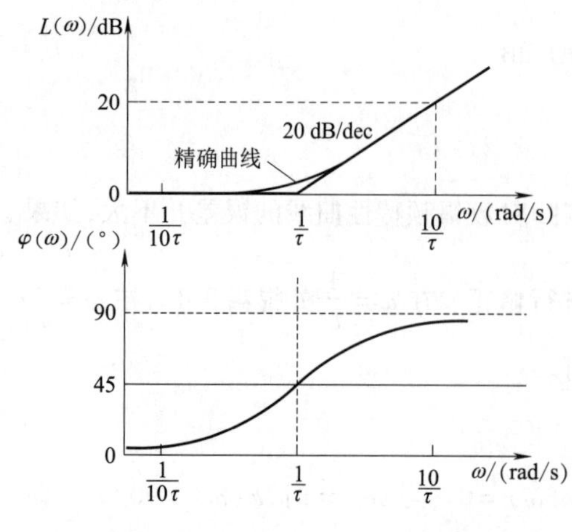

图 5-16 一阶微分环节的对数坐标图

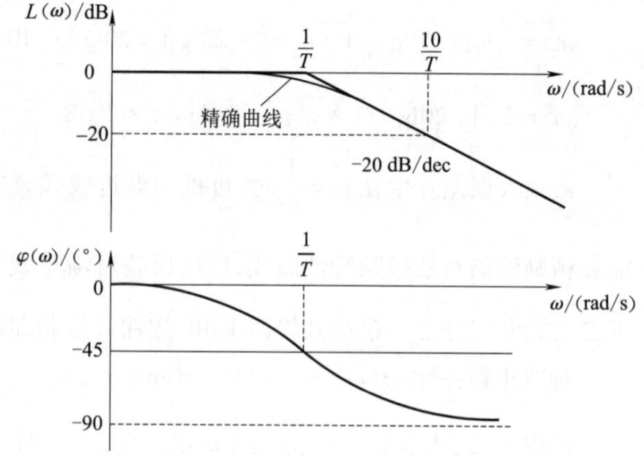

图 5-17 惯性环节的对数坐标图

6）振荡环节

传递函数：$G(s)=\dfrac{1}{T^2s^2+2\xi Ts+1}$；

频率特性：$G(\mathrm{j}\omega)=\dfrac{1}{(1-T^2\omega^2)+2\xi\omega T\mathrm{j}}$；

对数幅频特性：$L(\omega)=20\lg|G(\mathrm{j}\omega)|=-20\lg\sqrt{(1-\omega^2T^2)^2+(2\xi\omega T)^2}$。

从上式可以看出，振荡环节的对数幅频特性是 ω 和 ξ 的二元函数，其精确曲线比较复杂，一般用渐近线代替。

在 $\omega\ll\dfrac{1}{T}$，即低频段时，可略去 ωT，可得

$$L(\omega)=20\lg|G(\mathrm{j}\omega)|\approx-20\lg 1\ \mathrm{dB}=0\ \mathrm{dB} \tag{5-15}$$

在 $\omega\gg\dfrac{1}{T}$，即高频段时，可略去 1 和 $2\xi\omega T$，可得

$$L(\omega)=20\lg|G(\mathrm{j}\omega)|\approx-20\lg\omega^2T^2=-40\lg\omega T \tag{5-16}$$

式(5-15)表示低频段是一条 0 dB 线，式(5-16)表示高频段是一条斜率为 −40 dB/dec 的直线，这两条直线交于转折频率 $\omega=\dfrac{1}{T}=\omega_n$ 处。这两条直线形成的折线就是振荡环节对数幅频特性的渐近线。渐近线与实际曲线的最大误差发生 $\omega=\dfrac{1}{T}$处，此时误差为

$$-20\lg 2\xi-20\lg 1=20\lg\frac{1}{2\xi}$$

如果需要画出精确的对数幅频特性曲线，就需要根据 ξ 的值对渐近线进行修正。

对数相频特性：$\varphi(\omega)=\angle G(\mathrm{j}\omega)=\begin{cases}-\arctan\dfrac{2\xi\omega T}{1-T^2\omega^2}, & \omega\leqslant\dfrac{1}{T}\\ -\left(\pi-\arctan\dfrac{2\xi\omega T}{T^2\omega^2-1}\right), & \omega>\dfrac{1}{T}\end{cases}$。

根据上式，对数相频特性也是 ω 和 ξ 的二元函数。当 $\omega=\dfrac{1}{T}$时，$\varphi(\omega)=-90°$；当 $\omega=0$ 时，$\varphi(\omega)=0°$；当 $\omega\to\infty$ 时，$\varphi(\omega)=-180°$。图 5-18 给出了不同阻尼比时振荡环节的对数坐标图。

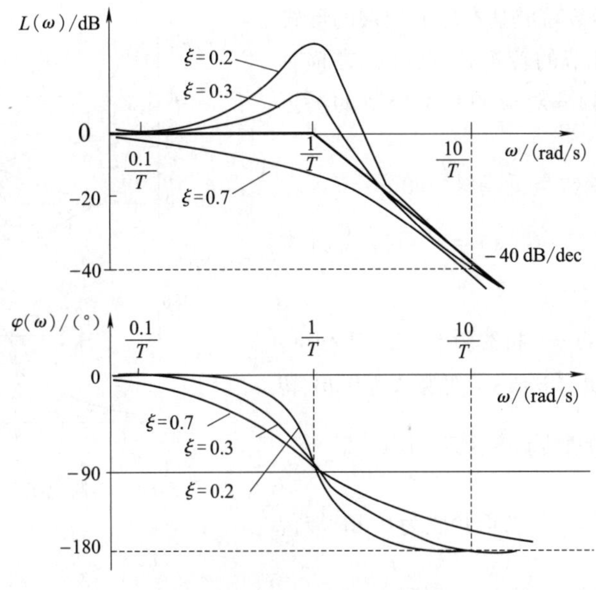

图 5-18　振荡环节的对数坐标图

7）二阶微分环节

传递函数：$G(s)=\tau^2s^2+2\xi\tau s+1$；

频率特性：$G(j\omega)=(1-\tau^2\omega^2)+2\xi\omega\tau j$；

对数幅频特性：$L(\omega)=20\lg|G(j\omega)|=20\lg\sqrt{(1-\omega^2\tau^2)^2+(2\xi\omega\tau)^2}$。

二阶微分环节和振荡环节类似，仅差一个负号，因此，在 $\omega\ll\frac{1}{\tau}$，即低频段时，$L(\omega)\approx 0$ dB，是一条 0 dB 线；在 $\omega\gg\frac{1}{\tau}$，即高频段时，$L(\omega)\approx 40\lg\omega\tau$，是一条斜率为 40 dB/dec 的直线，这两条直线交于转折频率 $\omega=\frac{1}{\tau}$处。这两条直线形成的折线就是二阶微分环节的渐近线。渐近线与实际曲线的最大误差发生 $\omega=\frac{1}{\tau}$处，具体分析与振荡环节类似，其误差与 ξ 有关。

$$\text{对数相频特性：}\varphi(\omega)=\angle G(j\omega)=\begin{cases}\arctan\dfrac{2\xi\omega\tau}{1-\tau^2\omega^2},\omega\leqslant\dfrac{1}{\tau}\\ \pi-\arctan\dfrac{2\xi\omega\tau}{\tau^2\omega^2-1},\omega>\dfrac{1}{\tau}\end{cases}\text{。}$$

根据上式，对数相频特性也是 ω 和 ξ 的二元函数，当 $\omega=0$ 时，$\varphi(\omega)=0°$；当 $\omega=\frac{1}{\tau}$时，$\varphi(\omega)=90°$；当 $\omega\to\infty$ 时，$\varphi(\omega)=180°$。图 5-19 给出了不同阻尼比时的二阶微分环节的对数坐标图。

2. 绘制系统对数坐标图的一般步骤

由式(5-9)和式(5-10)可知，系统的开环对数幅频特性等于各串联环节的对数幅频特性之和，相频特性等于各环节的相频特性之和，因此，将系统的开环传递函数写成基本环节相乘的形式，用基本环节的直线或折线渐近线代替精确的幅频特性，求它们的和，可以得到折线形式的对数幅频特性图。对于一般的控制系统，绘制开环对数幅频特性图的一般步骤如下：

(1)将开环传递函数写成基本环节相乘的形式。

(2)计算各基本环节的转折频率,并标在横轴上。同时标出各转折频率对应的基本环节的渐近线的斜率。

基本环节的传递函数与折线斜率如下:

①比例与积分环节:$G(s)=\frac{K}{s}$,折线斜率为 -20 dB/dec。

②纯微分环节:$G(s)=s$,折线斜率为20 dB/dec。

③一阶微分环节:$G(s)=\tau s+1$,低频段为0 dB,转折频率为 $\omega=\frac{1}{\tau}$,高频段折线斜率为20 dB/dec。

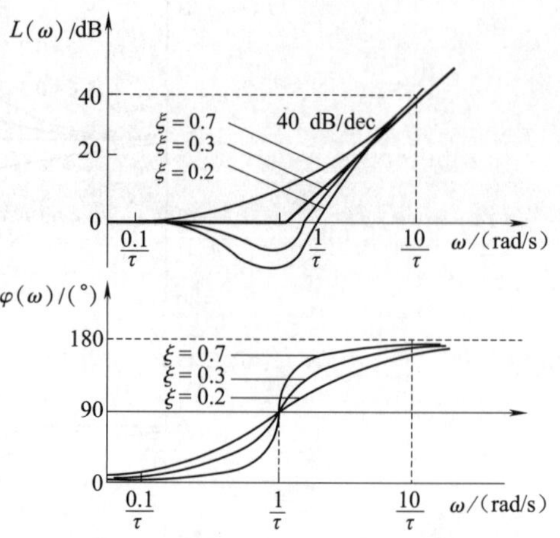

图 5-19　二阶微分环节的对数坐标图

④惯性环节:$G(s)=\frac{1}{Ts+1}$,低频段为0 dB,转折频率为 $\omega=\frac{1}{T}$,高频段折线斜率为 -20 dB/dec。

⑤振荡环节:$G(s)=\frac{1}{T^2s^2+2\xi Ts+1}$,低频段为0 dB,转折频率为 $\omega=\frac{1}{T}$,高频段折线斜率为 -40 dB/dec。

⑥二阶微分环节:$G(s)=\tau^2s^2+2\xi\tau s+1$,低频段为0 dB,转折频率为 $\omega=\frac{1}{\tau}$,高频段折线斜率为40 dB/dec。

(3)设最低的转折频率为 ω_1,先绘制 $\omega<\omega_1$ 的低频段图形,在此频段内,通常只有比例环节、积分环节和纯微分环节起作用。

(4)按由低频到高频的顺序将已画好的直线或折线图延长,每到一个转折频率,折线发生转折,直线的斜率就要在原数值基础上加上转折频率所对应的基本环节的斜率。在每条折线上标明斜率。如需较为精确的曲线,则可在上述折线的各转折频率处进行修正。

例 5-5　已知系统开环传递函数为 $G(s)H(s)=\frac{320}{s(0.01s+1)}$,试绘制对数坐标图。

解　此开环传递函数已经是基本环节相乘的形式,将系统开环传递函数分解为

$$G(s)H(s)=\frac{320}{s}\times\frac{1}{0.01s+1}$$

系统包含两个环节:

(1)比例积分环节:$G_1(s)=\frac{320}{s}$,斜率为 -20 dB/dec。

(2)惯性环节:转折频率为 $\omega=\frac{1}{0.01}=100$,斜率为 -20 dB/dec。

首先绘制低频段内($\omega<100$)的直线,在该频段内,只有比例积分环节起作用。其频率特性为 $G_1(\mathrm{j}\omega)=\frac{320}{\mathrm{j}\omega}$,对数幅频特性为 $L_1(\mathrm{j}\omega)=20\lg\frac{320}{\omega}$。根据两点确定一条直线,因此可取 $\omega=10$ 时,$L_1(\mathrm{j}\omega)=20\lg 32$ dB ≈ 30 dB;$\omega=320$ 时,$L_1(\mathrm{j}\omega)=20\lg 1$ dB = 0 dB。通过这两个点可以画出低频段内的直线。该直线斜率为 -20 dB/dec,在 $\omega=320$ 时与横轴相交,系统在转折频率 $\omega=100$ 时直

线发生转折，对数幅频特性的斜率由 -20 dB/dec 变为 -40 dB/dec。可连接(1,40)和(10,0)这两个点，由这两点构成的直线斜率就是 -40 dB/dec，如图 5-20 中的虚线①所示，$\omega=100$ 处的 -40 dB/dec 直线与该虚线①平行。

对数相频特性为 $\varphi(\omega)=-\dfrac{\pi}{2}-\arctan 0.01\omega$。当 $\omega\to 0$ 时，$\varphi(\omega)=-90°$；当 $\omega\to\infty$ 时，$\varphi(\omega)=-180°$。根据上述步骤可将其对数坐标图画出，如图 5-20 所示。

例 5-6　已知系统开环传递函数为 $G(s)H(s)=\dfrac{10(s+3)}{s(s+2)(s^2+s+2)}$，试绘制对数幅频特性图。

解　该开环传递函数不是基本环节相乘的形式，因此将其转换为如下形式：

$$G(s)H(s)=\frac{7.5\left(\dfrac{s}{3}+1\right)}{s\left(\dfrac{s}{2}+1\right)\left(\dfrac{s^2}{2}+\dfrac{s}{2}+1\right)}$$

此系统包含以下基本环节（按转折频率由低到高的顺序排列）：

(1) 比例积分环节：$G_1(s)=\dfrac{7.5}{s}$，斜率为 -20 dB/dec。

(2) 振荡环节：转折频率 $\omega_1=\sqrt{2}$，斜率为 -40 dB/dec。

(3) 惯性环节：转折频率 $\omega_2=2$，斜率为 -20 dB/dec。

(4) 一阶微分环节：转折频率 $\omega_3=3$，斜率为 20 dB/dec。

首先绘制低频段内的曲线。最低的转折频率为 $\omega_1=\sqrt{2}$，在 $\omega<\sqrt{2}$ 这个低频段内，只有比例积分环节起作用，其频率特性为 $G_1(\mathrm{j}\omega)=\dfrac{7.5}{\mathrm{j}\omega}$，对数幅频特性为 $L_1(\mathrm{j}\omega)=20\lg\dfrac{7.5}{\omega}$。取两个点，例如，$\omega=0.1$ 时，$L_1(\omega)=20\lg\dfrac{7.5}{\omega}=37.5$ dB；$\omega=1$ 时，$L(\omega)=20\lg\dfrac{7.5}{\omega}=17.2$ dB。通过这两个点可以画出低频段内的直线。该直线斜率为 -20 dB/dec。将该直线延长到转折频率 $\omega_1=\sqrt{2}$ 处，此时，直线斜率变为 -60 dB/dec；将上述折线延长到 $\omega_2=2$ 处，斜率变为 -80 dB/dec；将上述折线延长到 $\omega_3=3$ 处，斜率变为 -60 dB/dec，具体如图 5-21 所示。

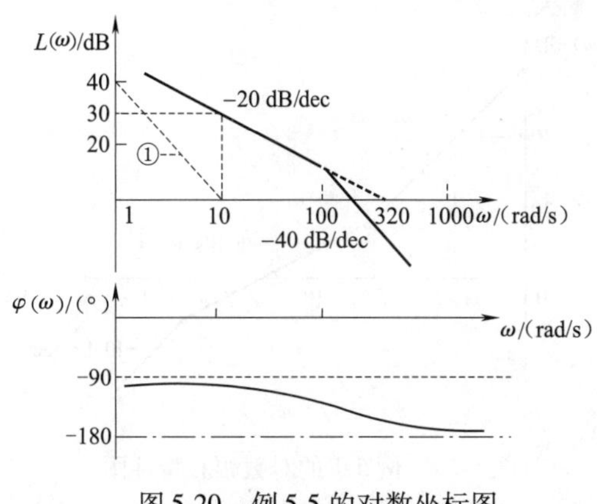

图 5-20　例 5-5 的对数坐标图

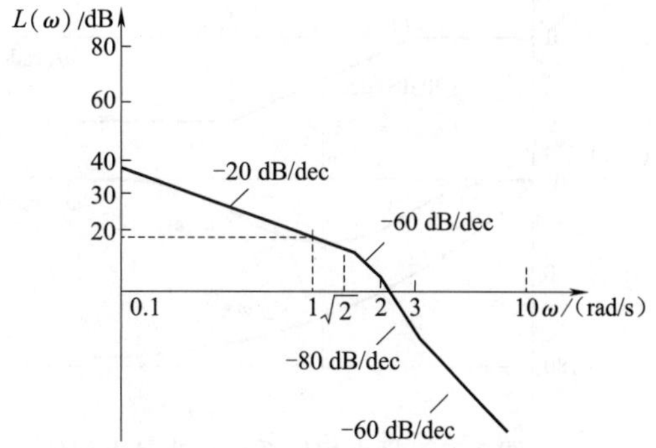

图 5-21　例 5-6 的对数幅频特性图

5.2.3　最小相位系统

系统开环传递函数的极点和零点均在 S 平面的左侧，且不包含时滞环节的系统称为最小相位系统。与之对应，系统如果有 S 平面右半平面的开环零点或极点，或包含时滞环节，则此系统称为非最小相位系统。

最小相位系统具有以下特性：

(1)对开环稳定的系统(满足传递函数分母的阶次 $n \geq$ 传递函数分子的阶次 m)，在具有相同幅频特性的系统中，最小相位系统的相角变化范围最小。

例如，有以下两个系统，其开环传递函数分别为

$$G_1(s)H_1(s) = \frac{1+T_1 s}{1+T_2 s} \qquad G_2(s)H_2(s) = \frac{1-T_1 s}{1+T_2 s} \qquad (T_2 > T_1 > 0)$$

其频率特性分别为

$$G_1(j\omega)H_1(j\omega) = \frac{1+j\omega T_1}{1+j\omega T_2} \qquad G_2(j\omega)H_2(j\omega) = \frac{1-j\omega T_1}{1+j\omega T_2}$$

对数幅频特性为

$$L_1(\omega) = 20\lg\sqrt{1+(\omega T_1)^2} - 20\lg\sqrt{1+(\omega T_2)^2}$$
$$L_2(\omega) = 20\lg\sqrt{1+(\omega T_1)^2} - 20\lg\sqrt{1+(\omega T_2)^2}$$

从上述两个表达式可以看出，这两个系统的对数幅频特性完全一样。

对数相频特性为

$$\varphi_1(\omega) = \arctan \omega T_1 - \arctan \omega T_2$$
$$\varphi_2(\omega) = -\arctan \omega T_1 - \arctan \omega T_2$$

通过相频特性可以看出，在 ω 由 $0 \to \infty$ 时，$\varphi_1(\omega)$ 的相角变化范围小于90°，而 $\varphi_2(\omega)$ 的相角变化范围则高达180°，具体的对数坐标图如图5-22所示。

(2)对于最小相位系统，其对数幅频特性与相频特性之间存在确定的一一对应关系。对于最小相位系统，若知道了其幅频特性，其相频特性也就唯一地确定了。也就是说，只要知道其幅频特性，就能写出此最小相位系统所对应的传递函数。

例5-7 已知最小相位系统的对数幅频特性曲线如图5-23所示，试写出该系统的开环传递函数。

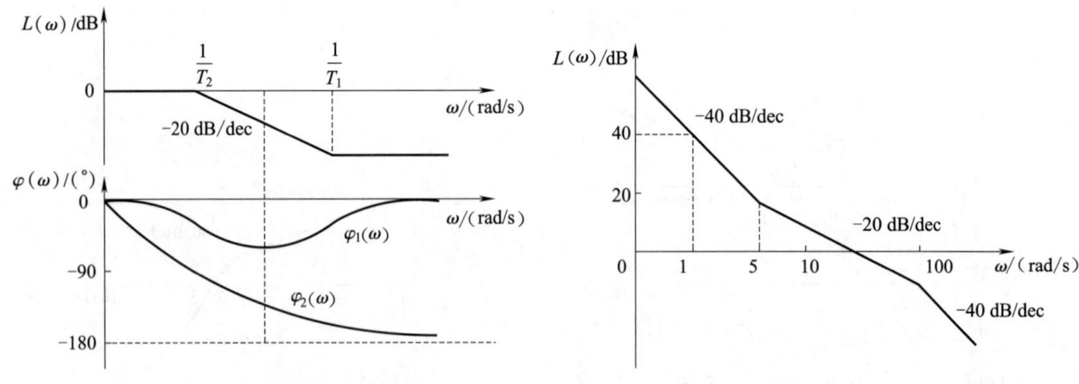

图5-22 最小相位系统与非最小相位系统对数坐标图

图5-23 例5-7的对数幅频特性图

解 根据对数幅频特性曲线图可知，低频段的斜率为 -40 dB/dec，因此，传递函数为 $G_1(s) = \frac{K}{s^2}$；当 $\omega_1 = 5$ 时，折线发生转折，斜率由 -40 dB/dec 变为 -20 dB/dec，故出现了一个一阶微分环

节，传递函数为 $G_2(s)=0.2s+1$；当 $\omega_2=100$ 时，折线又发生转折，斜率由 -20 dB/dec 变为 -40 dB/dec，出现了一个惯性环节，传递函数为 $G_3(s)=\dfrac{1}{0.01s+1}$。因此，此系统的开环传递函数形式为

$$G(s)H(s)=G_1(s)G_2(s)G_3(s)=\frac{K(0.2s+1)}{s^2(0.01s+1)}$$

从图 5-23 可知，当 $\omega=1$ 时，$L_1(\omega)=40$，而 $L_1(\omega)=20\lg\dfrac{K}{\omega^2}$，因此，$K=100$，所以系统的开环传递函数为

$$G(s)H(s)=\frac{100(0.2s+1)}{s^2(0.01s+1)}$$

例 5-8　已知最小相位系统的对数幅频特性如图 5-24 所示，求此系统的开环传递函数。

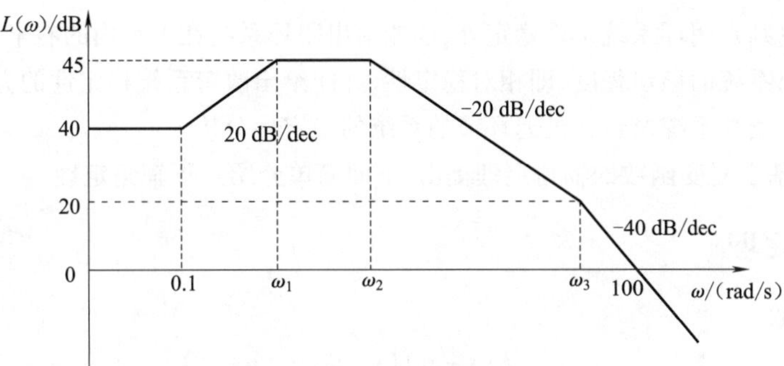

图 5-24　例 5-8 的对数幅频特性图

解　根据对数幅频特性曲线图可知，低频段的斜率为 0 dB 线，此段是一个比例环节；在 $\omega=0.1$ 时，折线斜率由 0 dB 变为 20 dB，增加了一个一阶微分环节；在 $\omega=\omega_1$ 时，折线斜率由 20 dB 变为 0 dB，增加了一个惯性环节；在 $\omega=\omega_2$ 时，折线斜率由 0 dB 变为 -20 dB，增加了一个惯性环节；在 $\omega=\omega_3$ 时，折线斜率由 -20 dB 变为 -40 dB，增加了一个惯性环节。因此此系统的开环传递函数形式为

$$G(s)H(s)=\frac{K\left(\dfrac{s}{0.1}+1\right)}{\left(\dfrac{s}{\omega_1}+1\right)\left(\dfrac{s}{\omega_2}+1\right)\left(\dfrac{s}{\omega_3}+1\right)}$$

从图 5-24 中可知，$20\lg K=40$，因此，$K=10^2=100$。剩下的 3 个转折频率可通过直线段斜率公式求取，即

$\dfrac{45-40}{\lg\omega_1-\lg 0.1}=20$，可求出 $\omega_1=0.1778$。

$\dfrac{0-20}{\lg 100-\lg\omega_3}=-40$，可求出 $\omega_3=31.62$。

$\dfrac{20-45}{\lg\omega_3-\lg\omega_2}=-20$，可求出 $\omega_2=1.778$。

因此，系统开环传递函数为

$$G(s)H(s)=\frac{100\left(\dfrac{s}{0.1}+1\right)}{\left(\dfrac{s}{0.1778}+1\right)\left(\dfrac{s}{31.62}+1\right)\left(\dfrac{s}{1.778}+1\right)}$$

5.3 奈奎斯特稳定判据

第3章给出了控制系统稳定的充要条件是系统的所有闭环极点都在 S 平面的左半平面,但对于高阶系统,求根比较困难,劳斯判据不需要求解系统的特征方程,可以间接判别系统的稳定性,但劳斯判据的缺点是必须明确已知系统的闭环特征方程,而有些系统的闭环特征方程无法写出,因此,无法使用劳斯判据。奈奎斯特稳定判据简称奈氏判据,它是1932年由奈奎斯特提出的,是根据开环频率特性判别闭环系统稳定性的一种准则。开环频率特性绘制比较简单,即便不知道传递函数,也可以通过实验的方法获得开环频率特性,从而进行闭环稳定性的分析。奈氏判据具有以下优点:

(1)除了可以判别闭环系统是否稳定外,还能给出闭环系统在 S 平面的右半平面的根的个数。

(2)可以给出系统的稳定程度,即相对稳定性,并能给出改善系统稳定性的方法。

(3)可用于非线性系统及包含延迟环节的系统的稳定性分析。

奈氏判据是基于复变函数的辐角定理提出,下面简单介绍一下辐角定理。

5.3.1 辐角定理

设有复变函数:

$$F(s)=\frac{K(s-z_1)(s-z_2)\cdots(s-z_m)}{(s-p_1)(s-p_2)\cdots(s-p_n)}$$

除了有限个奇点外,S 平面上的任何一个点将按照上式映射到 $F(s)$ 平面上的相应点,零点将映射到 $F(s)$ 平面上的原点,极点将映射到 $F(s)$ 平面上的无限远点,而其他普通点将映射到 $F(s)$ 平面上除原点外的有限值点,如图5-25所示,$F(s_1)$ 可位于任何一个象限。

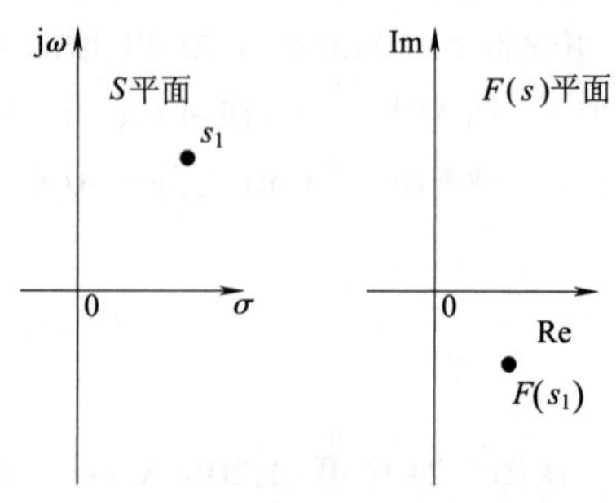

图5-25 点映射关系

辐角定理:设 $F(s)$ 为一单值有理复变函数,它在 S 平面上的封闭曲线 C 内包含 $F(s)$ 的 P 个极点和 Z 个零点,且封闭曲线不通过 $F(s)$ 的任何零点和极点。通过函数 $F(s)$ 的映射,在 $F(s)$ 平面上有一条封闭曲线 C_F 与 S 平面上的封闭曲线 C 对应。当动点 s 沿封闭曲线 C 顺时针方向运动一周时,映射到 $F(s)$ 平面内的轨迹 C_F 将逆时针包围坐标原点 N 次,且 $N=P-Z$。若 $N<0$,则表示顺时针方向包围坐标原点;若 $N=0$,则表示不包围坐标原点。

证明:(1)封闭曲线 C 不包含 $F(s)$ 极点和零点,例如,以 $F(s)$ 有1个零点和3个极点的情况为例,如图5-26(a)所示。当动点 s 沿封闭曲线 C 顺时针运动一周时,矢量 $s-z_1$ 的相角变化为0°,矢量 $s-p_j(j=1,2,3)$ 的相角变化也是0°,即在 $F(s)$ 平面上,$F(s)$ 绕 C_F 一周后的相角变化也是0°,即 $\Delta\angle F(s)=\Delta\angle(s-z_1)-\sum_{j=1}^{3}\Delta\angle(s-p_j)=0°-0°=0°$,表明 C_F 此时不包围原点,如图5-26(b)所示。结论可推广到 $F(s)$ 包含多个零极点的情况。

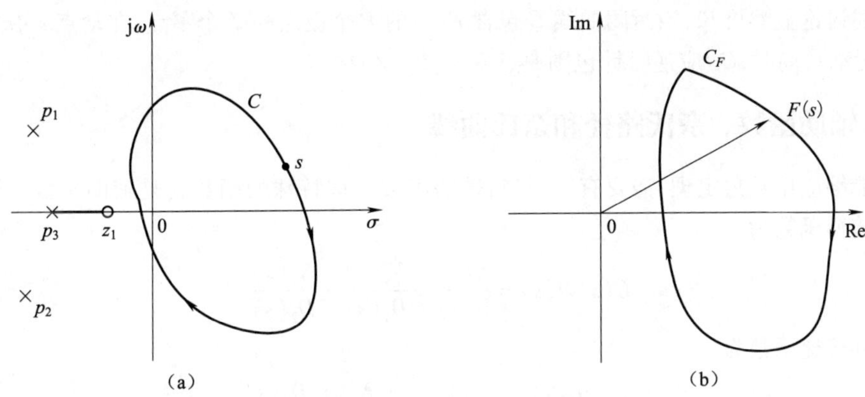

图 5-26　不包含零点和极点时的映射关系

(2)封闭曲线 C 包含 $F(s)$ 的一个零点 z_1 时,如图 5-27 所示。当动点 s 沿封闭曲线 C 顺时针运动一周时,矢量 $s-z_1$ 的角度变化为 -2π,不包括在封闭曲线 C 内的极点的矢量 $s-p_j(j=1,2,3)$ 的角度变化为 0°,即 $\Delta\angle F(s)=\Delta\angle(s-z_1)-\sum_{j=1}^{3}\Delta\angle(s-p_j)=-2\pi$,即 $F(s)$ 绕 C_F 一周后的变化角度是 -2π,也就是顺时针包围原点一次。同理,若封闭曲线 C 包含 $F(s)$ 的 Z 个零点,则 C_F 应顺时针包围原点 Z 次。

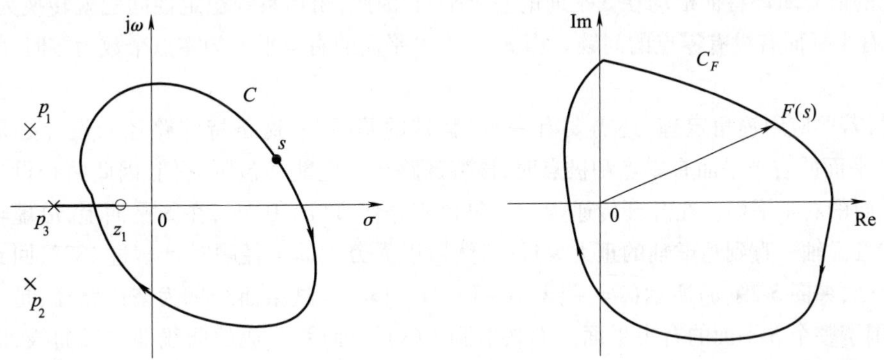

图 5-27　包含零点时的映射关系

(3)封闭曲线 C 包含 $F(s)$ 的一个极点,如图 5-28 所示。当动点 s 沿封闭曲线 C 顺时针运动一周时,矢量 $s-p_3$ 的角度变化为 -2π,其余不包括在封闭曲线 C 内的零点和极点的矢量角度均无变化,即 $\Delta\angle F(s)=\Delta\angle(s-z_1)-\sum_{j=1}^{3}\Delta\angle(s-p_j)=2\pi$,即 $F(s)$ 绕 C_F 一周后的变化角度是 2π,也就是逆时针包围原点一次。同理,若封闭曲线 C 包含 $F(s)$ 的 P 个极点,则 C_F 应逆时针包围原点 P 次。

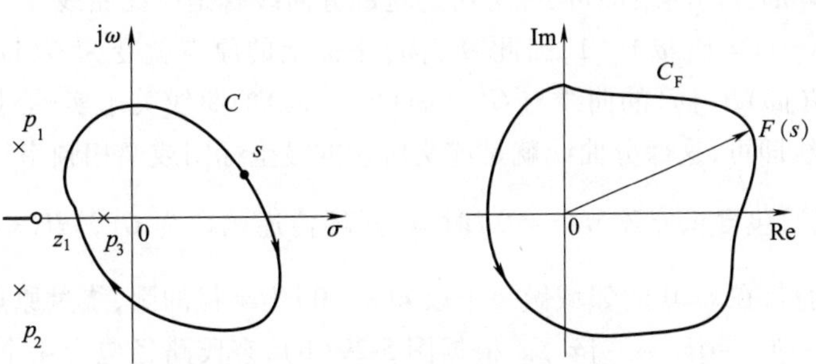

图 5-28　包含极点时的映射关系

由上述讨论显然可知，当封闭曲线 C 包含 $F(s)$ 的 P 个极点和 Z 个零点，在动点 s 沿封闭曲线 C 顺时针运动一周时，C_F 应逆时针包围原点 $N=(P-Z)$ 次。

5.3.2 辅助函数、奈氏路径和奈氏曲线

为了能够应用辐角定理，需要有一个“特殊的函数”，该特殊的函数就是辅助函数。设控制系统的开环传递函数为

$$G(s)H(s)=\frac{N(s)}{D(s)}=\frac{N_1(s)}{D_1(s)}\cdot\frac{N_2(s)}{D_2(s)} \tag{5-17}$$

则系统闭环传递函数为

$$\Phi(s)=\frac{G(s)}{1+G(s)H(s)}=\frac{N_1(s)D_2(s)}{N_1(s)N_2(s)+D_1(s)D_2(s)} \tag{5-18}$$

系统的闭环特征方程为 $1+G(s)H(s)=0$。构建辅助函数 $F(s)$，令

$$F(s)=1+G(s)H(s)=1+\frac{N_1(s)}{D_1(s)}\cdot\frac{N_2(s)}{D_2(s)}=\frac{N_1(s)N_2(s)+D_1(s)D_2(s)}{D_1(s)D_2(s)} \tag{5-19}$$

比较式(5-17)～式(5-19)，$F(s)$ 的极点就是开环传递函数的极点，其个数通常用 P 表示，$F(s)$ 的零点是系统闭环传递函数的极点，其个数通常用 Z 表示。根据第 3 章的知识，系统稳定的充要条件是系统的所有闭环特征根均在 S 平面的左半平面，因此，闭环系统稳定性问题就转换为 $F(s)$ 在 S 平面的右半平面有没有零点的问题。当 $F(s)$ 在 S 平面的右半平面的零点个数为零时，闭环系统是稳定的。

此时，若要应用辐角定理，还需要有一条“特殊的路径”。这条特殊路径的设计必须要确保 $F(s)$ 在 S 平面的右半平面有零点和极点时，该特殊路径一定能够包围它们，因此路径设计为包围整个 S 平面的右半平面。在开环传递函数不包含积分环节($v=0$)时，在 S 平面上，沿虚轴的负无穷远处顺着虚轴一直到达虚轴的正无穷远处，然后以无穷大的半径顺时针转过 180°，回到虚轴的负无穷远处，如图 5-29(a)所示($s=-\mathrm{j}\infty\to+\mathrm{j}\infty\to-\mathrm{j}\infty$)。这条曲线称为奈氏路径，是一条封闭曲线，包围了整个 S 平面的右半平面。而映射到 $F(s)$ 平面后，形成的曲线即奈氏曲线，以下给出说明：

在图 5-29(a)中，奈氏路径由两部分组成，一部分是沿虚轴由下而上移动，取试验点 $s=\mathrm{j}\omega$，此时 s 在整个虚轴上的移动就是从 $-\mathrm{j}\infty$ 到 $+\mathrm{j}\infty$ 的变化，它在 $F(\mathrm{j}\omega)$ 平面形成的曲线 $F(\mathrm{j}\omega)=1+G(\mathrm{j}\omega)H(\mathrm{j}\omega)$ 即奈氏曲线。奈氏路径的另一部分是右半平面半径为 ∞ 的半圆，当 s 点沿这个半圆运动时，由于开环传递函数分母的阶次通常高于或等于分子的阶次，$F(\mathrm{j}\omega)$ 是一个常数，因此，右半平面半径为 ∞ 的半圆对奈氏曲线是否包围坐标原点没有影响，因此只需画出 ω 由 $-\infty\to0$ 以及 $0\to\infty$ 部分的曲线即可，综上所述这部分曲线就是奈氏曲线。

由于 $G(\mathrm{j}\omega)H(\mathrm{j}\omega)=F(\mathrm{j}\omega)-1$，因此，$F(\mathrm{j}\omega)$ 平面上的原点就变为 $G(\mathrm{j}\omega)H(\mathrm{j}\omega)$ 平面上的 $(-1,\mathrm{j}0)$ 点。而 $G(\mathrm{j}\omega)H(\mathrm{j}\omega)$ 的曲线与 $G(-\mathrm{j}\omega)H(-\mathrm{j}\omega)$ 的曲线关于实轴对称，因此只需画出 $G(\mathrm{j}\omega)H(\mathrm{j}\omega)$ 的曲线即可，这部分曲线就是前文所述的极坐标图或幅相频率特性曲线。

当开环传递函数包含积分环节($v\neq0$)时，设开环传递函数为 $G(s)H(s)=\dfrac{KN(s)}{s^vD(s)}$，此时奈氏路径需要进行调整，在 $s=0$ 的邻域做一个以 $\varepsilon(\varepsilon\to0)$ 为半径的圆，绕过原点，如图 5-29(b)所示($s=-\mathrm{j}\infty\to\mathrm{j}0^-\to\mathrm{j}0^+\to\mathrm{j}\infty\to-\mathrm{j}\infty$)。根据图 5-29(b)，奈氏路径包含 4 个部分：右半平面半径为 ∞ 的圆，$-\mathrm{j}\infty$ 到 $\mathrm{j}0^-$，$\mathrm{j}0^+$ 到 $\mathrm{j}\infty$，以原点为圆心，以 $\varepsilon(\varepsilon\to0)$ 为半径的小半圆，即 $\mathrm{j}0^-$ 到 $\mathrm{j}0^+$。

它与不包含积分环节情况的区别就在于原点附近，当 s 在小半圆以外的负虚轴和正虚轴上变化时，$G(\mathrm{j}\omega)H(\mathrm{j}\omega)$ 的曲线和无积分时画法相同。下面分析 $s=0$ 附近时 $G(s)H(s)$ 的增补曲线。位于无限小半圆上的点可表示为 $s=\varepsilon e^{\mathrm{j}\theta}\left(-\frac{\pi}{2}<\theta<\frac{\pi}{2}\right)$，由于 $\varepsilon\to0$，因此，$N(s)=D(s)=1$，此时系统的开环传递函数为 $G(s)H(s)=\frac{K}{s^v}=\frac{K}{\varepsilon^v}e^{-\mathrm{j}v\theta}=\infty\,e^{-\mathrm{j}v\theta}$，因此，当 s 由 $\mathrm{j}0^-$ 变化到 $\mathrm{j}0^+$ 时，θ 从 $-\frac{\pi}{2}$ 变化到 $+\frac{\pi}{2}$，因此，$\angle G(\mathrm{j}\omega)H(\mathrm{j}\omega)$ 从 $\frac{v}{2}\pi$ 变化到 $-\frac{v}{2}\pi$，也就是顺时针转过了 $v\pi$ 弧度。当 $\omega=0$ 时，幅值为无穷大，即位于正实轴的无穷远处。

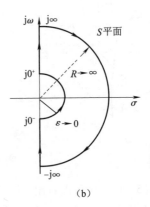

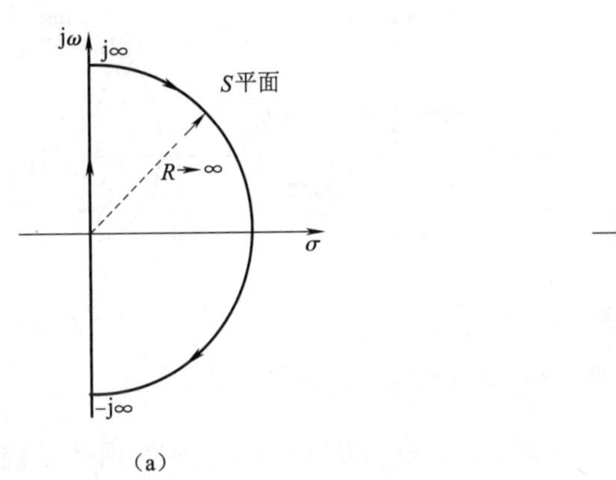

图 5-29　奈氏路径

对上述阐述进行总结，可以得到如下结论：

(1) 若开环传递函数不包含积分环节，即 $v=0$，先画出 $\omega>0$ 时的 $G(\mathrm{j}\omega)H(\mathrm{j}\omega)$ 的极坐标图，再取关于实轴对称的图形就得到 $G(-\mathrm{j}\omega)H(-\mathrm{j}\omega)$，即可得到完整的频率特性曲线。

(2) 如果开环传递函数包含 v 个积分环节，增补的曲线绘制方法为：当 ω 由 $0^-\to0\to0^+$ 变化时，$G(\mathrm{j}\omega)H(\mathrm{j}\omega)$ 应顺时针转过 $v\pi$ 角度。当 ω 由 $0\to0^+$ 变化时，$G(\mathrm{j}\omega)H(\mathrm{j}\omega)$ 应顺时针转过 $\frac{v}{2}\pi$ 角度。当 $\omega=0$ 时，$G(\mathrm{j}\omega)H(\mathrm{j}\omega)$ 位于正实轴的无穷远处。

(3) 当开环传递函数形式为 $G(s)H(s)=-\frac{KN(s)}{s^vD(s)}$ 时，当 ω 由 $0\to0^+$ 变化时，$G(\mathrm{j}\omega)H(\mathrm{j}\omega)$ 应顺时针转过 $\frac{v}{2}\pi$ 弧度。当 $\omega=0$ 时，$G(\mathrm{j}\omega)H(\mathrm{j}\omega)$ 位于负实轴的无穷远处 $\left[G(s)H(s)=\frac{-K}{s^v}=\frac{-K}{\varepsilon^v}e^{-\mathrm{j}v\theta}=-\infty\,e^{-\mathrm{j}v\theta}\right]$。

5.3.3　奈氏稳定判据

通过对映射定理中的概念进行转换，可以得到奈氏稳定判据：闭环系统稳定的充要条件是当 ω 由 $-\infty\to\infty$（包含积分环节时为 $-\infty\to0^-\to0^+\to\infty$，后面统称为 $-\infty\to\infty$）变化时，开环奈氏曲线 $G(\mathrm{j}\omega)H(\mathrm{j}\omega)$ 按逆时针方向包围 $(-1,\ \mathrm{j}0)$ 点的周数 N 等于 P，P 是开环传递函数在 S 平面的右半平面根的个数。如果系统不稳定，则闭环系统在 S 平面的右半平面根的个数 $Z=P-N$。

若系统开环稳定，则 $P=0$，闭环系统稳定的充要条件是 ω 由 $-\infty\to\infty$ 时，开环奈氏曲线

$G(j\omega)H(j\omega)$不包围$(-1, j0)$点。

考虑到奈氏曲线的对称性，因此奈氏稳定判据又可描述为：闭环系统稳定的充要条件是当ω由$0\to\infty$变化时，开环奈氏曲线$G(j\omega)H(j\omega)$应按逆时针方向包围$(-1, j0)$点的周数N等于$\frac{P}{2}$，P是开环传递函数在S平面的右半平面根的个数。如果系统不稳定，则闭环系统在S平面的右半平面根的个数$Z=P-2N$。

例5-9 根据图5-30所示的奈氏图，试判断相应闭环系统的稳定性，并写出闭环系统在S平面的右半平面的极点个数（P为开环传递函数在S平面的右半平面的极点数）。

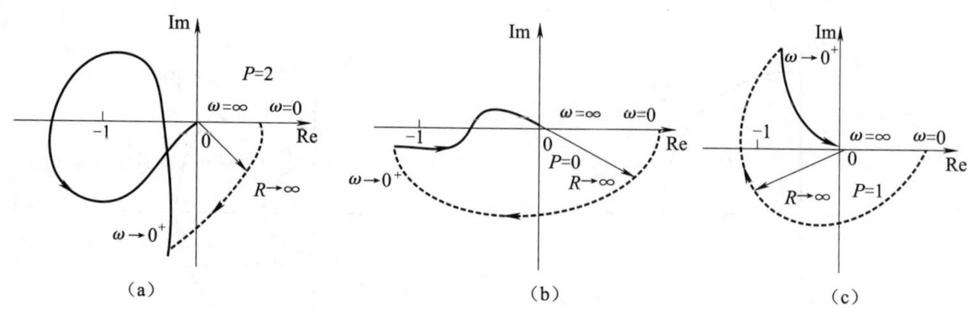

图5-30 例5-9的奈氏图

解 从图5-30(a)中可以看出，$\omega\to0^+$时，$\angle G(j0^+)H(j0^+)=-90°$，因此系统是Ⅰ型系统，$v=1$，需要画增补线；$\omega$由$0\to0^+$变化时，$G(j\omega)H(j\omega)$顺时针转过90°，如图5-30(a)虚线部分所示；ω由$0\to\infty$变化时，开环奈氏曲线$G(j\omega)H(j\omega)$按逆时针方向包围$(-1, j0)$点1周，$N=1$，而$P=2$，即$N=\frac{P}{2}$，闭环系统在S平面的右半平面的根$Z=P-2N=0$，闭环系统稳定。

从图5-30(b)中可以看出，$\omega\to0^+$时，$\angle G(j0^+)H(j0^+)=-180°$，因此系统是Ⅱ型系统，$v=2$，需要画增补线；$\omega$由$0\to0^+$变化时，$G(j\omega)H(j\omega)$顺时针转过180°，如图5-30(b)虚线部分所示；ω由$0\to\infty$变化时，开环奈氏曲线$G(j\omega)H(j\omega)$没有包围$(-1, j0)$点，$N=0$，而$P=0$，即$N=\frac{P}{2}$，闭环系统在S平面的右半平面的根$Z=P-2N=0$，闭环系统稳定。

从图5-30(c)中可以看出，$\omega\to0^+$时，$\angle G(j0^+)H(j0^+)=-270°$，因此系统是Ⅲ型系统，$v=3$，需要画增补线；$\omega$由$0\to0^+$变化时，$G(j\omega)H(j\omega)$顺时针转过270°，如图5-30(c)虚线部分所示；ω由$0\to\infty$变化时，开环奈氏曲线$G(j\omega)H(j\omega)$顺时针方向包围$(-1, j0)$点1周，$N=-1$，而$P=1$，即$N\neq\frac{P}{2}$，闭环系统在S平面的右半平面的根$Z=P-2N=3$，闭环系统不稳定。

在奈氏曲线较为复杂时，不方便确定奈氏曲线包围$(-1, j0)$点的周数，可引入正负穿越的概念。

穿越：开环奈氏曲线$G(j\omega)H(j\omega)$穿过$(-1, j0)$点以左的负实轴。

正穿越：开环奈氏曲线自上而下穿过，相角增加。

负穿越：开环奈氏曲线自下而上穿过，相角减小。

正负穿越示意图如图5-31所示。

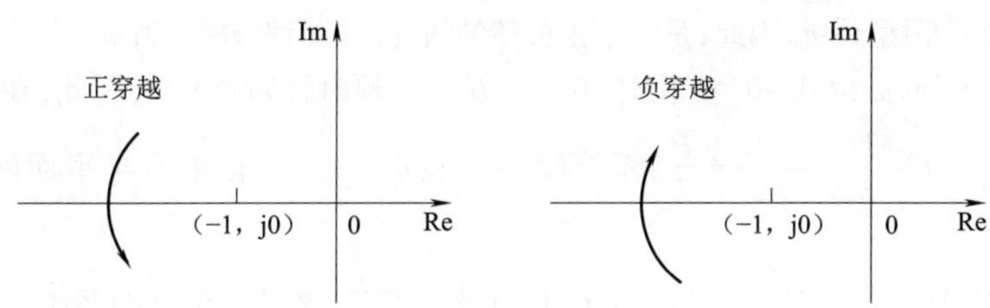

图 5-31　正负穿越示意图

此时,奈氏稳定判据可改为:闭环系统稳定的充要条件是 ω 由 $0\to\infty$ 时,开环奈氏曲线 $G(\mathrm{j}\omega)H(\mathrm{j}\omega)$ 在 $(-1,\ \mathrm{j}0)$ 点左侧正穿越和负穿越的次数之差 N 等于 $\frac{P}{2}$,P 是开环传递函数在 S 平面的右半平面根的个数。

当 $\omega=0$ 时,$G(\mathrm{j}\omega)H(\mathrm{j}\omega)$ 位于负实轴的无穷远处,则当它离开负实轴时,穿越次数定义为$\frac{1}{2}$次。

例 5-10　根据图 5-32 所示的奈氏图,试判断相应闭环系统的稳定性。

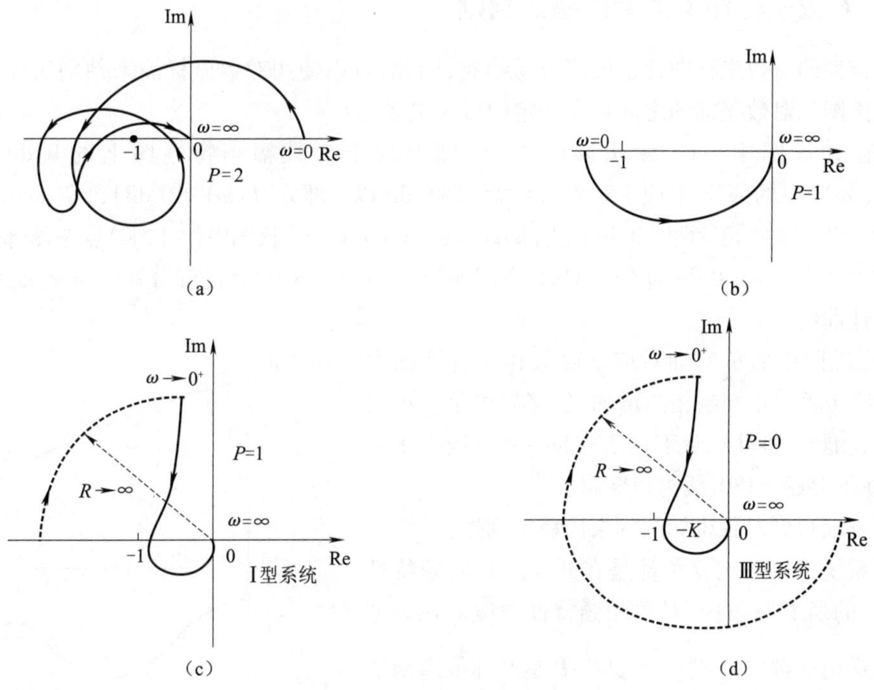

图 5-32　例 5-10 的奈氏图

解　在图 5-32(a)中,这是一个 0 型系统,无须画增补线,在$(-1,\ \mathrm{j}0)$点左侧正穿越 2 次,负穿越 1 次,因此,$N=2-1=1$,$P=2$,$N=\frac{P}{2}$,系统闭环稳定,在 S 平面的右半平面没有根。

在图 5-32(b)中,当 $\omega=0$ 时,$G(\mathrm{j}\omega)H(\mathrm{j}\omega)$ 位于负实轴的无穷远处,正穿越$\frac{1}{2}$次,没有负穿越,因此,$N=\frac{1}{2}$,$P=1$,$N=\frac{P}{2}$,系统闭环稳定,在 S 平面的右半平面没有根。

在图 5-32(c)中,$\omega\to0^+$ 时,$\angle G(\mathrm{j}0^+)H(\mathrm{j}0^+)=-270°$,在负反馈的情况下,这是一个Ⅲ型系

统，但题中明确说明是Ⅰ型系统，因此，是一个正反馈的情况。画出增补线，当 $\omega=0$ 时，$G(j\omega)H(j\omega)$ 位于负实轴的无穷远处，ω 由 $0\to0^+$ 变化时，$G(j\omega)H(j\omega)$ 顺时针转过 90°，因此，在 $(-1,\ j0)$ 点左侧负穿越 $\frac{1}{2}$ 次，$N=0-\frac{1}{2}=-\frac{1}{2}\neq\frac{P}{2}$，系统闭环不稳定，在 S 平面的右半平面的根的个数 $Z=P-2N=2$。

在图 5-32(d) 中 $\omega\to0^+$ 时，$\angle G(j0^+)H(j0^+)=-270°$，这是一个Ⅲ型系统。画出增补线，当 $\omega=0$ 时，$G(j\omega)H(j\omega)$ 位于负实轴的无穷远处，ω 由 $0\to0^+$ 变化时，$G(j\omega)H(j\omega)$ 顺时针转过 270°。该闭环系统的稳定性和奈氏曲线与实轴的交点坐标有关，即

当 $K<1$ 时，奈氏曲线在 $(-1,\ j0)$ 点左侧负穿越 1 次，$N=0-1=-1\neq\frac{P}{2}$，系统不稳定，右半平面的根的个数 $Z=P-2N=2$。

当 $K>1$ 时，奈氏曲线在 $(-1,\ j0)$ 点左侧正穿越 1 次，负穿越 1 次，$N=1-1=0=\frac{P}{2}$，系统稳定。

当 $K=1$ 时，奈氏曲线穿越 $(-1,\ j0)$ 点，系统临界稳定。

5.3.4 对数坐标图上的奈氏稳定判据

频率特性的对数坐标图比奈氏图容易绘制，因此，可以使用对数坐标图来判别闭环系统的稳定性。奈氏图和对数坐标图之间存在一定的对应关系，即

(1) 在奈氏图中，$|G(j\omega)H(j\omega)|=1$ 的圆对应于对数幅频特性图上的 0 dB 线。$0<|G(j\omega)H(j\omega)|<1$ 的部分，对应于对数幅频特性图 0 dB 以下部分 $[L(\omega)<0\ \text{dB}]$，$|G(j\omega)H(j\omega)|>1$ 的部分，对应于对数幅频特性图 0 dB 以上部分 $[L(\omega)>0\ \text{dB}]$。奈氏图中 $(-1,\ j0)$ 点左侧部分的正负穿越就发生在 $L(\omega)>0$ dB 部分。例如，在图 5-33 中，$L(\omega)>0$ dB 的部分就是 $\omega<\omega_c$ 那一段对数幅频特性曲线。

(2) 奈氏图中的负实轴对应于对数相频特性图中的 $-180°$ 线。根据正穿越相角增加，负穿越相角减小的原理可知，相频特性曲线从下往上穿越 $-180°$ 线为正穿越，从上往下穿越 $-180°$ 线为负穿越。

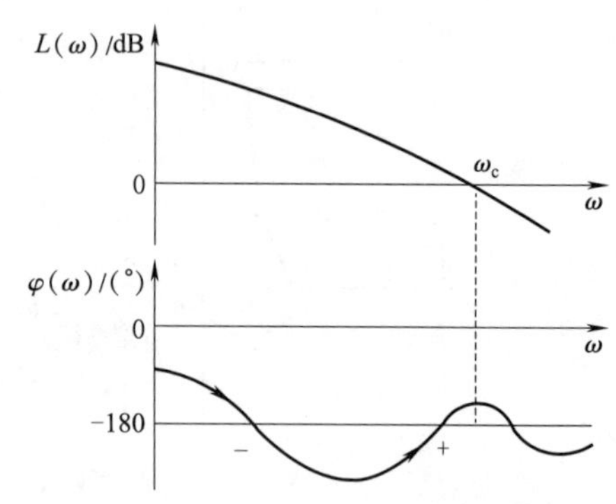

图 5-33　对数坐标图上的正负穿越示意图

由此可以得到对数坐标图的奈氏稳定判据：

闭环系统稳定的充要条件是在开环对数幅频特性大于 0 dB 的所有频段内，对数相频特性曲线对 $-180°$ 线的正负穿越次数之差 $N=\frac{P}{2}$，其中 P 是开环传递函数正实部极点的个数。当系统包含积分环节时，即开环传递函数形式为 $G(s)H(s)=\frac{KN(s)}{s^v D(s)}$ 时，应增补 ω 由 $0\to0^+$ 的部分，当 $\omega\to0$ 时，$\varphi(\omega)=0°$。

例 5-11　已知某系统的对数坐标图和其开环传递函数具有正实部的极点数目 P，如图 5-34 所示，试判断闭环系统的稳定性。

解　在图 5-34(a) 中，在 $0<\omega<\omega_1$ 以及 $\omega_2<\omega<\omega_3$ 的频段内，$L(\omega)>0$ dB。在这几个频段内，与之对应的相频特性曲线对 $-180°$ 线的正负穿越次数之差 $N=1-2=-1$，而 $P=2$，$N\neq\frac{P}{2}$，闭环系统不稳定，其在右半平面的根的个数为 $Z=P-2N=4$。

在图5-34(b)中，$\omega \to 0^+$时，$\varphi(\omega) = -180°$，这是一个Ⅱ型系统，因此需要画出增补线，当$\omega \to 0$时，$\varphi(\omega) = 0°$，如图5-34(b)中虚线所示。因此，在$L(\omega) > 0$ dB的频段内，与之对应的相频特性曲线对$-180°$线负穿越1次，没有正穿越，正负穿越次数之差$N = -1$，$P = 0$，$N \neq \frac{P}{2}$，闭环系统不稳定，其在右半平面根的个数为$Z = P - 2N = 2$。

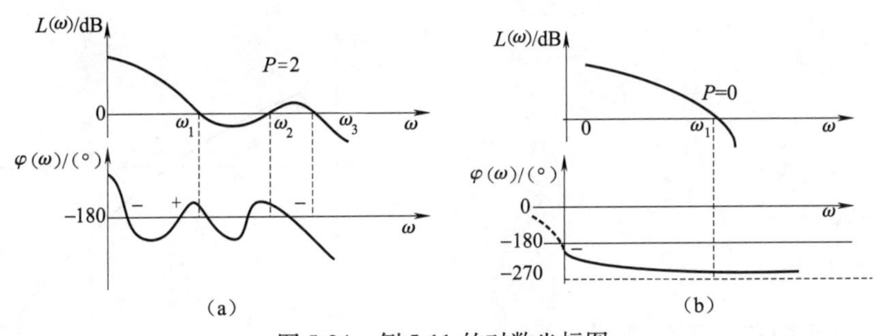

图5-34　例5-11的对数坐标图

5.4　系统的相对稳定性

从图5-32(d)中可以看出，当系统参数K的取值不同时，奈氏曲线离$(-1, \mathrm{j}0)$点的远近程度也不同，闭环系统的稳定程度也不同。实际系统在工作时，不仅需要系统稳定，还要求系统具有足够的稳定程度，即相对稳定性。通常用系统开环频率特性$G(\mathrm{j}\omega)H(\mathrm{j}\omega)$与$(-1, \mathrm{j}0)$点的靠近程度来表征闭环系统的稳定程度。当闭环系统稳定时，$G(\mathrm{j}\omega)H(\mathrm{j}\omega)$距离$(-1, \mathrm{j}0)$点越远，则稳定程度越高；反之，稳定程度越低。一般采用相位裕量和幅值裕量来表示系统的相对稳定性。在给出相位裕量和幅值裕量的定义之前，先给出增益剪切频率和相位剪切频率的概念。

增益剪切频率通常用符号ω_c表示，它是开环频率特性$G(\mathrm{j}\omega)H(\mathrm{j}\omega)$幅值等于1时的角频率，即

$$|G(\mathrm{j}\omega_c)H(\mathrm{j}\omega_c)| = 1 \text{ 或 } L(\omega_c) = 0 \text{ dB} \tag{5-20}$$

相位剪切频率，通常用符号ω_g表示，它是开环频率特性的相角$\varphi(\omega)$等于$-180°$时对应的角频率，即

$$\varphi(\omega_g) = \angle G(\mathrm{j}\omega_g)H(\mathrm{j}\omega_g) = -180° \tag{5-21}$$

增益剪切频率和相位剪切频率在奈氏图和Bode图上的具体位置如图5-35所示。在奈氏图上，以原点为圆心，以1为半径与奈氏曲线相交于B点，该点对应的角频率就是增益剪切频率ω_c；在Bode图上，对数幅频特性与0 dB线的交点所对应的角频率就是ω_c。在奈氏图上，奈氏曲线与负实轴的交点所对应的角频率就是相位剪切频率ω_g；在Bode图上，对数相频特性与$-180°$线的交点所对应的角频率就是ω_g。

5.4.1　相位裕量

相位裕量定义为开环频率特性$G(\mathrm{j}\omega)H(\mathrm{j}\omega)$在增益剪切频率$\omega_c$处所对应的相角与$-180°$之差，记作$\gamma$，即

$$\gamma = \angle G(\mathrm{j}\omega_c)H(\mathrm{j}\omega_c) - (-180°) = 180° + \angle G(\mathrm{j}\omega_c)H(\mathrm{j}\omega_c) \tag{5-22}$$

在奈氏图上，相位裕量就是负实轴绕原点转到与 $G(\mathrm{j}\omega_c)H(\mathrm{j}\omega_c)$ 重合时所转过的角度，逆时针方向为正，顺时针方向为负。图 5-35 给出了奈氏图和 Bode 图上相位裕量的表示方法。由图 5-35(a)、(c)，依据奈氏稳定判据，对于最小相位系统，可得到如下结论：$\gamma>0$，闭环系统稳定；$\gamma<0$，闭环系统不稳定；$\gamma=0$，闭环系统临界稳定。良好的控制系统通常要求 $40°<\gamma<60°$。

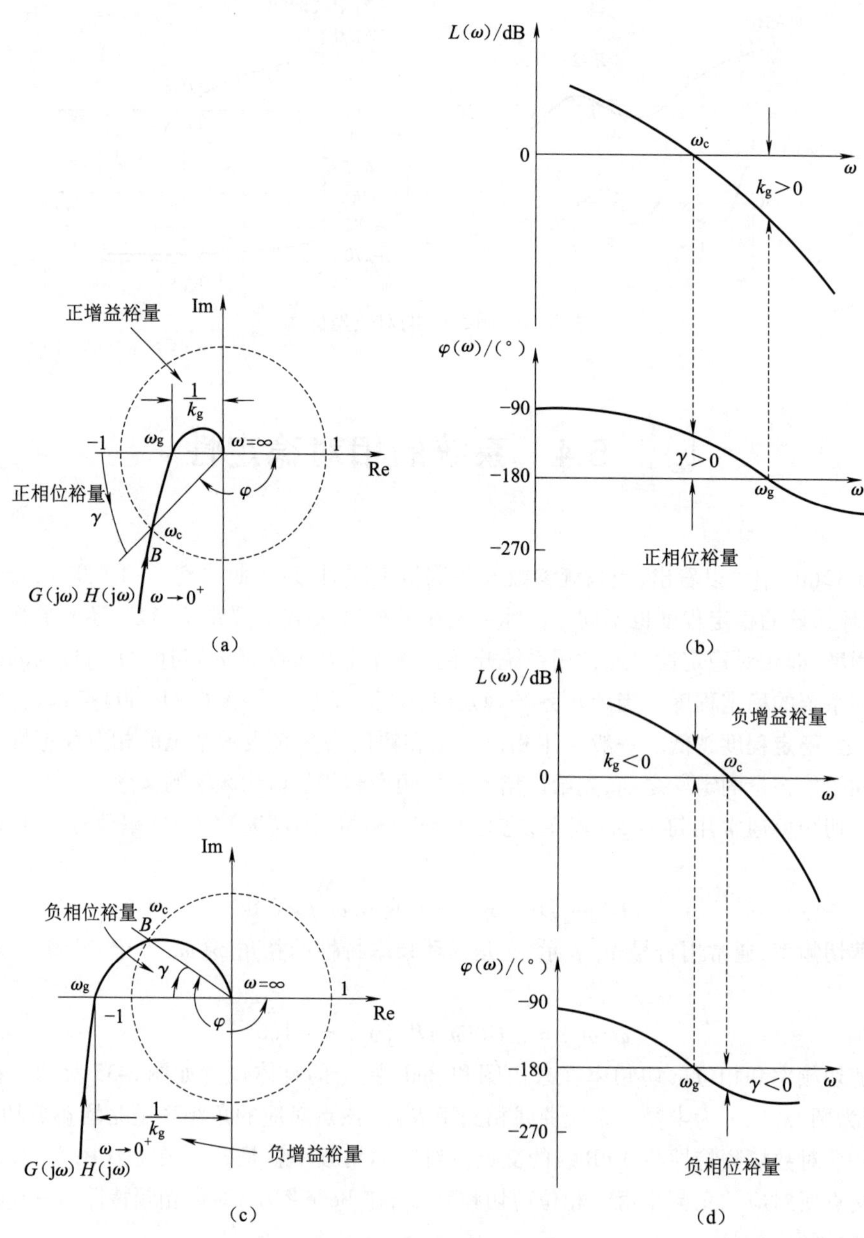

图 5-35　相位裕量和幅值裕量

5.4.2 幅值裕量

在系统的相位剪切频率 ω_g 处，开环频率特性的倒数，称为控制系统的幅值裕量或增益裕量，

记作 k_g，即

$$k_g = \frac{1}{|G(j\omega_g)H(j\omega_g)|} \tag{5-23}$$

幅值裕量也可以用分贝数表示，即

$$GM = 20\lg k_g = 20\lg \frac{1}{|G(j\omega_g)H(j\omega_g)|} \tag{5-24}$$

图5-35给出了奈氏图和Bode图上幅值裕量的表示方法。由图5-35(a)、(c)，依据奈氏稳定判据，对于最小相位系统，可得到如下结论：$k_g > 1$，闭环系统稳定；$0 < k_g < 1$，闭环系统不稳定；$k_g = 1$，闭环系统临界稳定。良好的控制系统通常要求 $k_g > 2$，即 $GM > 6$ dB。

例5-12 某系统开环传递函数为

$$G(s)H(s) = \frac{K}{s(s+1)(s+5)}$$

试求：(1)试求 $K=10$ 时的 γ 及 k_g；

(2)分析 K 的变化对系统稳定性的影响。

解 (1)$K=10$ 时，将系统开环传递函数转化为基本环节相乘的形式：

$$G(s)H(s) = \frac{\frac{K}{5}}{s(s+1)(0.2s+1)} = \frac{2}{s(s+1)(0.2s+1)}$$

求系统的相位裕量和幅值裕量，必须先求出系统的增益剪切频率 ω_c 和相位剪切频率 ω_g。根据 ω 的取值范围，幅频特性可用下式进行近似计算：

$$A(\omega) = |G(j\omega)H(j\omega)| \approx \begin{cases} \frac{2}{\omega}, \omega \leqslant 1 \\ \frac{2}{\omega^2}, 1 < \omega \leqslant 5 \\ \frac{2}{0.2\omega^3}, \omega > 5 \end{cases}$$

令 $A(\omega_c)=1$，可求得 ω_c。假设 ω_c 位于 $\omega \leqslant 1$ 的频段内，则 $A(\omega_c) = \frac{2}{\omega_c}$，$\omega_c = 2$ 与 $\omega \leqslant 1$ 的取值范围相冲突，因此不可能位于这一频段。假设 ω_c 位于 $1 < \omega \leqslant 5$ 的频段内，则 $A(\omega_c) = \frac{2}{\omega_c^2}$，$\omega_c = \sqrt{2}$，与取值范围符合。假设 ω_c 位于 $\omega > 5$ 的频段内，则 $A(\omega_c) = \frac{2}{0.2\omega_c^3}$，$\omega_c = 3.42$，同样与取值范围不符合，因此，$\omega_c = \sqrt{2}$。则 $\gamma = 180° + \angle G(j\omega_c)H(j\omega_c) = 180° - 90° - \arctan \omega_c - \arctan 0.2\omega_c = 180° - 90° - 54.7° - 15.8° = 19.5°$

由于相位裕量 $\gamma > 0$，所以闭环系统稳定。

令 $\varphi(\omega_g) = -180°$，可求出相位剪切频率 ω_g。

$$\varphi(\omega_g) = -90° - \arctan \omega_g - \arctan 0.2\omega_g = -90° - \arctan \frac{1.2\omega_g}{1-0.2\omega_g^2} = -180°$$

因此，$\omega_g = \sqrt{5} = 2.24$。

$$k_g = \frac{1}{|G(j\omega_g)H(j\omega_g)|} = \frac{\omega_g \cdot \sqrt{1+\omega_g^2} \cdot \sqrt{1+0.04\omega_g^2}}{2} = 3$$

(2)由 ω_g 的计算过程可知,K 的变化不影响相位剪切频率 ω_g 的值,ω_g 始终不变,由上面的推导可知,$\omega_g \cdot \sqrt{1+\omega_g^2} \cdot \sqrt{1+0.04\omega_g^2}=6$,另外,由于

$$k_g=\frac{1}{|G(j\omega_g)H(j\omega_g)|}=\frac{\omega_g \cdot \sqrt{1+\omega_g^2} \cdot \sqrt{1+0.04\omega_g^2}}{K/5}=\frac{30}{K}$$

由此可推出:

当 $k_g=1$ 时,即 $K=30$,系统临界稳定。

当 $k_g>1$ 时,即 $K<30$ 时,系统稳定。

当 $k_g<1$ 时,即 $K>30$ 时,系统不稳定。

5.5 时域指标和频域指标之间的关系

第3章介绍了系统的时域性能指标,例如超调量、过渡过程时间、峰值时间等。本章所介绍的频率法中,系统的动态性能主要通过相位裕量和幅值裕量来体现。在工程上,给出的指标通常都是时域指标。为了能够利用频率法来分析和评价系统的动态性能,需要建立时域指标和频域指标之间的关系。

5.5.1 $\delta\%$、γ 和 ξ 之间的关系

二阶系统的开环传递函数为

$$G(s)H(s)=\frac{\omega_n^2}{s(s+2\xi\omega_n)}$$

开环频率特性:

$$G(j\omega)H(j\omega)=\frac{\omega_n^2}{j\omega(j\omega+2\xi\omega_n)}$$

当 $\omega=\omega_c$ 时,

$$|G(j\omega_c)H(j\omega_c)|=\frac{\omega_n^2}{\omega_c \cdot \sqrt{\omega_c^2+4\xi^2\omega_n^2}}=1$$

对上式进行化简后可得:

$$\omega_c^4+4\xi^2\omega_n^2\omega_c^2-\omega_n^4=0$$

求得

$$\omega_c=\omega_n\sqrt{-2\xi^2+\sqrt{4\xi^4+1}} \tag{5-25}$$

因此,相位裕量为

$$\begin{aligned}\gamma&=180°+\angle G(j\omega_c)H(j\omega_c)=180°-90°-\arctan\frac{\omega_c}{2\xi\omega_n}\\&=90°-\arctan\frac{\sqrt{-2\xi^2+\sqrt{4\xi^4+1}}}{2\xi}\\&=\arctan\frac{2\xi}{\sqrt{-2\xi^2+\sqrt{4\xi^4+1}}}\end{aligned} \tag{5-26}$$

从式(5-26)看出,相位裕量和系统的阻尼比有关。而系统的超调量

$$\delta\%=e^{-\frac{\xi\pi}{\sqrt{1-\xi^2}}}\times 100\%$$

同样也与系统阻尼比有关,因此就建立了相位裕量和超调量之间的关系。对于二阶系统而言,ξ 越小,$\delta\%$ 越大,γ 越小。

5.5.2　t_s、γ 和 ω_c 之间的关系

二阶系统的过渡过程时间为

$$t_s(2\%)\approx\frac{4}{\xi\omega_n}$$

根据式(5-25),可得

$$\omega_n=\frac{\omega_c}{\sqrt{-2\xi^2+\sqrt{4\xi^4+1}}} \tag{5-27}$$

因此

$$t_s\omega_c=\frac{4\sqrt{-2\xi^2+\sqrt{4\xi^4+1}}}{\xi} \tag{5-28}$$

结合式(5-26)和式(5-28),可得

$$t_s\omega_c=\frac{8}{\tan\gamma}$$

可见,在相位裕量相同时,也就是系统的阻尼比相同时,ω_c 越大,t_s 越小,系统的响应速度就越快。

小　　结

频率特性是系统的一种数学模型,它是线性系统在正弦输入信号的作用下,其稳态输出和输入的复数比。通常使用的频率特性图有极坐标图和对数坐标图,极坐标图又称奈氏图,绘制奈氏图的主要依据是相频特性和幅频特性。对数坐标图又称 Bode 图,绘制 Bode 图时必须先将系统分解成典型环节相乘的形式,然后利用典型环节的频率特性进行绘制。

最小相位系统的所有零点和极点都位于 S 平面的左半平面,它的幅频特性和相频特性存在确定的对应关系,只要知道其幅频特性,就能写出此最小相位系统所对应的传递函数。

通过奈氏稳定判据,可根据开环频率特性曲线(奈氏图和 Bode 图)来判别闭环系统的稳定性,能得知闭环系统不稳定时,S 平面的右半平面的根的个数。

系统的相对稳定性通常用相位裕量和幅值裕量来表示。对于最小相位系统,可通过相位裕量和幅值裕量来判别闭环系统的稳定性。

习题(基础题)

1. 什么是系统的频率特性? 控制系统的频率特性有哪些表示方法?

2. 对数频率特性有何优点?

3. 什么是最小相位系统？最小相位系统有什么特点？

4. 什么是系统的稳定裕量？如何通过稳定裕量来描述系统的稳定性？

5. 已知系统的闭环传递函数为 $\Phi(s)=\dfrac{4}{3s+2}$，当输入 $r(t)=A_0\sin\left(\dfrac{2}{3}t+45°\right)$ 时，求其稳态输出。

6. 某单位负反馈系统的开环传递函数为 $G(s)H(s)=\dfrac{5}{s+2}$，当输入 $r(t)=\sin(t+30°)-2\cos(2t-45°)$ 时，求系统的稳态输出。

7. 已知系统的开环传递函数为 $G(s)H(s)=\dfrac{10}{s(2s+1)(s^2+0.5s+1)}$，试求 $\omega=0.5$ 时开环频率特性的幅值 $A(\omega)$ 及相角 $\varphi(\omega)$。

8. 已知系统的开环传递函数如下所示，请画出系统的幅相频率特性曲线。

(1) $G(s)H(s)=\dfrac{10(s+2)}{s^3+3s^2+10}$；

(2) $G(s)H(s)=\dfrac{10}{s(2s+1)}$；

(3) $G(s)H(s)=\dfrac{5}{s^2(10s+1)}$；

(4) $G(s)H(s)=\dfrac{6}{s^3(3s+1)}$。

9. 已知系统的开环传递函数如下所示，请画出系统的开环对数频率特性曲线。

(1) $G(s)H(s)=\dfrac{2s+20}{s(s+2)}$；

(2) $G(s)H(s)=\dfrac{2}{s(0.1s+1)(0.5s+1)}$；

(3) $G(s)H(s)=\dfrac{8(s+0.1)}{s(s^2+s+1)(s^2+4s+25)}$；

(4) $G(s)H(s)=\dfrac{4(0.5s+1)}{s(2s+1)[(0.125s)^2+0.05s+1]}$。

10. 已知单位负反馈最小相位系统的对数幅频特性曲线如图 5-36 所示，试写出该系统的开环传递函数。

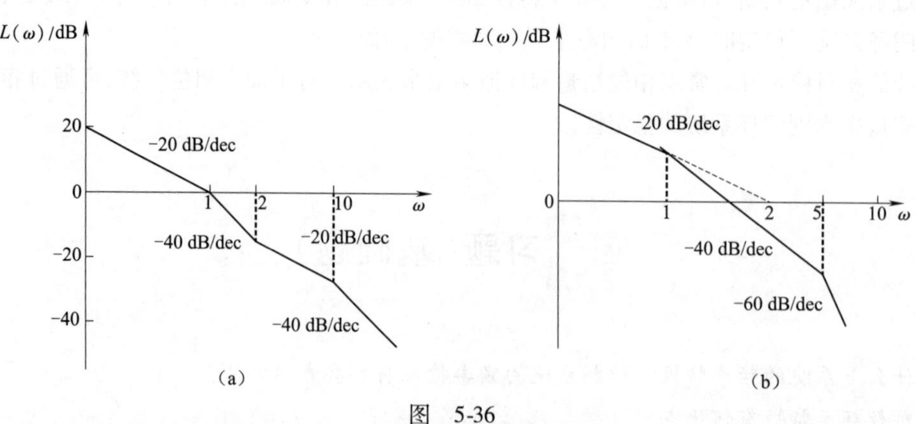

图 5-36

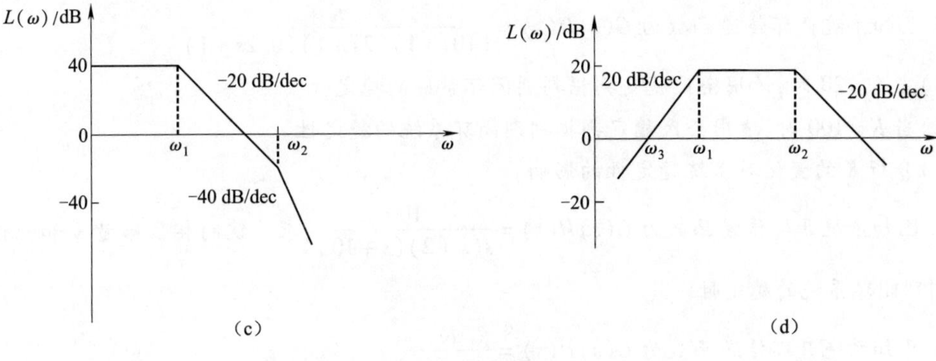

图　5-36(续)

11. 根据图 5-37 所示的奈氏图,判断相应闭环系统的稳定性,并写出闭环系统在 S 平面的右半平面的极点个数(P 为开环传递函数在 S 平面的右半平面的极点数)。

(a)　(b)

(c)　(d)

图　5-37

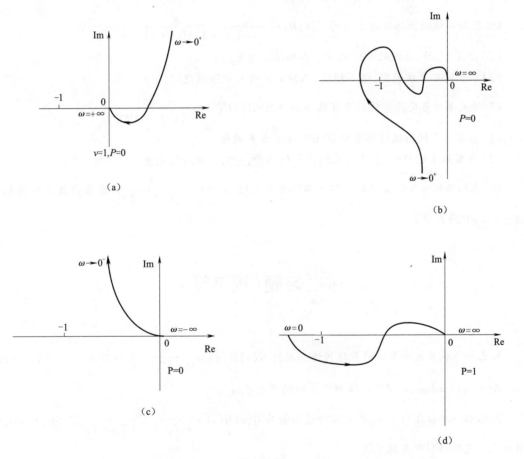

12. 已知最小相位系统的相频特性 $\varphi(\omega) = -90^\circ + \arctan\dfrac{\omega}{3} - \arctan\omega - \arctan 10\omega$,当 $\omega = 5$ 时,$A(\omega) = 2$,请确定此系统的开环传递函数。

13. 已知系统开环传递函数为 $G(s)H(s)=\dfrac{K}{(10s+1)(2s+1)(0.2s+1)}$,

(1)当 $K=20$ 时,请用奈氏稳定判据判别闭环系统的稳定性。

(2)当 $K=100$ 时,请用奈氏稳定判据判别闭环系统的稳定性。

(3)分析 K 的变化对系统稳定性的影响。

14. 已知系统开环传递函数为 $G(s)H(s)=\dfrac{100}{s(s+2)(s+10)}$,求系统的相位裕量 γ 和幅值裕量 k_g,并判别闭环系统的稳定性。

15. 已知系统开环传递函数为 $G(s)H(s)=\dfrac{K}{s(s+1)}$。

(1)试用奈氏稳定判据判断系统的稳定性。

(2)若给定输入 $r(t)=2t+2$ 时,要求系统的稳态误差为 0.25,问开环增益 K 应取何值?

(3)求出满足上述条件时的相位裕量 γ。

16. 已知系统的开环传递函数为 $G(s)H(s)=\dfrac{K}{s(0.1s+1)(0.2s+1)(s+1)}$,试求:

(1)当 $K=1$ 时,系统的相位裕量 γ 和幅值裕量 k_g。

(2)求出闭环系统稳定、临界稳定、不稳定时的 K 的取值范围。

17. 设某单位负反馈系统的开环传递函数为 $G(s)H(s)=\dfrac{K}{s(s^2+s+100)}$。

(1)若要求系统的幅值裕量为 20 dB,请求出 K 的值;

(2)当 K 取上述值时,求出此系统的相位裕量,并判别系统稳定性。

18. 已知单位负反馈系统的开环传递函数为 $G(s)H(s)=\dfrac{K}{s(0.2s+1)^2}$,请求出使系统的相位裕量 $\gamma=60°$ 的 K 值。

习题(提高题)

1. 已知单位负反馈系统的开环传递函数为 $G(s)H(s)=\dfrac{\omega_n^2}{s(s+2\xi\omega_n)}$,当输入 $r(t)=2\sin t$ 时,测得输出 $c(t)=4\sin(t-45°)$,请确定系统的参数 ξ,ω_n。

2. 已知一单位反馈系统,其开环传递函数为 $G(s)H(s)=\dfrac{K}{s(T_1s+1)(T_2s+1)}$,$T_1>0,T_2>0$,试用奈氏稳定判据判断其稳定性。

3. 已知某单位负反馈最小相位系统有开环极点 −40 和 −20,且当开环增益 $K=25$ 时,系统开环幅相频特性曲线如图 5-38 所示。

(1)写出系统的开环传递函数;

(2)画出对数幅频特性图,求出 ω_c;

(3)可否调整 K,使 $r(t)=1+t$ 时,稳态误差 $e_{ss}<0.01$?

4. 已知系统的开环传递函数为 $G(s)H(s)=\dfrac{10(1+Ks)}{s(s-1)}$，请确定闭环系统临界稳定时的 K 值。

5. 已知系统结构图如图 5-39 所示，试用奈氏稳定判据确定系统稳定、不稳定及临界稳定时的 τ 的范围。

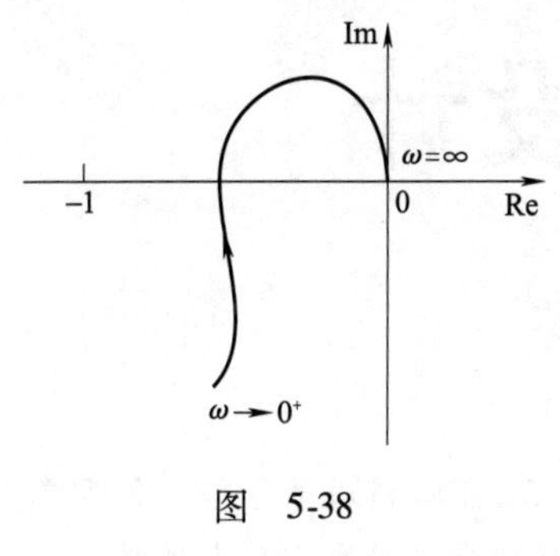

图　5-38

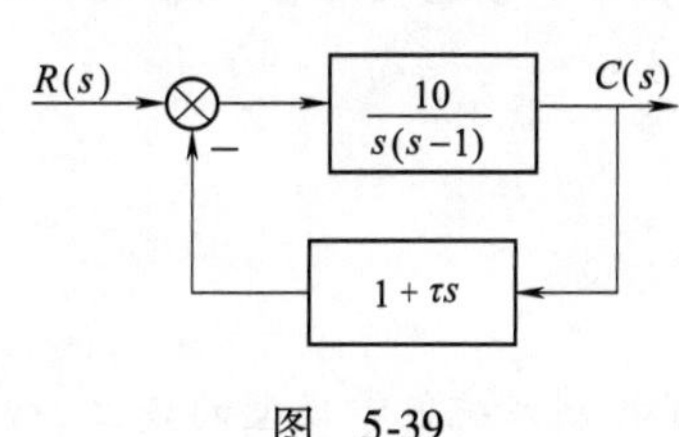

图　5-39

第 6 章
控制系统的校正与设计

引 言

第 2 章介绍了控制系统数学模型的建立，数学模型建立之后，可以利用第 3 章 ~ 第 5 章所介绍的时域和频域分析方法对控制系统进行分析，即对给定的系统研究其动态和稳态性能。

校正问题则是一个相反的过程，它是根据生产工艺的要求来设计系统，使其各项性能指标满足预期的要求。一般来说，校正的灵活性很大，为了满足同样的性能指标，可采用不同的校正方法。对于同一个要求，可设计出不同的系统，也就是说校正的解并不唯一。本章主要介绍利用串联校正方法对系统进行校正设计。

内容结构

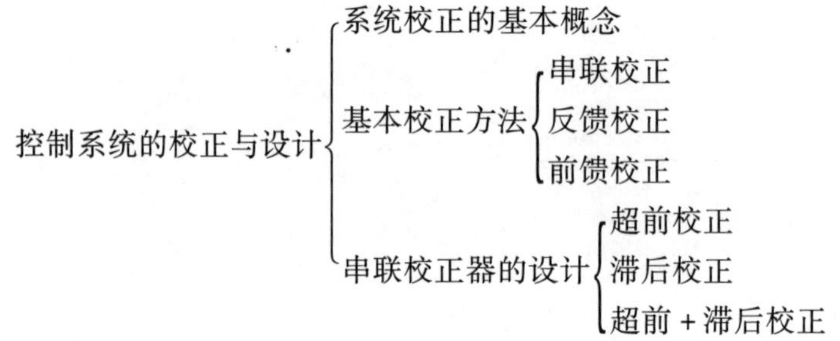

学习目标

(1) 了解控制系统校正的基本思想方法和过程；

(2) 熟练掌握串联超前校正和滞后校正的基本原理及设计方法；

(3) 了解 3 种串联校正的特点和适用范围。

6.1 控制系统校正的基本概念

控制系统通常由被控对象、控制器和检测环节 3 个部分组成，被控对象是根据系统所应完成的具体任务而选定的，它包括的装置是系统的基本部分，这些装置的结构和参数一般是固定不变的，或者可调整的范围非常小。当控制系统的稳态、静态性能不能满足实际工程所要求的各项性能指标时，首先可以考虑调整系统中可调的参数；若通过调整参数仍无法满足要求时，则可以在原有系统中引入一些装置和元件。这种为了改善系统的稳态、动态性能而引入的装置和元件，称为校正装置和校正元件，即控制器 $G_c(s)$，也可称为调节器。校正装置的选择及其参数整定的过程，称为控制系统的校正，即通常所说的控制系统的综合问题。研究该问题的方法有时域法、频域法（频率法）和根轨迹法。本章介绍基于频率法的校正。

6.1.1　基本校正方法

根据校正装置在系统中的不同位置，可分为三种基本的校正方式：串联校正、反馈校正（又称并联校正）和前馈校正。下面分别进行介绍。

1. 串联校正

校正装置位于系统的前向通路中，与系统固有部分按串联连接的方式，称为串联校正，如图6-1所示。串联校正从设计到具体实现都比较简单，是常用的系统校正方式。为减少校正装置的输出功率，以降低成本和功耗，串联校正装置通常安排在前向通道的前端，功率等级较低的点。

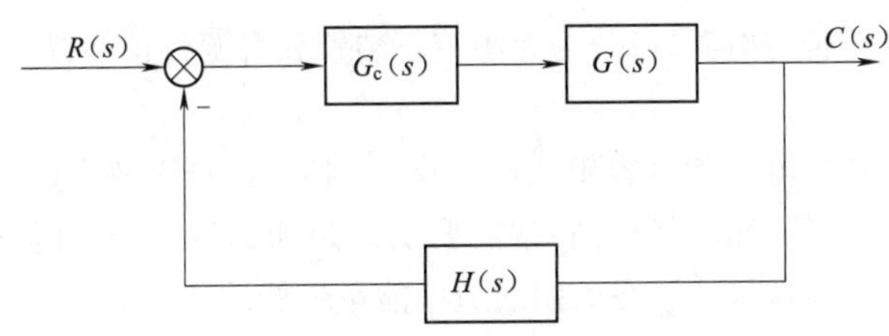

图6-1　串联校正

2. 反馈校正

校正装置与系统固有部分或固有部分中的一部分按反馈连接方式，形成局部反馈回路，称为反馈校正，如图6-2所示。反馈校正的信号是从高功率点传向低功率点，一般不需要附加放大器。适当地选择反馈校正回路的增益，可以使校正后的性能主要取决于校正装置，而与被反馈校正装置所包围的系统固有部分特性无关。因此，反馈校正的一个显著的优点，是可以抑制系统的参数波动及非线性因素对系统性能的影响。反馈校正的设计相对复杂。

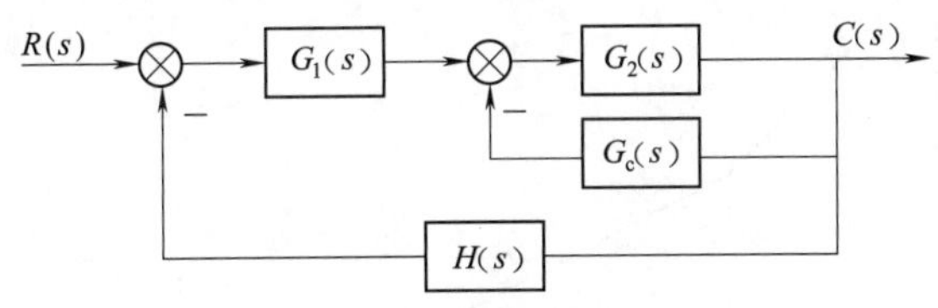

图6-2　反馈校正

3. 前馈校正

前馈校正的信号取自闭环外的系统输入信号，由输入直接去校正系统，故称为前馈校正。按照所取输入信号的不同，可分为以下两种：按给定输入信号的前馈校正，如图6-3（a）所示；按扰动输入信号的前馈校正，如图6-3（b）所示。校正装置将直接引入或间接测出给定输入信号 $R(s)$ 或扰动输入信号 $N(s)$，经过适当变换以后，作为附加校正信号输入系统，从而补偿输入信号或可测扰动对系统性能的影响,提高系统的控制精度。

前馈校正的输入信号取自闭环外,不影响系统的闭环特征方程。前馈校正是基于开环补偿的方法来提高系统的精度,所以前馈校正一般不单独使用,而是和其他校正方式结合构成复合控制系统,以满足某些性能要求较高的系统的需要。

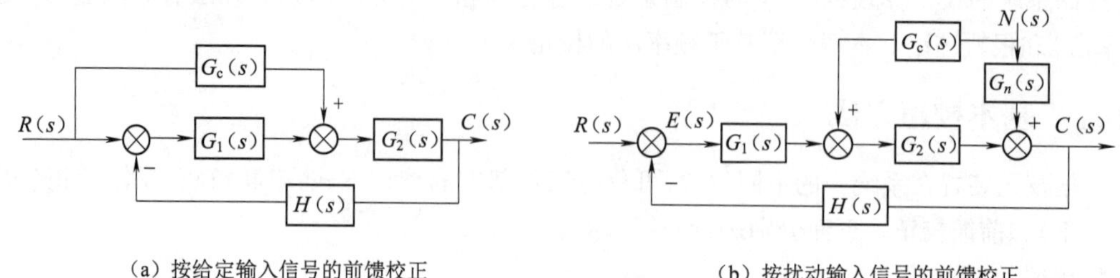

图 6-3　前馈校正

在特殊的系统中,常常同时采用串联、反馈和前馈校正。

6.1.2　校正装置

根据校正装置本身是否有电源,可分为无源校正装置和有源校正装置。

1. 无源校正装置

无源校正装置通常是由电阻和电容组成的二端口网络,自身无放大能力。在信号传递中,会产生幅值衰减,且输入阻抗低,输出阻抗高,常需要引入附加的放大器,补偿幅值衰减和进行阻抗匹配。无源串联校正装置通常被安置在前向通道中能量较低的部位上。

2. 有源校正装置

有源校正装置通常由运算放大器和 RC 网络共同组成,该装置自身具有能量放大与补偿能力,且易于进行阻抗匹配,所以使用范围与无源校正装置相比要广泛得多,缺点是需要另供电源。

6.1.3　三频段对系统性能的影响

图 6-4 给出了低频段、中频段和高频段的大致示意图。

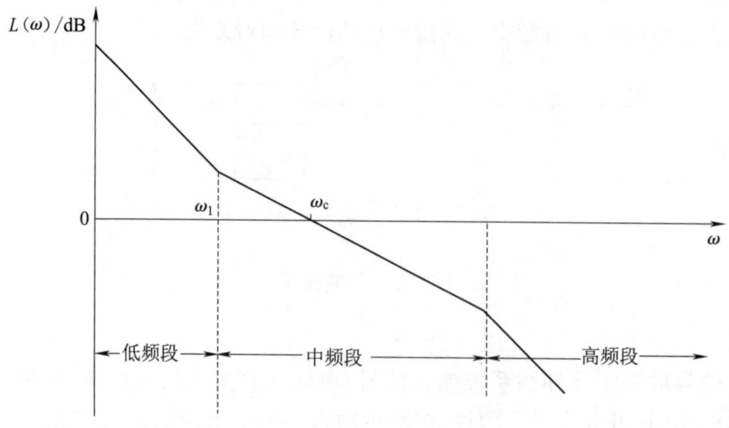

图 6-4　三频段对性能的影响

(1)如果开环对数幅频特性最低的转折频率是 ω_1,则低于 ω_1 的频段称为低频段。低频段的代表参数是斜率和高度,它们反映系统的类型和增益,与系统的稳态精度有关。

(2)中频段是指增益剪切频率 ω_c 附近的一段区域。代表参数是斜率、宽度(中频宽)、增益剪切频率 ω_c 和相位裕量,它们反映了系统的最大超调量和调整时间,表明了系统的相对稳定性和快速性。

(3)比增益剪切频率 ω_c 高出许多倍的频率范围为高频段。高频段的代表参数是斜率,主要反映系统对高频干扰信号的衰减能力。

用开环频率特性进行系统设计,应注意以下几点:

(1)稳态特性。若要求系统具有一阶或二阶无静差特性,开环幅频低频斜率应有 -20 dB/dec 或 -40 dB/dec。为保证精度,低频段应有较高增益。

(2)动态特性。为了保证一定的稳定裕度,动态过程应有较好的平稳性,一般要求开环幅频特性斜率以 -20 dB/dec 穿过 0 dB 线,且有一定的宽度。如果系统以 -40 dB/dec 的斜率穿过 0 dB 线,闭环系统可能稳定,也可能不稳定;如果系统以 -60 dB/dec 的斜率穿过 0 dB 线,闭环系统必定不稳定。为了提高系统的快速性,应有尽可能大的增益剪切频率 ω_c。

(3)抗干扰性。为了提高抗高频干扰的能力,开环幅频特性高频段应有较大的斜率,幅值能够衰减更快。高频段特性是由小时间常数的环节决定的,由于其转折频率远离 ω_c,所以对系统动态响应影响不大。但从系统的抗干扰能力来看,则需引起重视。

6.2 串联校正

串联校正是最常用的校正方式。按校正装置的特点来分,串联校正又分为串联超前(微分)校正、串联滞后(积分)校正和串联超前-滞后(微分-积分)校正。超前校正是用来提高系统的动态性能,而又不影响系统稳态精度的一种校正方法。它是在系统中加入一个相位超前的校正装置,使之在增益剪切频率处相位超前,以增加相位裕量,这样既能使开环增益足够大,又能提高系统的稳定性。滞后校正是在系统动态品质满意的情况下,为了改善系统稳态性能的一种校正方法。从这种方法的频率特性上来看,就是在低频段提高其增益,而在增益剪切频率附近,保持其相位移的大小几乎不变。超前校正会使带宽增加,加快系统的动态响应速度,滞后校正可改善系统的稳态特性,减少稳态误差。如果需要同时改善系统的动态品质和稳态精度,则可采用串联超前-滞后校正。每种方法的运用可根据系统的具体情况而定。

6.2.1 串联超前校正

具有相位超前特性(即相频特性 >0)的校正装置称为超前校正装置,又称微分校正装置。超前校正装置可以由有源网络或无源网络实现,现以无源网络为例进行说明,如图 6-5 所示。

超前校正网络的传递函数可写为

$$G(s)=\frac{C(s)}{R(s)}=\frac{1}{\alpha}\cdot\frac{1+\alpha Ts}{1+Ts} \tag{6-1}$$

式中,$\alpha=\dfrac{R_1+R_2}{R_2}>1$, $T=\dfrac{R_1R_2}{R_1+R_2}$。此校正网络包括比例环节、一阶微分环节和惯性环节。超前校正网络的 Bode 图如图 6-6 所示,其对数幅频特性的斜率为 +20 dB/dec,可以提供正的相角。

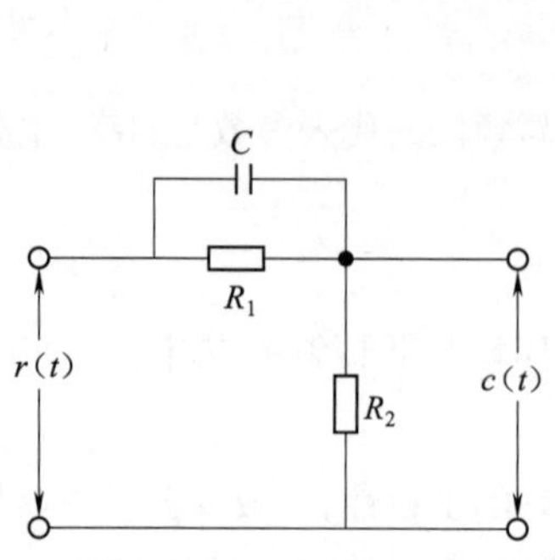

图 6-5 无源超前校正网络

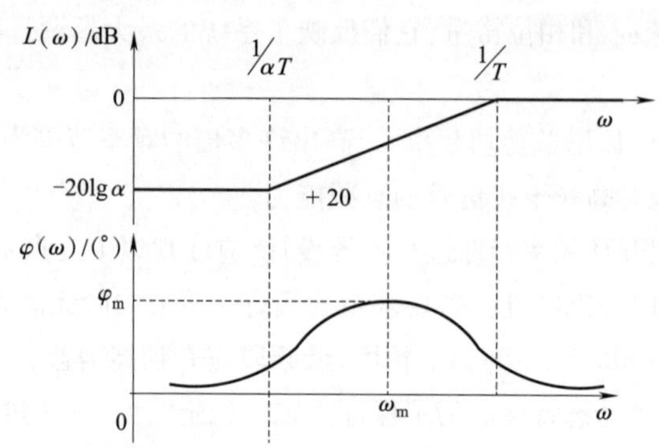

图 6-6 超前校正网络的 Bode 图

由 Bode 图可知,此超前校正网络可以提供正的超前相角:

$$\varphi(\omega)=\arctan aT\omega-\arctan T\omega=\arctan\frac{aT\omega-T\omega}{1+aT^2\omega^2} \tag{6-2}$$

若令 $\varphi_m(\omega_m)$ 为校正网络可提供的最大相角,则令$\dfrac{d\varphi(\omega)}{d\omega}=0$,可求得最大相角对应的频率:

$$\omega_m=\sqrt{\omega_1\cdot\omega_2}=\frac{1}{\sqrt{\alpha}T} \tag{6-3}$$

由此可知,ω_m 位于两个转折频率的几何中点。将 ω_m 代入式(6-2),可得

$$\varphi_m(\omega_m)=\arctan\frac{\alpha-1}{2\sqrt{\alpha}} \tag{6-4}$$

根据三角函数知识可以推出:

$$\sin\varphi_m=\frac{\alpha-1}{\alpha+1} \tag{6-5}$$

若已知超前校正网络的最大角度 φ_m,则可根据式(6-5)求出 α,即

$$\alpha=\frac{1+\sin\varphi_m}{1-\sin\varphi_m} \tag{6-6}$$

超前校正网络有下面一些特点:

(1)对数幅频特性小于或等于 0 dB。

(2)相频特性大于或等于零。

(3)最大超前相角 φ_m 发生于转折频率$\dfrac{1}{\alpha T}$与$\dfrac{1}{T}$的几何中点 ω_m 处。

(4)超前校正网络所能提供的最大超前相角 φ_m 是 α 的函数,两者之间的关系如图 6-7 所示。从图中可以看出,当 α 大于 15 以后,φ_m 的变化很小;当 α 值较小时,φ_m 较小;当 α 取 4 ~ 15 时,φ_m 随 α 值的增大上升较快,φ_m 的值在 35° ~ 60°之间,超前作用比较明显,同时放大系数$\dfrac{1}{\alpha}$的衰减也不大,因此,通常取 $\alpha=4\sim15$。

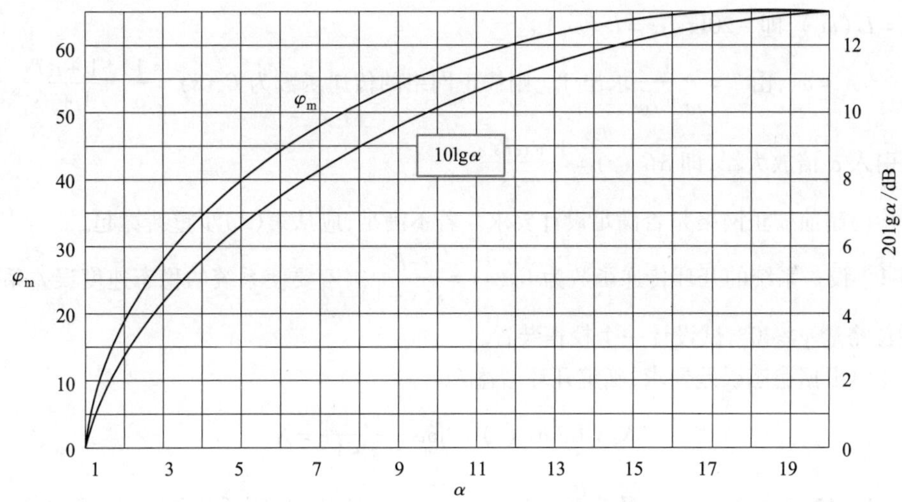

图 6-7　φ_m 与 α 及 10lg α 的关系

此外，由 Bode 图（见图 6-8）可知，该校正网络低频段的幅值为 $-20\lg\alpha$，通过该网络的信号幅值将会衰减。若将无源超前校正网络传递函数的衰减由放大器增益补偿，则

$$\alpha G_c(s)=\frac{\alpha Ts+1}{Ts+1} \tag{6-7}$$

式中，$\alpha G_c(s)$ 称为超前校正网络的传递函数，其对数幅频特性与 $G_c(s)$ 相比上移了 $20\lg\alpha$，信号通过该网络后幅值不会衰减。

将超前校正网络的频率特性和系统固有部分的对数频率特性相加，得到图 6-8 所示图形，该图为采用串联超前校正后系统的 Bode 图，利用超前校正网络提供的正向相角，为系统提供足够的相位裕量。

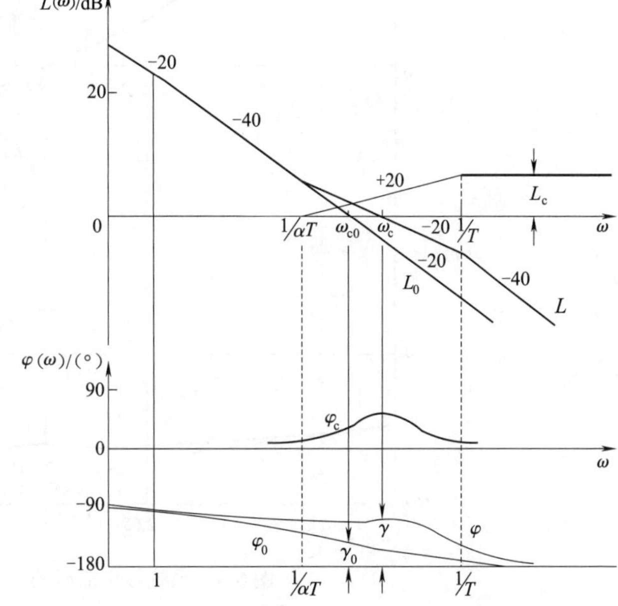

图 6-8　串联超前校正的 Bode 图

设计串联超前校正网络的一般步骤如下：

（1）求出满足稳态误差要求的开环增益 K。

（2）根据开环增益绘制不可变部分的 Bode 图，并求出未校正时的增益剪切频率 ω_{c0}、相位裕量 γ_0 以及增益裕量 k_g。

（3）为满足系统所要求的相位裕量，超前校正网络必须提供相位超前量 $\varphi_m=\gamma-\gamma_0+(5°\sim12°)$。

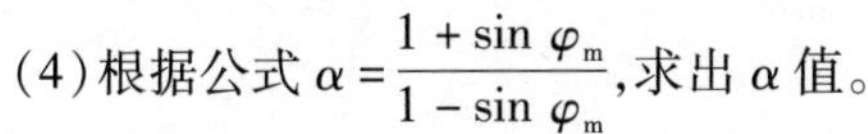
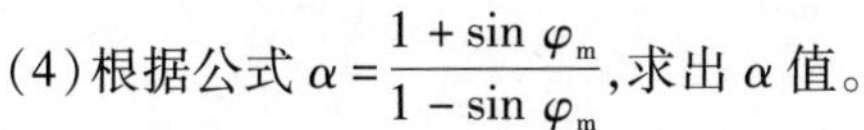

（4）根据公式 $\alpha=\dfrac{1+\sin\varphi_m}{1-\sin\varphi_m}$，求出 α 值。

（5）确定校正后系统的增益剪切频率 ω_c，此时校正网络提供的幅频特性为 10lgα，所以

$-10\lg\alpha = L_0(\omega_c)$，即 $-20\lg\sqrt{\alpha} = L_0(\omega_c)$。

(6)令 $\omega_m = \omega_c$，由 $T = \dfrac{1}{\omega_m\sqrt{\alpha}}$ 求出 T。则校正网络的传递函数为 $G_c(s) = \dfrac{1}{\alpha}\cdot\dfrac{1+\alpha Ts}{1+Ts}$。

(7)引入 α 倍放大器，即 $\alpha G_c(s) = \dfrac{1+\alpha Ts}{1+Ts}$。

(8)检验超前校正网络是否满足设计要求。若不满足，应从第(3)步重新算起。

例 6-1 设一系统的开环传递函数为 $G_0(s) = \dfrac{K}{s(s+1)}$，若要使系统的稳态速度误差系数 $K_v = 12\mathrm{s}^{-1}$，相位裕量 $\gamma \geqslant 40°$，试设计一个校正装置。

解 (1)根据稳态误差要求，确定开环增益 K。

$$K_v = \lim_{s\to 0} sG_0(s) = \lim_{s\to 0} s\frac{K}{s(s+1)} = K$$

因此，$K=12$，系统的传递函数为 $G_0(s) = \dfrac{12}{s(s+1)}$。校正前，原系统的 Bode 图如图 6-9 所示(细实线)。

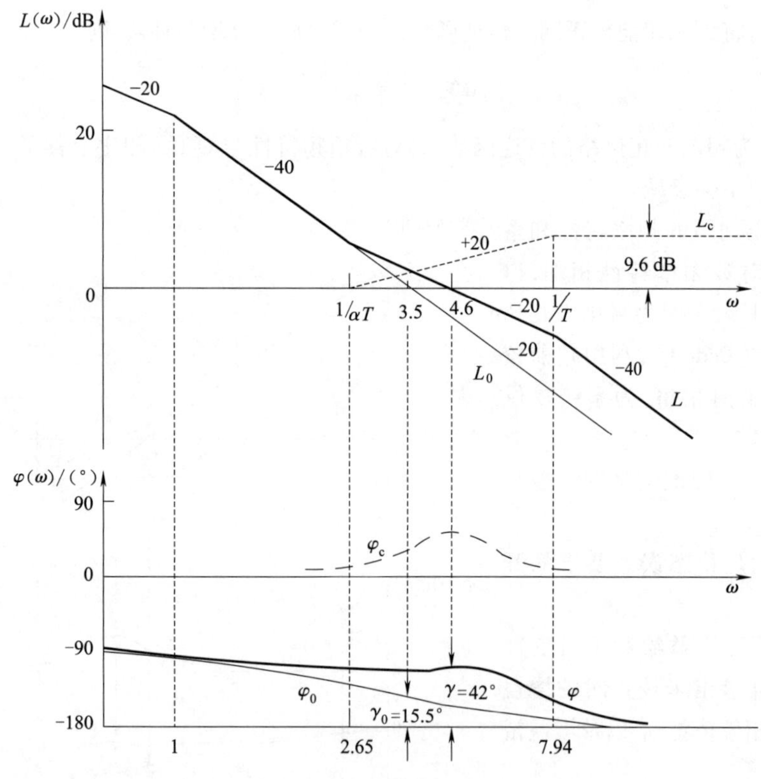

图 6-9 系统校正前后的 Bode 图

(2)利用近似法或直线公式，求出增益剪切频率 ω_{c0} 和相位裕量 γ_0：

$$L_0(\omega) = \begin{cases} 20\lg\dfrac{12}{\omega} & \omega \leqslant 1 \\ 20\lg\dfrac{12}{\omega^2} & \omega > 1 \end{cases}$$

由上式可知，增益剪切频率 $\omega_{c0}\approx\sqrt{12}$ rad/s = 3.5 rad/s。

相位裕量 $\gamma_0=180°+0°-90°-\arctan\omega_c=90°-\arctan 3.5=15.5°$。

由上可知，相位裕量过小，不满足要求，引入串联超前校正网络对系统进行校正。

(3)根据所要求的相位裕量，估算需补偿的超前相角 $\Delta\gamma$。

$$\Delta\gamma=\gamma-\gamma_0+(5°\sim12°)$$

式中，$\gamma-\gamma_0$ 为校正装置相位补偿的理论值；$\Delta\gamma$ 为校正装置相位补偿的实际值；

增量角度（一般取 5°～12°）是为了补偿校正后系统增益剪切频率增大（右移）所引起的原系统相位滞后。

若原系统的相位在 ω_{c0} 附近变化缓慢，增量角度可以取较小的值；反之，增量角度应取较大的值，甚至要选用其他类型的校正装置才能满足要求。此处，$\Delta\gamma$ 取：

$$\Delta\gamma=40°-15.5°+5.5°=30°$$

(4)求 α。令 $\varphi_m=\Delta\gamma=30°$，按下式确定 α。

$$\alpha=\frac{1+\sin\varphi_m}{1-\sin\varphi_m}=3$$

(5)确定校正后系统的增益剪切频率 ω_c。为了充分利用校正网络的超前相角，应使校正网络的最大相角 φ_m 正好位于新的剪切频率处，即 ω_m 与 ω_c 重合，即取 $\omega_c=\omega_m$。而在 ω_c 点处，超前校正装置与原系统的对数幅频特性之和为零，即

$$L_0(\omega_c)=20\lg\frac{12}{\omega_c^2}=-20\lg\sqrt{\alpha}$$

$$\omega_c=\sqrt{20.78}\ \text{rad/s}\approx4.6\ \text{rad/s}$$

因此，$\omega_m=\omega_c=4.6$ rad/s。而 ω_m 位于 $\frac{1}{\alpha T}$ 与 $\frac{1}{T}$ 的几何中点，由式(6-3)可求得

$$T=\frac{1}{\omega_m\sqrt{\alpha}}=0.126\ \text{s}$$

由此，可求得 $\alpha T=0.378$ s。则超前校正网络的传递函数为

$$G_c(s)=\frac{1}{\alpha}\cdot\frac{1+\alpha Ts}{1+Ts}=\frac{1}{3}\cdot\frac{1+0.378s}{1+0.126s}$$

(6)引入 α 倍放大器。为了补偿超前校正网络造成的衰减，引入 α 倍放大器，$\alpha=3$。得到超前校正网络的传递函数：

$$\alpha G_c(s)=\frac{1+\alpha Ts}{1+Ts}=\frac{1+0.378s}{1+0.126s}$$

校正后系统的 Bode 图如图 6-9 所示（粗实线），其传递函数为

$$G(s)=G_0(s)\times\alpha G_c(s)=\frac{12(0.378s+1)}{s(s+1)(0.126s+1)}$$

(7)检验。

$$\begin{aligned}\gamma(\omega_c)&=180°+\arctan 0.378\omega_c-90°-\arctan\omega_c-\arctan 0.126\omega_c\\&=180°+60.2°-90°-77.9°-30.4°\\&\approx42°\end{aligned}$$

校正后系统的相位裕量 $\gamma=42°$，增益剪切频率从 3.5 rad/s 增加到 4.6 rad/s，原系统的动态性能得到改善，满足要求。

通过分析可知,串联超前校正的作用在于:

(1)提高了控制系统的相对稳定性。超前校正网络提供一个正的相角,使相位裕量增大,改善了系统的相对稳定性,超调量下降。

(2)加快了控制系统的反应速度,过渡过程时间减小。由于串联超前校正的存在,使系统的中、高频段对数幅频特性上移(超前校正网络的对数渐近幅频特性的斜率为 +20 dB/dec),增益剪切频率增大,使系统的快速性提高。

(3)高频段对数幅频特性上升,系统的抗干扰能力下降。

6.2.2 串联滞后校正

当系统的动态性能指标满足要求,而稳态性能达不到预定指标时,通常采用滞后校正。具有滞后相位特性(即相频特性 $\varphi(\omega)$ 小于零)的校正装置称为滞后校正装置。图 6-10 所示为典型的无源滞后校正网络,其传递函数为:

$$G_c(s)=\frac{C(s)}{R(s)}=\frac{R_2Cs+1}{(R_1+R_2)Cs+1}=\frac{1+bTs}{1+Ts} \tag{6-8}$$

式中,$b=\dfrac{R_2}{R_1+R_2}<1$,$T=(R_1+R_2)C$。

此校正网络包括一阶微分和惯性环节,其 Bode 图如图 6-11所示。

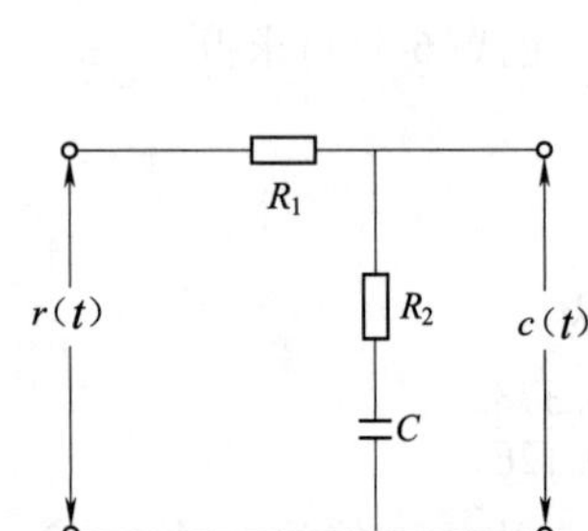

图 6-10 典型的无源滞后校正网络

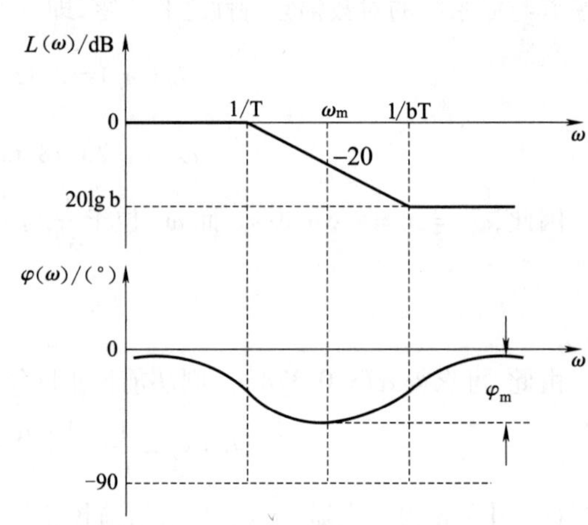

图 6-11 滞后校正网络的 Bode 图

由 Bode 图可知,滞后校正网络特点如下:

(1)幅频特性小于或等于 0 dB,是一个低通滤波器。

(2)$\varphi(\omega)$ 小于或等于零。可看作是一阶微分环节与惯性环节的串联,但惯性环节时间常数 T 大于一阶微分环节时间常数 bT(分母的时间常数大于分子的时间常数),即积分效应大于微分效应,因此又称积分校正装置。相角表现为一种滞后效应。

(3)最大负相移发生在转折频率$\dfrac{1}{T}$与$\dfrac{1}{bT}$的几何中点。

如图 6-12 所示,原系统在 ω_0 处相位急剧变化。由于超前校正网络进行校正时,会使系统的增益剪切频率后移,超前校正网络正的相角可能无法补偿原系统由于剪切频率后移引起的相位剧变,因此,该类系统不可使用超前校正网络进行校正。此时可利用滞后校正网络进行校正,滞后校正网络可使系统对数幅频特性下移,从而增益剪切频率左移。在图 6-12 所示的 ω 处,原系统相位变大。而由于滞后校正网络的转折频率较小，其滞后相位施加在原系统的低频段，在新的增益剪切频率 ω 处对应的 $\varphi_c(\omega)\approx 0$，对原系统中高频段的相位几乎无影响，从而使得增加滞后校正网络的系统的相位裕量 γ 增大。

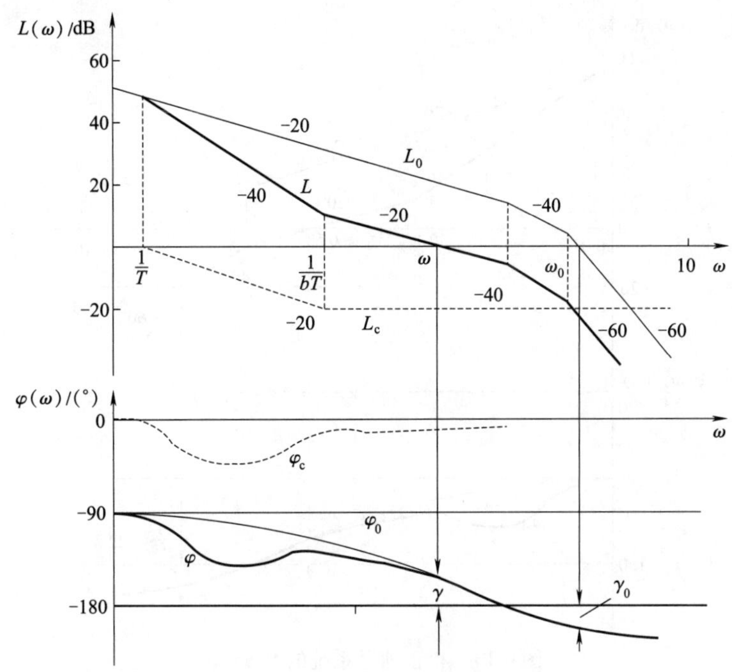

图6-12　串联滞后校正的Bode图

串联滞后校正网络设计的一般步骤如下：

(1)求出满足静态品质指标的开环增益 K。

(2)根据步骤(1)求出的 K 画出Bode图，求出未校正系统的增益剪切频率 ω_{c0}、相位裕量 γ_0、增益裕量 k_g（也可采用近似法求解）。

(3)选择新的增益剪切频率 ω_c，使得在 $\omega=\omega_c$ 处，原系统的相位滞后量为

$$\varphi(\omega_c)=-180°+\gamma+(5°\sim 12°)$$

式中，γ 是期望的相位裕量，由系统固有部分提供所有的相角。

(4)求出校正网络中的 b 值。为了使校正系统的增益剪切频率为 ω_c，必须把原系统的 $L(\omega_c)$ 衰减到0 dB，使 $-20\lg b=L_0(\omega_c)$。

(5)选择校正网络的零点 $\frac{1}{bT}=\left(\frac{1}{4}\sim\frac{1}{10}\right)\omega_c$，求出 bT 和 T。写出相位滞后校正网络及校正后系统的传递函数。

(6)检验是否满足设计要求。若不满足，重新从步骤(3)开始。

例6-2　设一系统的开环传递函数为 $G_0(s)=\frac{K}{s(s+1)(0.5s+1)}$，要求校正后，稳态速度误差系数 $K_v=5\text{s}^{-1}$，$\gamma\geqslant 40°$，试设计滞后校正装置。

解　(1)根据稳态误差要求确定开环增益 K。

$$K_v=\lim_{s\to 0}sG_0(s)=\lim_{s\to 0}s\frac{K}{s(s+1)(0.5s+1)}=K$$

因此，$K=5$，原系统的传递函数为 $G_0(s)=\dfrac{5}{s(s+1)(0.5s+1)}$。校正前，系统的 Bode 图如图 6-13 所示（细实线）。

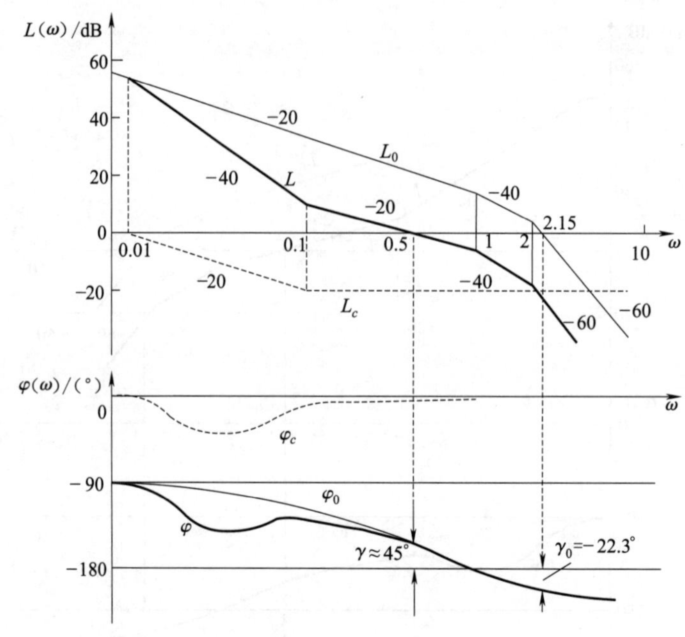

图 6-13　校正前后系统的 Bode 图

(2)求出原系统的剪切频率和相位裕量：

$$L_0(\omega)=\begin{cases}20\lg\dfrac{5}{\omega},\omega\leqslant 1\\[2ex]20\lg\dfrac{5}{\omega^2},1<\omega\leqslant 2\\[2ex]20\lg\dfrac{5}{0.5\omega^3},\omega>2\end{cases}$$

由上式可知，增益剪切频率为 $\omega_{c0}\approx 10^{\frac{1}{3}}\ \mathrm{rad/s}\ =2.15\ \mathrm{rad/s}$。

相位裕量 $\gamma_0=180°+0°-90°-\arctan\omega_{c0}-\arctan 0.5\omega_{c0}=90°-65.3°-47°=-22.3°$。系统不稳定。若采用超前校正网络，则超前相角 $\Delta\gamma=40°+22.3°+5°>60°$，一级超前校正网络难以满足要求，且原系统在 ω_{c0} 处的相角衰减得很快，采用超前校正网络作用不明显，故考虑采用串联滞后校正网络对系统进行校正。

(3)确定校正后系统的增益剪切频率 ω_c。现要求校正后系统的 $\gamma\geqslant 40°$，为了补偿滞后校正网络本身的相位滞后，需再加上 5°～12°的补偿角，所以取：$\gamma=40°+(5°\sim 12°)=52°$。

此时，系统的相位为

$$\varphi(\omega_c)=-180°+\gamma+(5°\sim 12°)=-180°+40°+12°=-128°$$

而原系统的相位计算公式为

$$\varphi(\omega_c)=-90°-\arctan\omega_c-\arctan 0.5\omega_c=-128°$$

即

$$\arctan\omega_c+\arctan 0.5\omega_c=38°$$

化简得

$$0.39\omega_c^2+1.5\omega_c-0.78=0$$

由上式可求出对应的剪切频率 $\omega_c \approx 0.5$ rad/s。取此频率为校正后系统的剪切频率。

(4)求 b 的值。从图6-13中可知(粗实线),在增益剪切频率 $\omega_c = 0.5$ 处,原系统和滞后校正网络的对数幅频特性之和为零,即 $-20\lg b = L_0(\omega_c)$,可求出 $b = 0.1$。

(5)选取 T 值。为了使滞后校正装置产生的相位滞后对校正后系统的增益剪切频率 ω_c 处的影响足够小,应满足 $\frac{1}{bT} = \left(\frac{1}{4} \sim \frac{1}{10}\right)\omega_c$,即 $bT = 8 \sim 20$,令 $bT = 20$,则 $T = 200$。

由此,可得滞后校正装置的传递函数为

$$G_c(s) = \frac{1 + bTs}{1 + Ts} = \frac{20s + 1}{200s + 1}$$

校正后系统的传递函数为

$$G(s) = G_0(s) \times G_c(s) = \frac{5(20s + 1)}{s(200s + 1)(s + 1)(0.5s + 1)}$$

(6)检验。通过校正后系统的开环传递函数,求得校正后系统的相位裕量 $\gamma \approx 45°$,增益剪切频率 ω_c 从2.15 rad/s降低到0.5 rad/s。原系统的稳态性能得到改善,满足要求。

通过分析可知,增加滞后校正装置后:

(1)系统的稳态精度提高。在低频段,$L(\omega)$ 的斜率无变化,可以通过配置开环增益 K,提高系统的稳态精度。

(2)相对稳定性提高,快速性提高。在中频段,$L(\omega)$ 的斜率由 -40 dB/dec 变为 -20 dB/dec,相位裕量增大,提高了系统的相对稳定性;增益剪切频率 ω_c 变小,中频段变窄,动态响应变慢。

(3)抗干扰能力增强。在高频段,$L(\omega)$ 整体下移,高频信号通过该系统后幅值衰减,提高了系统的抗高频干扰能力。

超前校正和滞后校正类型的选择依据:

(1)超前校正是利用超前网络的相角超前特性,使系统的增益剪切频率和相位裕量增加,改善系统的平稳性,提高快速性。缺点是超前校正网络会使高频段幅值增加,系统抗高频干扰能力变差。

(2)滞后校正是利用滞后网络的幅值衰减特性,靠损失增益剪切频率(增益剪切频率下降)换取相位裕量的增加,系统的平稳性得到改善,而快速性变差,但抗高频干扰能力增强。

一般情况下,原系统的增益剪切频率和相位裕量均小于要求的值,可以考虑采用超前校正。当原系统的相位裕量小于要求的值,而要求增益剪切频率 ω_c 大于某个值时,可以考虑采用滞后校正。若要保证一定的相位裕量而又不降低增益剪切频率 ω_c,可以考虑采用超前-滞后校正。

6.2.3 串联超前-滞后校正

串联超前-滞后校正又称微分-积分校正,它综合应用了超前和滞后校正的特点,利用校正装置的超前部分增大系统的相位裕量,改善其动态特性;利用滞后部分改善系统的静态性能。由RC元件实现的无源超前-滞后校正网络如图6-14所示,其传递函数为

$$G_c(s) = \frac{C(s)}{R(s)} = \frac{(R_1C_1s + 1)(R_2C_2s + 1)}{1 + (R_1C_1 + R_1C_2 + R_2C_2)s + R_1R_2C_1C_2s^2} \tag{6-9}$$

令 $aT_1 = R_1C_1$,$bT_2 = R_2C_2$,$a \cdot b = 1$,则 $R_1C_1 + R_1C_2 + R_2C_2 = T_1 + T_2$,式(6-9)可改写为

$$G_c(s)=\frac{(1+aT_1s)(1+bT_2s)}{(1+T_1s)(1+T_2s)}=\frac{1}{a}\cdot\frac{(1+aT_1s)}{(1+T_1s)}\cdot\frac{1}{b}\cdot\frac{(1+bT_2s)}{(1+T_2s)}=\frac{(1+aT_1s)}{(1+T_1s)}\cdot\frac{(1+bT_2s)}{(1+T_2s)}$$

式中，$a>1$；$\frac{(1+aT_1s)}{(1+T_1s)}$是超前校正环节；$\frac{(1+bT_2s)}{(1+T_2s)}$是滞后校正环节。超前-滞后校正网络的 Bode 图如图 6-15 所示。从图 6-15 中可以看出，对数幅频特性的低频段是相位滞后部分，对数幅频特性的高频段是相位超前部分。滞后环节的作用是使增益剪切频率左移，从而减少原系统在增益剪切频率点的相位滞后。超前环节的作用是在新的增益剪切频率处提供适当的相位超前，使校正后的系统能满足动态性能的要求。

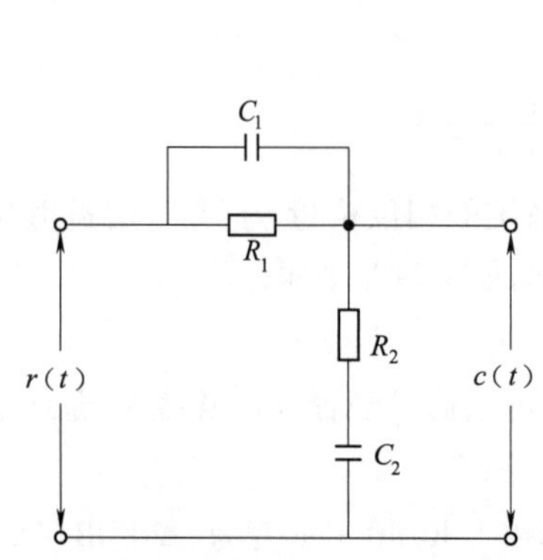

图 6-14 无源超前-滞后校正网络

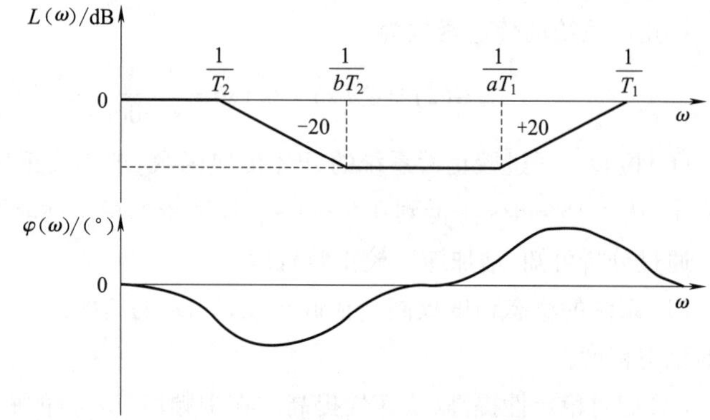

图 6-15 超前-滞后校正网络的 Bode 图

设计超前-滞后校正网络的一般步骤如下：

(1) 求满足系统静态品质指标的开环增益 K。

(2) 用所求得的 K 值，画出原系统的 Bode 图，求出增益剪切频率 ω_{c0}、相位裕量 γ_0 及增益裕量 k_g。

(3) 选择新的增益剪切频率 ω_c。在 ω_c 处，能通过校正网络超前环节所提供的相位超前，使系统满足相位裕量的要求。又能通过滞后环节的作用，把原系统在这一点的幅频特性变成 0 dB。

(4) 确定超前-滞后网络中滞后环节的转折频率$\frac{1}{bT_2}$和$\frac{1}{T_2}$，其中，$\frac{1}{bT_2}=\left(\frac{1}{4}\sim\frac{1}{10}\right)\omega_c$。

由于 $b=\frac{1}{a}$，因此，一方面考虑到 b 的选择能把 $\omega=\omega_c$ 处的对数幅频曲线 $L(\omega_c)$ 衰减到 0 dB，又必须考虑所确定的 a 能使超前环节在 ω_c 点有足够的相位超前角，以使系统相位裕量满足品质指标要求。b 确定后可确定 T_2。

(5) 确定超前-滞后网络中超前环节的转折频率$\frac{1}{aT_1}$和$\frac{1}{T_1}$。过 $L(\omega)=-L(\omega_c)$ 及 $\omega=\omega_c$ 的交点，作斜率为 20 dB/dec 的直线，它与 $20\lg b$ 线及 0 dB 线的交点，分别是转折频率$\frac{1}{aT_1}$和$\frac{1}{T_1}$。

(6) 画出校正后系统的 Bode 图，检查指标是否满足要求。若不满足，从第(3)步开始重新设计。

例 6-3 一单位反馈系统，其开环传递函数为

$$G_0(s)=\frac{K}{s(s+1)(s+2)}$$

要求稳态速度误差系数 $K_v=10s^{-1}$，$\gamma\geqslant45°$，$\omega_c>1$ rad/s，试设计相位超前-滞后校正装置。

解　(1) $K_v=\lim\limits_{s\to0}sG_0(s)=\dfrac{K}{2}=10$，因此 $K=20$。

(2)根据上一步可得 $G_0(s)=\dfrac{20}{s(s+1)(s+2)}=\dfrac{10}{s(s+1)(0.5s+1)}$。画出校正前系统的 Bode 图，如图 6-16 所示，求出未校正时的增益剪切频率和相位裕量。利用近似法：

$$L_0(\omega)=\begin{cases}20\lg\dfrac{10}{\omega},\omega<1\\[2mm]20\lg\dfrac{10}{\omega^2},\ 1\leqslant\omega<2\\[2mm]20\lg\dfrac{20}{\omega^3},\omega\geqslant2\end{cases}$$

当 $L_0(\omega)=0$ dB 时，原系统的增益剪切频率 $\omega_{c0}=2.71$ rad/s。相位裕量 $\gamma_0=-33.3°$，由此可知，系统不稳定，由于 $\varphi_m=\gamma-\gamma_0+(5°\sim12°)>60°$，使用超前校正无法提供足够的超前相位，而当 $\omega=1$ rad/s 时，$\gamma=18.4°$，单独采用滞后校正，增益剪切频率衰减到 $\omega=1$ rad/s 时也无法满足相位裕量的要求。因此，采用超前-滞后校正。

(3)选择新的增益剪切频率，在此处，由超前校正网络提供所要求的相位裕量，且此时的 $L_0(\omega_c)$ 能通过滞后校正网络降到 0 dB。由 $\varphi(\omega_c)=-90°-\arctan\omega_c-\arctan0.5\omega_c=-180°$ 可得 $\omega_c=1.4$ rad/s，此时 $\gamma_0(\omega_c)=0°$。

由超前校正网络提供所要求的相位裕量 $45°+5°=50°$。

原系统在此处的幅频特性：

$L_0(\omega_c)=20\lg\dfrac{10}{\omega_c}=14.15$ dB，能够衰减到 0 dB。

(4)确定 $\dfrac{1}{bT_2}$ 和 $\dfrac{1}{T_2}$。根据 $\dfrac{1}{bT_2}=\left(\dfrac{1}{4}\sim\dfrac{1}{10}\right)\omega_c$，令 $\dfrac{1}{bT_2}=\dfrac{1}{10}\omega_c=0.14$ rad/s，选择 $a=10$，$b=a=\dfrac{1}{10}$，所以 $\dfrac{1}{T_2}=0.014$ rad/s。滞后校正网络的传递函数为 $G_{c2}(s)=\dfrac{1}{b}\cdot\dfrac{(1+bT_2s)}{(1+T_2s)}=\dfrac{1}{10}\cdot\dfrac{(1+7.14s)}{(1+71.4s)}$。

(5)确定 $\dfrac{1}{aT_1}$ 和 $\dfrac{1}{T_1}$。确定超前校正网络参数的原则是校正后系统的增益剪切频率 $\omega_c=1.4$ rad/s。

$G_e(s)=G_0(s)G_c(s)$，当 $\omega=\omega_c$ 时，$20\lg|G_e(j\omega_c)|=20\lg|G_0(j\omega_c)|+20\lg|G_c(j\omega_c)|=0$ dB。

因此，$20\lg|G_c(j\omega_c)|=-14.15$ dB。在图 6-16 中，过 $(1.4,-14.15)$ 点作一条 20 dB/dec 的直线，与 $20\lg b$ 线交于一点 ω_1，与 0 dB 线交于一点 ω_2，则 $\dfrac{1}{aT_1}=\omega_1=0.71$ rad/s 和 $\dfrac{1}{T_1}=\omega_2=7.14$ rad/s。

由此可得 $G_e(s)=\dfrac{10(7.14s+1)(1.41s+1)}{s(s+1)\left(\dfrac{1}{2}s+1\right)(71.4s+1)(0.14s+1)}$。

(6)验证，可求得校正后系统的相位裕量 $\gamma=47.5°>45°$，满足要求。

综上所述，串联超前-滞后校正的适用范围和特点如下：

(1)超前校正主要在于改变未校正系统中频段的形状，以便提高系统的动态特性。

(2)滞后校正主要用来校正系统的低频段，增大未校正系统的开环增益，以便提高系统的稳态控制精度及相位裕量。

(3)串联超前-滞后校正,综合了超前和滞后校正各自的特点。利用校正装置的超前部分加快动态响应;利用滞后部分来改善系统的稳态性能,减小稳态误差。

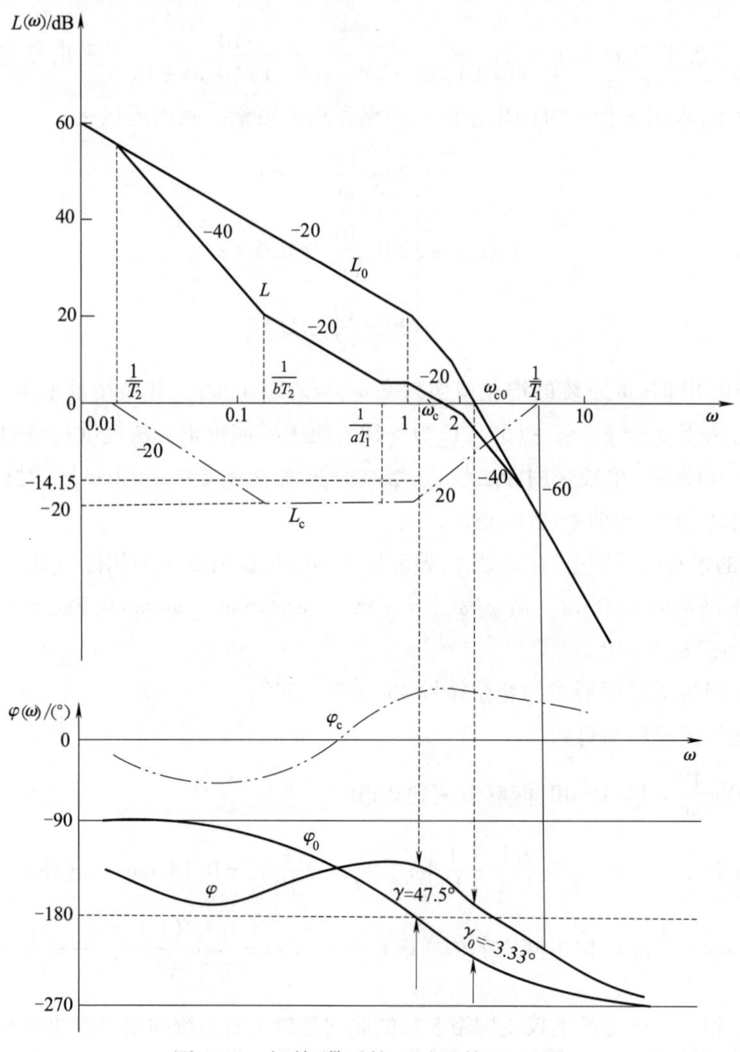

图 6-16 超前-滞后校正过程的 Bode 图

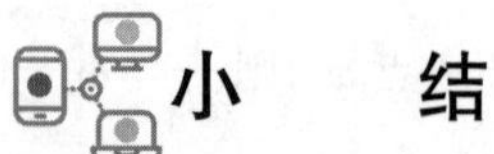

小 结

对于大多数系统而言,仅仅调整开环增益 K 无法同时满足静态和动态指标,此时需要在原系统上增加校正装置,使系统满足指标要求。根据校正装置在系统中的位置,系统校正可分为串联校正、反馈校正和前馈校正。串联校正装置设计比较简单,容易实现,在实际中被广泛应用。

串联超前校正又称微分校正,利用校正装置提供的超前相角增大系统的相位裕量。校正后,系统的增益剪切频率增大,加快系统的响应速度。

串联滞后校正又称积分校正,通过减小系统的增益剪切频率来实现相位裕量的增大,由此改善系统的稳态性能,但系统的响应变慢。

串联超前-滞后校正又称微分-积分校正,它既有相位超前特性,又有幅频特性中频衰减特性,兼具超前和滞后校正的特点,可在改善系统相对稳定性的同时加快系统响应速度。

习题(基础题)

1. 控制系统的校正方法有哪些?

2. 串联超前校正有何特点?何时使用串联超前校正?

3. 串联滞后校正有何特点?何时使用串联滞后校正?

4. 已知超前校正装置的开环传递函数为 $G(s)=\dfrac{2s+1}{0.32s+1}$,其最大超前角所对应的频率是多少?

5. 设一个单位反馈系统的开环传递函数为 $G(s)=\dfrac{K}{s(0.1s+1)}$,若使系统的稳态速度误差系数 $K_v=100\mathrm{s}^{-1}$,相位裕量不小于50°,增益裕量不小于 10 dB,试确定系统的串联校正装置。

6. 若一个单位反馈系统,其开环传递函数为 $G(s)=\dfrac{K}{s(0.2s+1)(0.5s+1)}$,要求其单位斜坡响应的稳态误差不大于0.1,相位裕量 $\gamma\geqslant 50°$,剪切频率小于1 rad/s,试确定校正装置。

7. 设单位反馈系统开环传递函数为 $G(s)=\dfrac{200}{s(0.1s+1)}$,试设计一无源校正网络,使校正后系统的相位裕量不小于45°,增益剪切频率不低于50 rad/s。

8. 设校正前最小相位系统的开环对数幅频特性如图6-17 所示,若要求校正后系统的相位裕量 $\gamma\geqslant 40°$,试确定校正装置。

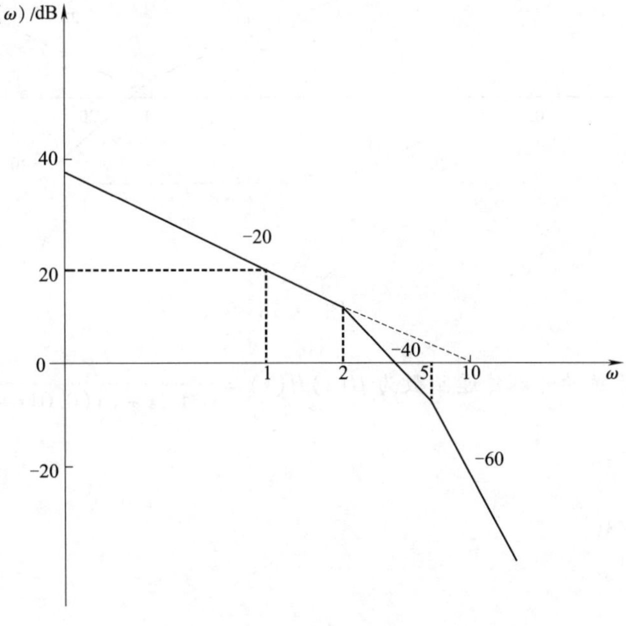

图 6-17

习题(提高题)

1. 已知单位反馈系统的开环传递函数为 $G(s)H(s)=\dfrac{400}{s^2(0.01s+1)}$,下面给出了3种串联校正装置,试问哪一种可使系统的稳定程度最好?

(1) $G_c(s)=\dfrac{s+1}{1+10s}$;

(2) $G_c(s)=\dfrac{0.1s+1}{1+0.01s}$;

(3) $G_c(s)=\dfrac{(0.5s+1)^2}{(1+10s)(1+0.025s)}$。

2. 已知一单位反馈控制系统,其被控对象 $G_0(s)$ 和串联校正装置 $G_{c1}(s)$、$G_{c2}(s)$ 的对数幅频特性如图6-18中的 L_0、L_{c1} 和 L_{c2} 所示,要求:

(1)写出分别采用 $G_{c1}(s)$ 和 $G_{c2}(s)$ 进行校正后,系统的开环传递函数;

(2)分别分析 $G_{c1}(s)$ 和 $G_{c2}(s)$ 校正装置对系统的作用。

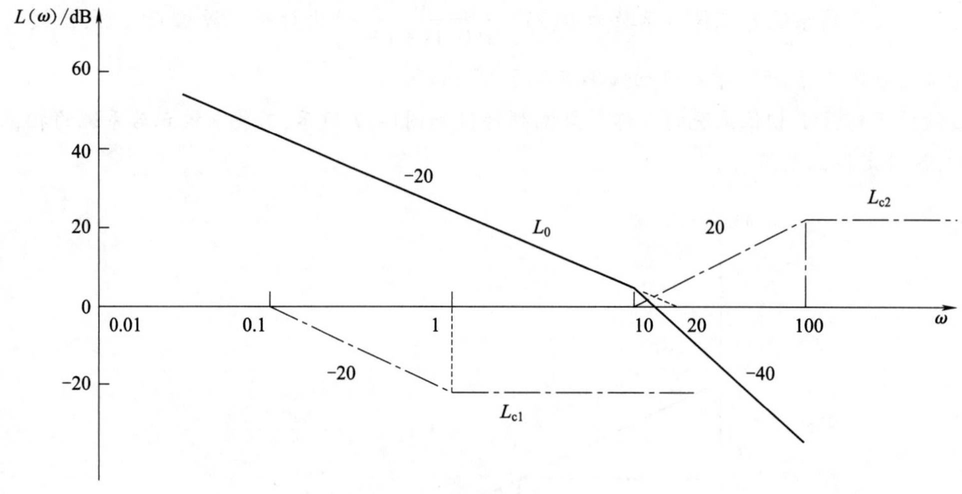

图 6-18

3. 一单位反馈系统的开环传递函数为 $G(s)H(s)=\dfrac{K}{s(0.1s+1)(0.01s+1)}$,试设计一个串联校正装置,使得:

(1) $\gamma \geqslant 30°$;

(2) $\omega_c \geqslant 45$ rad/s;

(3) $K_v = 100$ s^{-1}。

4. 已知单位反馈系统的开环传递函数为 $G(s)H(s)=\dfrac{K}{s\left(\frac{1}{10}s+1\right)\left(\frac{1}{60}s+1\right)}$,试设计一个串联校正装置,使得:

(1)系统在输入 $r(t)=t$ 时,$e_{ss}=\dfrac{1}{126}$;

(2)$\gamma \geqslant 45°$;

(3)$\omega_c \geqslant 20$ rad/s。

参考文献

[1] 王建辉,顾树生. 自动控制原理[M].4 版. 北京:清华大学出版社,2014.

[2] 徐薇莉,田作华. 自动控制理论与设计[M].2 版. 上海:上海交通大学出版社,2007.

[3] 鄢景华. 自动控制原理[M]. 哈尔滨:哈尔滨工业大学出版社,1996.

[4] 胡寿松. 自动控制原理题海与考研指导[M].2 版. 北京:科学出版社,2013.

[5] 谢克明. 自动控制原理[M]. 北京:电子工业出版社,2004.

[6] 袁冬莉,贾秋玲,栾云凤. 自动控制原理题解题典[M]. 西安:西北工业大学出版社,2003.

[7] 程鹏,邱红专,王艳东. 自动控制原理学习辅导与习题解答[M].2 版. 北京:高等教育出版社,2004.

[8] 胡寿松. 自动控制原理[M].6 版. 北京:科学出版社,2013.

[9] 王孝武,方敏,葛锁良. 自动控制理论[M]. 北京:机械工业出版社,2009.

[10] 胡寿松. 自动控制原理习题解析[M]. 北京:科学出版社,2013.

[11] 王建辉,顾树生. 自动控制原理[M].4 版. 北京:冶金工业出版社,2005.

[12] 王建辉. 自动控制原理习题详解[M]. 北京:冶金工业出版社,2005.

[13] 吴健珍,张莉萍,罗晓. 基于 MATLAB 的自动控制理论实验仿真分析[J]. 南方农机,2019(15).

[14] 吴健珍,王娆芬,张莉萍,等. 微课程在《自动控制理论》教学中的应用探讨[J]. 科技展望,2017,27(8):185-185.

[15] 石建平,刘鹏. 新工科背景下自动控制原理课程教学改革 [J]. 教育教学论坛,2019(8):138-139.

[16] 赖强. 基于工程应用型人才培养的《自动控制原理》课程教学改革研究[J]. 教育教学论坛,2017(40):104-105.